UND ALLE HABEN ÜBERLEBT

Jochen W. Braun

..UND ALLE HABEN ÜBERLEBT

Flugunfälle:
Hintergründe, Ursachen
und Konsequenzen

Jochen W. Braun wurde 1942 in Hamburg geboren. Schon von klein auf interessierte er sich für die Luftfahrt. Doch als er zu seinem ersten großen Flug antrat, bekam er Flugangst.

Was tun? Der Diplomkaufmann sammelte Berichte über Flugunfälle. Heute – seine Datenbank umfasst mittlerweile 45.000 Einträge über Luftfahrt-Zwischenfälle – weiß Braun, dass die Wahrscheinlichkeit, beim Fliegen in einen Unfall verwickelt zu werden, minimal ist. Die Flugangst des Vaters von drei Söhnen ist regelrecht verflogen, und er hatte genug spannenden Stoff für das erste seiner Bücher zum Thema Flugunfälle beisammen. Neben der Luftfahrt begeistert sich Braun heute noch für eine weitere Leidenschaft: Modellbahn-Anlagen. Immerhin lässt sich die Welt im Hamburger Miniatur Wunderland, das seine Söhne zusammen mit ihrem Vater gegründet haben, von oben betrachten – garantiert ohne Flugangst.

Unser komplettes Programm:

www.geramond.de

Produktmanagement: Aurel Butz
Schlusskorrektur: Helga Peterz, München
Satz: Adolf Schmid, Freising
Repro: Cromika s.a.s., Verona
Herstellung: Thomas Fischer
Cover: Thomas Uhlig, Augsburg, unter Verwendung eines Fotos der actionpress, Hamburg
Infografiken: JACDEC/Jan-Arwed Richter, Hamburg

Printed in Italy by Printer Trento S. r. l.

Alle Angaben dieses Werkes wurden vom Autor sorgfältig recherchiert und auf den aktuellen Stand gebracht sowie vom Verlag geprüft.
Für die Richtigkeit der Angaben kann jedoch keine Haftung übernommen werden.
Für Hinweise und Anregungen sind wir jederzeit dankbar.
Bitte richten Sie diese an:
GeraMond Verlag
Lektorat Postfach 40 02 09
D-80702 München
E-Mail: lektorat@geramond.de

Die Deutsche Nationalbibliothek verzeichnet diese Publikation in der Deutschen Nationalbibliografie, detaillierte bibliografische Daten sind im Internet über http://dnb.d-nb.de abrufbar.

© 2011 GeraMond Verlag GmbH, München
ISBN 978-3-86245-300-9

Danksagung

Der Autor möchte sich ausdrücklich und besonders bei denjenigen Flugzeugfans bedanken, die ihm ihre Fotos kostenlos oder „im Tausch" gegen ein Exemplar dieses Buches überlassen haben!

Besonderer Dank gilt Flugkapitän Frank Meve, der ihm half, die technischen Fakten zu prüfen.

Inhalt

Vorwort

Weit über 45.000 Abstürze, Entführungen, Bruchlandungen und Unfälle von Flugzeugen, Helikoptern, Luftschiffen und anderen Fluggeräten habe ich bis heute aus rund 500 Büchern, Tausenden von Fachzeitschriften und Tageszeitungen sowie Videobändern zusammengetragen, verglichen, untersucht. Das scheint ein merkwürdiger Sammeltrieb zu sein, insbesondere für einen Menschen, der beruflich überhaupt nie mit der Luftfahrt zu tun hatte. Unwillkürlich fragt sich der eine oder andere Leser vielleicht, wie ich zu so einem „Hobby" kam.

Die Antwort ist schnell gegeben: Bei meinem ersten Flug hatte ich mächtig Angst vor dem Fliegen. Mein Puls lag eine Stunde vor dem Abflug schon bei 160, und das hat mich gestört, denn ich wollte gern hin und wieder meine liebe Schwester in Rio de Janeiro besuchen, einer Stadt, die mit dem Auto von Deutschland aus nur umständlich erreichbar ist.

Nach einigen heftig durchzitterten Flügen, die ich mehr tot als lebendig überstand, wollte ich wissen: Ist diese panische Angst eigentlich begründet? Oder stimmt es wirklich, dass Fliegen sicherer ist als Autofahren?

Um das Ergebnis vorwegzunehmen: Heute kenne ich die wesentlichen Fakten besagter 45.000 Vorfälle, und seitdem fliege ich völlig entspannt, der Puls ist niedrig und ich brauche bei abendlichen Flügen einen Kaffee, um vor dem Transatlantikflug nicht schon in der Wartehalle einzuschlafen. Denn die statistische Wahrscheinlichkeit, einen Flugzeugabsturz zu erleben, ist extrem gering.

Wenn jedoch ein Flugzeugunglück passiert, ist letztlich immer der Mensch schuld: Er hat nicht sauber konstruiert, die Wartungsarbeiten nicht korrekt durchgeführt, die Wetterlage falsch interpretiert, sich beziehungsweise die Leistungsfähigkeit der Maschine überschätzt oder die Überbeanspruchung des Luftraumes hätte mehr oder besser ausgebildete Fluglotsen erfordert. In seltenen Fällen ist er gar sturzbesoffen oder wird am Steuerknüppel hinterrücks erschossen.

Zum besonders wichtigen Thema „Konstruktion von Flugzeugen" kann man zweifelsohne sagen: Flugzeuge sind von Jahr zu Jahr immer sicherer geworden. Das sagt die Statistik. Wussten Sie, dass heutzutage nur noch etwa ein bis zwei Prozent der Maschinen in den ersten zehn Jahren nach der Zulassung schwer verunglücken, während es in den 1940er-Jahren 15 bis fast 30 Prozent der Flugzeuge traf? In der Luftfahrtindustrie wird inzwischen eben mit wesentlich mehr Wissen und unter Zuhilfenahme von erheblich besseren sowie dauerhafteren Materialien konstruiert und gebaut.

Deutlich ist auch die eklatante Abnahme von Unfällen nach Einführung von turbinengetriebenen Flugzeugen in den Sechzigerjahren. Moderne Turbopropmaschinen stehen diesen heutzutage ebenfalls nicht nach. Die alten Kolbenmotoren waren viel anfälliger und damit die Ursache für Hunderte von Abstürzen.

Dieser Motorentyp fiel nicht nur regelmäßig aus, was wegen der zu geringen Leistungsfähigkeit der verbleibenden Triebwerke häufig zu erzwungenen Notlandungen und damit verbundenen Todesfällen führte. Sondern sie hatten auch die unangenehme Eigenschaft zu brennen, zu explodieren und Teile der Tragflächen zu zerstören.

Aber nicht nur die Konstruktionsmethoden haben sich verbessert, sondern auch vieles andere, was zur Sicherheit des Fliegens beiträgt: Die Schulung der Crews ist wesentlich effektiver, seit es Flugsimulatoren gibt. Sorgfältigere Checks an den Flughäfen mit Hochleistungsgeräten haben schon oft Missbrauch verhindern können. Die Flugtauglichkeit der Crew kann heutzutage nachhaltiger geprüft werden. Das Wetter ist genauer vorhersagbar.

Andererseits sind Statistiken mit Vorsicht zu genießen, denn sie werden von unseriösen Menschen gern „hingebogen" in eine Richtung, die das angestrebte Ergebnis zeigt. Zu diesem Thema, der richtigen Einschätzung von Unfallstatistiken für den Luftverkehr, gibt es übrigens eine nette Anekdote:

Ein Geschäftsmann fragt einen Unfallstatistiker, wie hoch die Wahrscheinlichkeit sei, in einem Flugzeug zu sitzen, in dem sich eine Bombe befindet. Der Spezialist antwortet: „Eins zu einer Million." Da meint der Geschäftsmann, das sei ja erschreckend, denn er würde sehr häufig fliegen. Darauf antwortet der Statistiker: „Dann nehmen Sie doch einfach selbst eine Bombe mit, denn die Wahrscheinlichkeit, in einem Flugzeug mit zwei Bomben zu sitzen, ist eins zu einer Milliarde."

Die schrecklichen Vorfälle des 11. Septembers 2001 werden übrigens nicht zu den Selbstmordflügen gezählt, weil Suizid nicht die Absicht der Terroristen war, sondern ein Nebeneffekt. Die Maschinen wurden als höchst aggressive Waffen zweckentfremdet.

Dieses Buch soll Ihnen zeigen, dass selbst in ausweglosen Situationen oft Rettung möglich ist. Nicht, dass Sie nach der Lektüre kein Flugzeug mehr besteigen wollen! Dann habe ich etwas falsch dargestellt.

Denken Sie immer daran: Der Kapitän ist im Allgemeinen hervorragend geschult, auch mit Notsituationen fertig zu werden, und hat neben sich einen Copiloten, der sehr häufig eine nahezu ebenbürtige Erfahrung hat wie er selbst. „Gott hat irgendeinen Menschen in dieses Flugzeug gesetzt, der heute ganz besonders wichtig war. Für uns alle war es Glück, dass gerade dieser Mensch dabei war", hat einst ein Fluggast gesagt, als er aus einer abgestürzten Maschine wie durch ein Wunder lebend entkam. In derartigen Fällen sollte man nicht lange rätseln, wer dieser Mensch wohl gewesen sein mag, denn es war höchstwahrscheinlich der Pilot.

Flugzeugunfälle sind nicht lustig. Sie können aber eine erfreuliche Komponente aufweisen, dann zum Beispiel, wenn alle Insassen einen dieser schweren Unfälle dennoch überleben oder durch Glück noch einmal davongekommen sind, wo es auch hätte schlimm ausgehen können.

Aus den über 45.000 Fällen habe ich für Sie deshalb diejenigen herausgesucht, die in besonders eindrucksvoller Weise eine Begebenheit schildern, bei der alle Insassen eines Flugzeuges mit dem Leben davonkamen. Dass dabei auch das eine oder andere Mal geschmunzelt werden kann, habe ich beabsichtigt. In jedem Fall möchte ich mit der Aufnahme in dieses Buch versuchen, dass die Erinnerung an diese spektakulären Ereignisse nicht verloren geht.

Nochmals möchte ich betonen: Lassen Sie sich durch die folgenden Geschichten nicht von der Freude am Fliegen oder Geflogenwerden abhalten. Suchen Sie sich beispielsweise Fluggesellschaften aus, die auch Rainmans Bruder in dem gleichnamigen Film genommen hätte. Schauen Sie nicht gelangweilt zur Seite, wenn das Kabinenpersonal die Sicherheitshinweise gibt, und lesen Sie aufmerksam das hierfür vor Ihrem Sitz befindliche Merkblatt durch. Sie glauben es vielleicht nicht, aber viele Tausend Menschen könnten noch leben, wenn sie lediglich gewusst hätten, wo der nächste Notausgang ist, und vor allen Dingen, wie man ihn öffnet.

Meiden Sie Gesellschaften mit einer Kombination aus überaltertem Flugzeugpark und dünner Kapitaldecke. Erkundigen Sie sich bitte vorher über den freundlichen, kleinen Anbieter, bevor Sie im Urlaub einen Rundflug mitmachen, manchmal hat er nicht einmal einen Pilotenschein! Aber nach positiv beendeten Recherchen fliegen Sie mit Genuss.

Noch ein wichtiger Punkt: Ich bitte Fachleute, denen dieses Buch in die Hände fiel, nicht die Stirn zu runzeln, weil ich viele Detailbeschreibungen simplifiziert habe und auch Maßeinheiten benutze, die im Luftverkehr nicht verwendet werden, zum Beispiel Kilometer statt Knoten und Meter statt Fuß. Dies tat ich bewusst, denn so können Laien, für die dieses Buch geschrieben wurde, ohne Umrechnungshilfen flüssig lesen und verstehen.

Zum Abschluss verleihe ich meiner Hoffnung Ausdruck, dass Ihnen dieses Buch nach der Lektüre das Geld wert gewesen ist, das Sie dafür ausgeben mussten. Nicht, dass es Ihnen so geht wie mir. Eines der im Anhang aufgeführten Werke trägt den Untertitel „Das Buch, das jeder Flugreisende lesen sollte". Was für ein hoher Anspruch, der auch nicht annähernd erfüllt werden konnte.

Jochen W. Braun, im Sommer 2010

Mächtig zurecht-
gestutzt – und trotz-
dem gut gegangen:
die Boeing 747,
Kennnung N4522V
nach überstandenem
Abenteuer mit um
drei Meter verkürz-
tem Höhenruder
Foto: AP

10.000 Meter 1
Sturzflug

Es ist der 19. Februar 1985. Ein Tag wie jeder andere? Nicht für die 274 Insassen des Fluges CI006 der taiwanesischen China Airlines. Der Jumbo, eine Boeing 747SP mit der Kennung N4522V, befindet sich in 12.500 Meter Höhe auf dem Weg von Taipeh nach Los Angeles. Die 251 Passagiere und 23 Besatzungsmitglieder wissen noch nicht, dass dieser Flug ihr Leben entscheidend beeinflussen wird, dass die Ruhe dort oben trügerisch ist und dass den ahnungslosen Menschen der schrecklichste Moment ihres Lebens unmittelbar bevorsteht.

Knapp zehn Stunden zuvor hat die Maschine in Taipeh einen normalen Start absolviert. Flugkapitän Ho Min-Yuan hatte vor Beginn des Fluges routinemäßig das Logbuch der 747 überprüft. Es wies zwei Eintragungen auf, die ihn jedoch nicht beunruhigten: Triebwerk Nr. 4 hatte sowohl am 15. als auch am 18. Februar, also einen Tag zuvor, in großer Höhe jeweils an Schubkraft verloren und danach nicht mehr auf den Schubhebel reagiert.

In beiden Fällen konnte jedoch nach einem Abstieg in niedrigere Höhen problemlos neu gestartet und der Fehler nachhaltig behoben werden, sodass bis zur Beendigung des Fluges keine weiteren Störungen auftraten. Also kein Grund zur Besorgnis. Der Flugkapitän und sein Copilot Chang Ju-Yu haben die Maschine schon über Stunden dem Autopiloten anvertraut, und das große Flugzeug zieht, von diesem geführt, rund 480 Kilometer nordwestlich von San Francisco sicher und ruhig seine Bahn über den Weiten des Pazifiks.

Die mächtige 747SP kann zwar voll beladen bis zu 318 Tonnen wiegen, der Jumbo ist heute aber nicht ausgebucht, und nunmehr, nach fast zehn Stunden Flugzeit, ist auch der größte Teil der mitgenommenen Treibstoffmenge verbraucht. Jetzt wiegt die Maschine nur noch 200 Tonnen. Das Flugzeug ist noch jung, erst knapp zwei Jahre und acht Monate alt. Es hat eine US-amerikanische Registrierung, weil der Eigentümer, die Wilmington Trust Company, eine dort ansässige Leasingfirma ist. Aber der Besitzer ist China Airlines, und die 747 trägt selbstverständlich auch den Schriftzug dieser Fluggesellschaft.

Die Passagiere haben ihr Frühstück bereits hinter sich, und nach der auf Langstreckenflügen nie enden wollenden Nacht freuen sich die meisten, dass sie nur noch gut eine Stunde unterwegs sein werden, bis sie wieder festen Boden unter den Füßen verspüren. Es ist kurz nach zehn Uhr, und nichts deutet darauf hin, dass diese einschläfernde Ruhe, mit der das Flugzeug seinem Ziel entgegenfliegt, in wenigen Minuten ein abruptes Ende finden wird.

Um 10:10 Uhr trifft das Flugzeug auf leichte Turbulenzen. Dies bewirkt zweierlei: Erstens reagiert der Flugkapitän routinemäßig und lässt aus Sicherheitsgründen die „Fasten Seatbelts"-Anzeigen einschalten, sodass innerhalb kurzer Zeit fast alle Passagiere angegurtet sind. Dieser Umstand wird sich in den folgenden Minuten als eine äußerst glückliche Entscheidung erweisen. Und zweitens setzt der Autopilot die Ruder der Maschine in Bewegung und verändert die Schubstärke der vier Triebwerke, um die durch die Turbulenzen verursachten Abweichungen

> **Ein Jumbo schmiert ab**
>
> China Airlines Flug CI 006, 19. Februar 1985
> Nahe San Francisco, Kalifornien, USA

auszugleichen und derart die eingestellten Flugdaten beibehalten zu können.

Während dieser im Allgemeinen unmerklichen Manöver nimmt der Autopilot um 10:11 Uhr die Schubhebel bis zur Leerlaufstellung zurück, weil die Vorwärtsbewegung aufgrund heftiger Rückenwinde beträchtlich zugenommen hat, gibt aber gleich darauf neuen Schub, weil Sekunden später die Geschwindig-

keit wegen Gegenwindes zu weit abgefallen ist. Dabei bewegt sich jedoch der Schubhebel für das äußere rechte Triebwerk Nr. 4 nicht mit nach vorn. Die Turbine bleibt im Leerlauf hängen. Bordingenieur Wei Kuo-Pin bemerkt dies und versucht, die Drehzahl des Triebwerkes mit dem Schubhebel manuell zu variieren – ohne Erfolg. Das Triebwerk reagiert nicht mehr. Zwar ist die Turbine lediglich in den Leerlauf gefallen, der Bordingenieur vermutet jedoch einen kompletten Triebwerkstillstand. Dieses an und für sich unbedeutende Problem, das wegen der enormen Leistungsreserven der 747-Motoren im Betriebshandbuch nicht einmal als „Notfall" klassifiziert wird, ist der erste Mosaikstein für das nun folgende Desaster.

Der Bordingenieur informiert umgehend den Flugkapitän über den vermeintlichen Stillstand des Triebwerks, und die zuständige Flugkontrolle in Oakland wird um Genehmigung zum Sinkflug ersucht, denn um die Turbine wieder anlassen zu können, muss das Flugzeug seine derzeitige Flughöhe in dünner Atmosphäre verlassen. Dies ist erforderlich, weil die Triebwerke nur in Höhen unter 9100 Metern neu ge-

Technische Daten Boeing 747SP	
Kennzeichen	N4522V
Flugnummer	CI 006
Typ	Boeing 747SP-09
Seriennummer	22805
Fabrikationsnummer	564
Erstflug	10. Juni 1982
Außenmaße	Länge 56,30 m
	Spannweite 59,64 m
	Höhe 19,94 m
Triebwerke	4 x Pratt & Whitney JT9D-7A
Leistung	4 x 20.929 kp
Max. Startgewicht	317.741 kg
Tankvolumen	178.700 l
Anzahl Passagiere	281
Dienstgipfelhöhe	13.700 m
Max. Reichweite	13.000 km
Max. Geschwindigkeit	980 km/h
Verbrauch	13.500 l/h
Anzahl gebaut	45 (747SP); >1.418 (747 insgesamt)
Unfallbericht	NTSB-AAR-86/03

startet werden dürfen. Man sieht dies unter anderem deshalb vor, weil die Gefahr des Strömungsabrisses an den Tragflächen in größeren Höhen ungleich höher ist. Das heißt mit anderen Worten, dass ein sehr hoch fliegendes Flugzeug lediglich geringe Abweichungen der Geschwindigkeit toleriert, ohne in den Sturzflug überzugehen.

Um 10:15 Uhr weist der zuständige Fluglotse 9000 Meter an, aber er bekommt keine Antwort mehr. Sechsmal versucht er, die Maschine zu erreichen. Vergeblich, denn das große Flugzeug meldet sich nicht mehr. Das kann unterschiedliche Gründe haben, aber das wahre Schicksal des Düsenriesen bleibt dem beunruhigten Fluglotsen für die nächsten zwei Minuten vollständig verborgen. Inzwischen ist die Geschwindigkeit der 747 weiter zurückgegangen, und der Flugkapitän schaltet die Höhenkontrolle des Autopiloten aus, um die niedrigere Flughöhe aufsuchen zu können. Dabei vergisst er oder ignoriert, dass das automatische Trägheitsnavigationssystem noch in Funktion bleibt. So beginnt die Maschine, wegen des ausgefallenen Steuerbordtriebwerks nach rechts zu ziehen. Nachdem er dies bemerkt, stellt er den Autopiloten komplett ab, ohne die Trimmung zu korrigieren, und löst damit ein verhängnisvolles Flugmanöver aus, das seinesgleichen in der Luftfahrtgeschichte sucht.

Die Maschine legt sich mit 63 Grad nach Steuerbord auf die Seite und geht in den Sturzflug über. In einer Höhe von 11.300 Metern taucht sie in die Wolken ein. Im selben Augenblick verliert die Cockpitcrew die räumliche Orientierung. Die drei restlichen Triebwerke fallen in den Leerlauf zurück, die riesige Boeing geht mit 67 Grad Neigung nach unten und dreht sich dabei fast auf den Rücken. In Spiralen geht es dem Pazifik entgegen. Dabei treten enorme Kräfte auf, die das Fünffache der Erdbe-

Der Sturzflug von Flug CI 006
übertraf sogar die Höhe des Mount Everest
noch um einige Hundert Meter

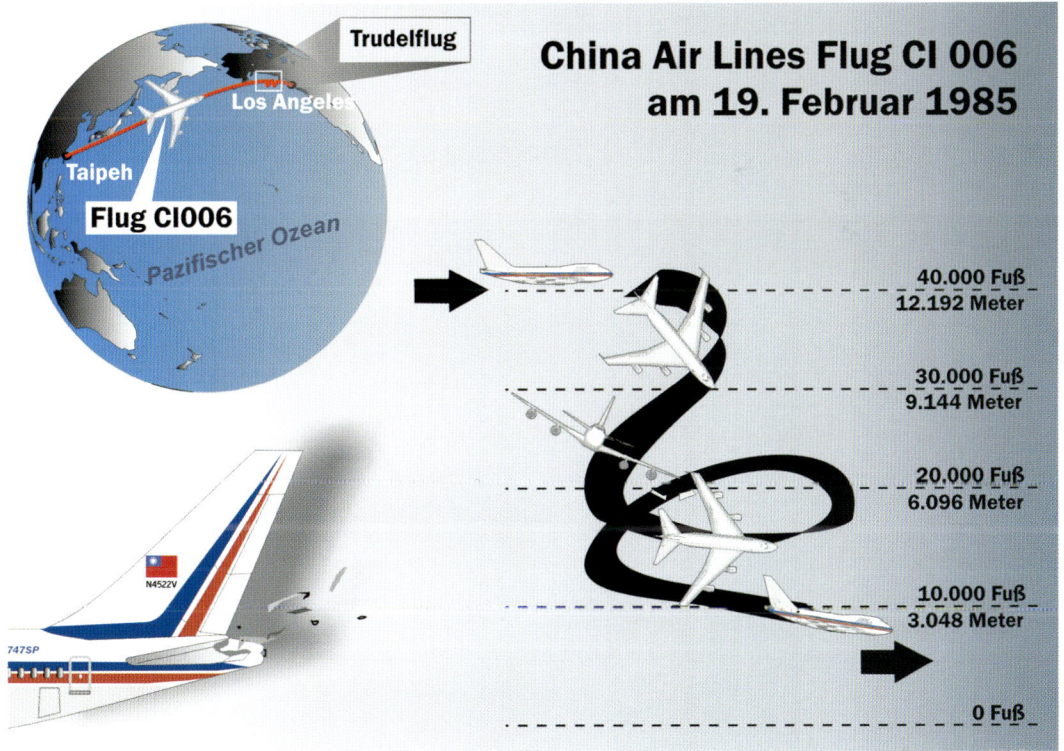

schleunigung erreichen. Dadurch ist die Cockpitcrew kaum noch in der Lage, Arme oder Beine koordiniert zu bewegen. Die verzweifelten Versuche, die Schalter und Hebel der 747 zu erreichen, sind zum Scheitern verurteilt. Die Muskeln genügen einfach nicht im aussichtslosen Kampf gegen die Schwerkraft. Auch ein Ablesen der wild ausschlagenden und sich ständig verändernden Instrumente kann nicht mehr in einer Weise erfolgen, die es der Cockpitcrew gestattet, zügig die geeigneten Gegenmaßnahmen zu treffen.

Zweimal erreicht das Flugzeug während des Sturzfluges Geschwindigkeiten, die den Konstrukteuren der Maschine das Blut in den Adern hätten gefrieren lassen. Die höhere der beiden liegt bei Mach 0,99, also nur 16 km/h unter der Schallgeschwindigkeit und damit weit über derjenigen, die für die 747 einst als gefahrloser Maximalwert angesetzt worden war. Im Passagierraum fliegt derweil durch die Luft, was nicht niet- und nagelfest ist. Zu den Dingen, die ohnehin in der Kabine liegen oder stehen, kommt der Inhalt der Gepäckfächer. Diese an der Kabinendecke angebrachten Stauräume haben der Belastung nicht standgehalten. Viele Klappen sind aufgesprungen, und der Inhalt ist herausgefallen. Wenn die Insassen allerdings nicht von umherfliegenden Gegenständen getroffen werden, gibt es eine gute Chance, unverletzt zu bleiben, weil fast alle Passagiere sich angeschnallt haben und sich dem allgemeinen Trend zum Herumfliegen daher nicht anschließen können.

Die psychische Belastung für die Menschen in dem stürzenden Jumbo kann wohl nur jemand nachempfinden, der diese oder eine ähnliche Situation bereits einmal erlebt hat. Tatsache ist: Die meisten Passagiere haben mit ihrem Leben abgeschlossen. Eben noch hatten sie in aller Ruhe ein wunderbares Frühstück genossen, und nur Augenblicke später werden sie mit einer Situation konfrontiert, die ihnen vollkommen unbekannt ist. Angst beherrscht die Insassen des Jumbos – wen wird dies verwundern? Die Sekunden dehnen sich zu Minuten, und obwohl nach Auswertung der Flugdatenschreiber festgestellt wird, dass der Sturzflug nur zwei Minuten dauerte, erleiden die Passagiere Qua-

len, die nach Stunden zählen. Hört das denn überhaupt nicht auf? Muss nicht jeden Moment dieser schreckliche, alles zerstörende Aufprall kommen? Dabei haben die Passagiere noch Glück im Unglück, denn sie können nicht sehen, wie außen – verursacht durch die heftigen Vibrationen oder wegfetzende Fahrwerksteile – immer wieder große Stücke des Flugzeugs abreißen.

Passagiere dieses Unglücksfluges berichteten später schreckliche Dinge: Geschirr kracht überall im Flugzeug gegen die Wände und auf den Boden; durch die Vibration brechen Glasscheiben, und man kann sogar vereinzelt hören, wie Nieten wegplatzen. Der Lärm ist kaum auszuhalten und verstärkt ihre Angst noch zusätzlich. Weil durch die enormen Fliehkräfte das komplette Fahrwerk herausgeschleudert wird, verlangsamt sich aufgrund des erhöhten Luftwiderstands nun jedoch der Sturz. In 3300 Meter Höhe wird zudem die Wolkenunterkante durchbrochen, und mit der wiedergewonnenen räumlichen Orientierung schaffen die Männer im Cockpit es schließlich, die Maschine 40 Sekunden vor dem Aufschlag auf dem Pazifik in einen relativ stabilen Horizontalflug zu bringen.

Der Cockpitcrew gelingt es nun auch, sukzessive alle vier Triebwerke wieder auf Touren zu bringen. Erst danach kann der Bordingenieur um 10:17 Uhr der Flugkontrolle melden, dass die Boeing 747 sich momentan in 2700 Meter Höhe befindet. Das Flugzeug war somit in lediglich knapp zwei Minuten fast zehn Kilometer tief gefallen! Der Bordingenieur teilt dem besorgten Fluglotsen des Weiteren mit, dass es einen Notfall gegeben habe, die Situation sei aber nunmehr wieder unter Kontrolle. Der Bordingenieur stellt jetzt auch anhand der Kontrolllampen fest, dass das Fahrwerk selbsttätig ausgefahren und verriegelt ist und dass die Hydraulikflüssigkeit des Hauptsystems komplett ausgelaufen ist. Der Flugkapitän entscheidet sich deshalb dafür, nicht weiter nach Los Angeles zu fliegen, sondern den nächstgelegenen Flughafen, San Francisco, anzusteuern.

Und nun, es ist inzwischen 10:38 Uhr, entschließt er sich letztendlich doch noch, eine Notfallsituation zu deklarieren. Dies ist erfor-

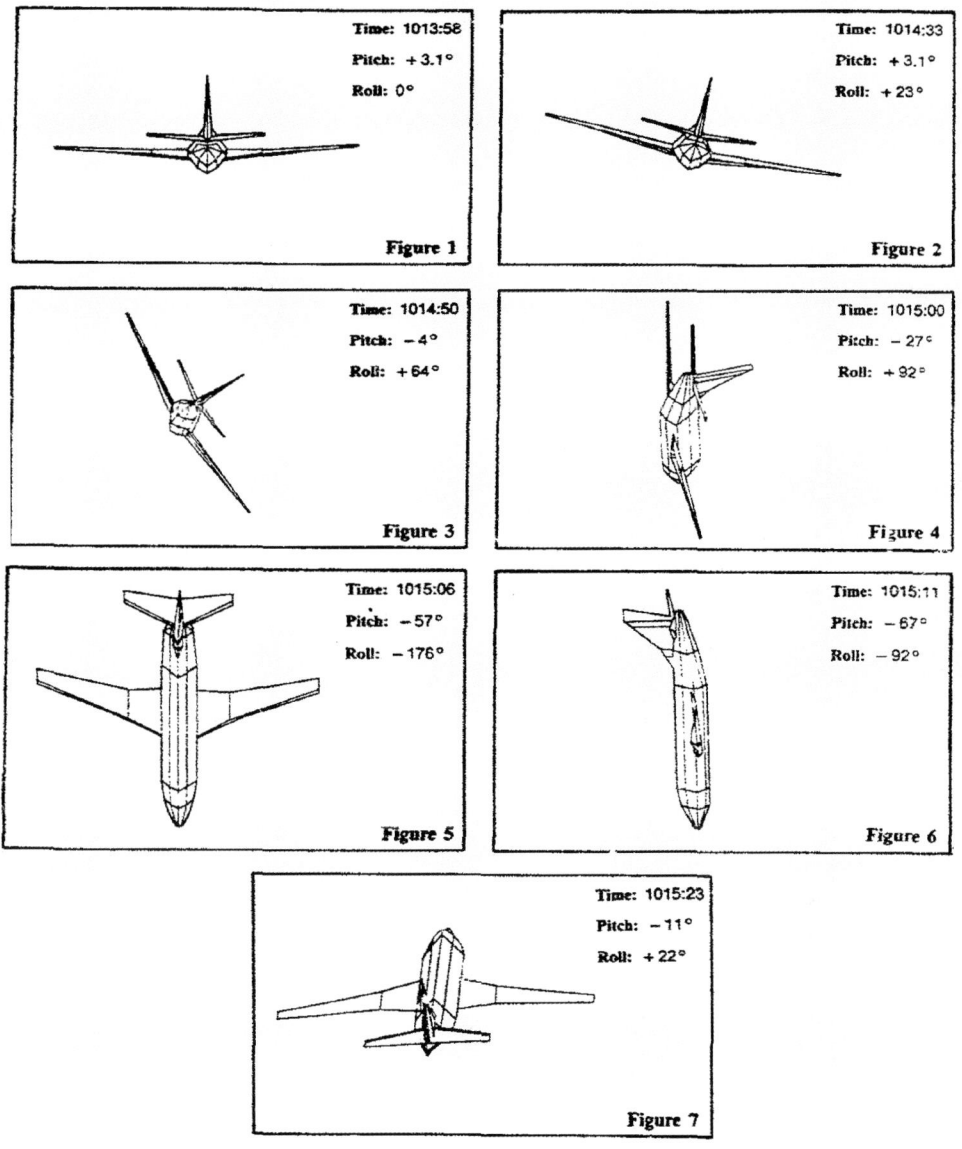

Figures 1.--Excerpts from Computer Animation.

derlich, um im Luftraum vorrangig geführt zu werden. Die Maschine bekommt augenblicklich diesen Vorrang und landet nach einem langen, sanften Sinkflug ohne weitere Vorkommnisse sicher. Die Passagiere klatschen frenetisch, nicht wissend, dass der Flugkapitän sie in diese miss-

Die Computer-Animation aus dem offiziellen Untersuchungsbericht stellt die unterschiedlichen Fluglagen während des Vorfalls geradewegs erschreckend anschaulich dar
Grafik: NTSB

liche Lage gebracht hatte. Aber vielleicht gilt der Beifall auch nur den Konstrukteuren der überaus belastbaren Boeing 747, die ihn wahrhaftig verdient haben.

Wie durch ein Wunder gibt es nur 51 Verletzte, außer einem gebrochenen Bein und einer Wirbelsäulendehnung sind jedoch keine wirklich schweren Verletzungen zu beklagen. Ganz anders ist es der braven Boeing 747 ergangen, denn die ungeheuren Kräfte haben der Maschine arg zugesetzt:

- Drei Meter vom rechten Höhenruder sind weggebrochen.
- Das linke ist ebenfalls kürzer, wenn auch „nur" um eineinhalb Meter.
- Die Querruder sind an mehreren Stellen gebrochen.
- Vom Seitenruder fehlen ganze Teile.
- Die Abdeckklappen der Radkästen sind aus den Verankerungen gedreht worden und verschwunden.
- Die riesigen Tragflächen sind am Ende der Flügelspitzen um bis zu acht Zentimeter nach oben gebogen.
- Das Hilfstriebwerk der Maschine hat sich aus seinen Befestigungen gerissen und rollt lose im Heck der Maschine herum.

Die Beschleunigungswerte sind derart hoch gewesen, dass sie eher mit denen eines Jagdflugzeuges zu vergleichen wären als mit denen einer großen Passagiermaschine. Die geplante Belastungsgrenze des Jumbos hatten die Konstrukteure einst bei ungefähr zweieinhalbfacher Erdbeschleunigung angesetzt. Die tatsächliche Belastung war mehr als doppelt so hoch gewesen (plus 5,1 g bis minus 4 g).

Der Flugdatenschreiber hatte unter dieser enormen Belastung zeitweise nicht mehr aufzeichnen können. Nie zuvor hat es nach Wissen der Experten einen Fall gegeben, in dem ein so großes Flugzeug derart hohen Erdbeschleunigungskräften ausgesetzt war, dass das Fahrwerk allein aufgrund der Fliehkraft durch die geschlossenen Klappen hindurch ausgefahren wurde. Fachleute fassen nach Auswertung der Flugschreiber und bei der Betrachtung der schwer lädierten Boeing 747 ein einhelliges Urteil: Es grenzt an ein Wunder, dass die große Maschine bei diesen Belastungen nicht ausein-

Folgende Quellen wurden ausgewertet:

- Stephen Barley: The Final Call
- George Bibel: Beyond the Black Box
- Andrew Brookes: Katastrophen am Himmel
- Nicholas Faith: Black Box
- Flugrevue Nr. 8/2003
- Patrick Forman: Flying into Danger
- B. I. Hengi: Crash
- Ronan Hubert: Les Catastrophes Aeriennens de 1920 a 1996
- Ulrich Klee: jp Airline Fleets International
- NTSB Unfallreport AAR-86-03
- David Owen: Air Accident Investigation
- Michael Prince: Crash Course
- J. R. Roach: Jet Airliner Production List, Volume 1
- Stanley Stewart: Emergency – Krisensituationen im Cockpit
- Laurie Taylor: Air Travel – How safe is it?
- Andrew Weir: The Tombstone Imperative
- John Winslow: Mayday

andergebrochen ist und den Boeingwerken somit ein denkbar gutes Zeugnis über deren hohe Ingenieurskunst ausstellte.

Nach eingehender Untersuchung des Vorfalls durch die zuständige US-amerikanische Behörde National Transportation Safety Board (NTSB) wurde dem Flugkapitän im abschließenden Bericht angelastet, dass er den Autopiloten nur partiell abgeschaltet hatte. Er hatte sich vermutlich zu einseitig auf das ausgefallene Steuerbordtriebwerk konzentriert. Der Vorfall wäre durch rechtzeitiges, komplettes Abschalten des Autopiloten nicht passiert. Hätte der Flugkapitän richtig und gemäß den Vorschriften in seinem Handbuch reagiert, nämlich den Autopiloten vollständig abgeschaltet, die Boeing 747 unter eigener Kontrolle in eine niedrigere Flughöhe gebracht und dort das Triebwerk wieder angelassen, hätten die Passagiere vom Ausfall des Steuerbordtriebwerkes nicht einmal etwas mitbekommen.

Sie hätten also nie gewusst, wie es ist, in einem Jumbo einen Sturzflug zu praktizieren. Es besteht allerdings kein Zweifel daran, dass kaum einer von ihnen Wert auf diese erregende Erfahrung gelegt hatte.

Die Boeing 747SP, von der hier berichtet wurde, ist inzwischen ausgemustert und steht seit Januar 2007 angeblich zum Verkauf.

Unmöglich? – 2
Schaffen wir es trotzdem!

Der Flieger Jean Mermoz ist ohne Zweifel einer der herausragenden Pioniere der Luftfahrt. 1902 geboren, fliegt er bereits in jungen Jahren Luftpost für die Lignes Aeriennes Latecoère zwischen Dakar und Casablanca. Sein Vorgesetzter, Antoine de Saint–Exupéry, hat viele Erlebnisse aus diesen Jahren in seinem Buch „Südkurier" eindrucksvoll zu Papier gebracht.

Mermoz ist erst 27 Jahre alt, aber im Jahre 1929 bereits Chefpilot der Aeropostale in Südamerika und hat einen kühnen Traum: Er will die Post nicht nur diesseits und jenseits der Anden befördern, sondern auch darüber hinweg. Oft ist er an den Anden entlanggeflogen, hat die heftigen Winde verspürt, die über dieses großartige Gebirgsmassiv hinwegfegen. Aber er glaubt fest daran: Eines Tages wird er es schaffen, die bedeutenden Hauptstädte im Süden, Buenos Aires und Santiago de Chile, im Direktflug zu verbinden.

Er hat einen einflussreichen Fürsprecher, der ihm vertraut und großes Ansehen in Südamerika besitzt: Graf de la Vaulx, Präsident der Internationalen Gesellschaft für Aeronautik. Dieser Mann glaubt nicht nur ebenso an die Möglichkeit, die Anden bezwingen zu können, sondern will auch unbedingt den ersten Teil der Strecke nach Santiago de Chile mitfliegen.

De la Vaulx ist sehr von den Fähigkeiten seines tüchtigen Chefpiloten überzeugt, aber ein wenig schaudert ihn doch, als der junge Pilot ihm erklärt, wie er die auf höchstens 4200 Meter begrenzte Steigleistung der kleinen Latécoère 25 überlisten zu können glaubt: Er will sich von der Westseite her durch die dort herrschenden Aufwinde helfen lassen und die kleine Maschine dann über den 5000 Meter hohen Cumbre-Pass zwischen den mächtigen Bergen hindurchmogeln. Mermoz weiß die Gefahren wohl einzu-

schätzen, aber er weiß auch, dass er so etwas wie eine Lebensversicherung auf den gewagten Flug mitnehmen wird: seinen Monteur Collenot. Ihn kennt Mermoz schon viele Jahre.

Die beiden Freunde sind bereits während der Zeit in der Sahara zusammen geflogen. Mermoz weiß, dass es keinen besseren Mechaniker gibt. Collenot hat goldene Hände, mit denen er bisher noch jeden Motor wieder zum Laufen gebracht hat, sei der auch noch so lädiert gewesen. Er ist ein Wundermechaniker schlechthin.

Am 5. März 1929 fliegen Mermoz, Collenot und Graf de la Vaulx zuerst von Buenos Aires nach Süden, um die dort niedrigeren Anden in 3200 Meter Höhe in Westrichtung nach Chile überqueren zu können. Glücklicherweise überfliegen sie immer wieder kleinere Hochebenen, denn plötzlich setzt der Motor aus.

Mermoz muss das nächste Plateau als Notlandeplatz nehmen, obwohl die Landestrecke nur kurz ist. Doch mit ausgefallenem Motor lässt es sich nicht gut nach geeigneteren Landeplätzen suchen. Die erforderliche Notlandung gelingt mit einigem Glück, und die Maschine kommt kurz vor einem Abgrund zum Stehen – allerdings nur, weil Mermoz sich vor die Maschine wirft und dergestalt die Räder auf den letzten Metern mit seinem Körper blockiert.

Motoren gehen in dieser Frühzeit des Flugwesens ständig kaputt. Collenot hat damit Erfahrung und kann das kleine Triebwerk im Hand-

> **Notlandung auf einem Felsvorsprung mitten im Gebirge**
>
> Überquerung der Anden, 9. März 1929
> Zwischen Santiago de Chile und Mendoza

umdrehen reparieren. Die drei Männer schieben die relativ leichte Maschine bis zum äußersten Ende der „Startbahn" zurück. Mermoz prüft den Motor: Der arbeitet wieder einwandfrei. Schon wird das Flugzeug von Mermoz mit voller Startleistung nach vorn getrieben, hebt ab, und wieder begleitet sie das Glück auf dieser Reise: Die drei Männer schrammen mit der Laté 25 nur eine Handbreit über die nächste Bergkuppe hinweg.

Einige Stunden später landet das kleine Flugzeug in Santiago de Chile, wo die Insassen, die Maschine und die Post begeistert begrüßt werden. Drei nicht enden wollende Tage müssen Mermoz und Collenot ihre wachsende Ungeduld zügeln. Das Wetter in Chile lässt den ersten Versuch einer Andenüberquerung von Santiago de Chile nach Buenos Aires im Flugzeug nicht zu. Es stürmt, und die Wolken hängen so tief, dass man meint, sie berühren zu können.

Dann, am 9. März 1929 strahlt schon in aller Frühe die Sonne, bestes Flugwetter, denn auch der Wind weht vom Pazifik her – und der ist erforderlich für das große Wagnis. Die unglaubliche Geschichte der geplanten Pioniertat hat sich in Chile wie ein Lauffeuer verbreitet, unzählige begeisterte Menschen jubeln hinter den beiden Fliegern her, als die kleine Laté 25 startet. Kurze Zeit später beginnt der Aufstieg am Rande der gewaltigen Berge, die bis zu 7000 Meter in den Himmel wachsen. Zuerst will die Maschine partout nicht hoch genug steigen. Alle Versuche scheitern. Dann aber hat Mermoz ein kleines Tal entdeckt, das neben der Passstraße durch die Berge führt. Es ist geringfügig niedriger als der Pass, aber die kleine Maschine will wieder nicht höher steigen. Doch dann packt urplötzlich der ersehnte Aufwind das Flugzeug, hebt es noch einmal um einige Hundert Meter empor, und in 4700 Meter Höhe schlüpft die Laté 25 mit den beiden Pionieren durch das schmale Tal hindurch, nur wenige Meter über schroffe Felsspitzen hinweg.

Kurz darauf drückt ein Abwind die Maschine wieder nach unten. Mermoz fliegt über einer tiefen Schlucht entlang und ist zuversichtlich, dass dieses Tal das kleine Postflugzeug irgendwann in die Ebene entlassen wird, wo sie dann hoffentlich sicher im spätsommerlich warmen Mendoza landen werden. Aber er hat die Rechnung ohne die kaum erforschten Abwinde gemacht. Die

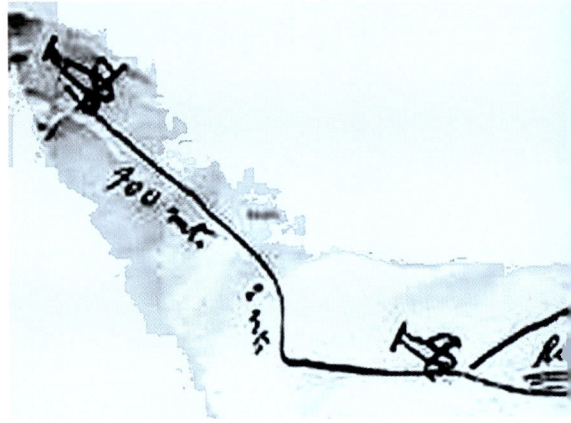

nämlich werden immer stärker. Einem rasanten Fahrstuhl gleich wird die leichte Maschine wie von Geisterhand abrupt in die Tiefe gezwungen. Etwas derartig Gewaltiges wie diesen Abwind hat Mermoz noch nie erlebt. Augenblicklich ist die Maschine fast 1000 Meter tief durchgesackt, und der Pilot hat alle Hände voll zu tun, um sie in der Luft zu halten. Er kämpft wie besessen um jeden Höhenmeter – vergeblich.

Das Flugzeug wird hin- und hergeschleudert, es geht auf und ab. Der erschöpfte Mermoz sieht nur eine Möglichkeit, diesem Inferno zu entkommen: Er muss landen. Allerdings hat er keine Chance, nach einem geeigneten Landeplatz zu suchen. So streift er mit circa 200 km/h einen Vorsprung, nachdem er voraus ein kleines, schneebedecktes Felsplateau entdeckt hat.

Kurzentschlossen setzt der Pilot die Maschine wagemutig auf, drosselt den Motor, muss aber unmittelbar wieder die Steuersäule ziehen und Gas geben, weil sich eine 45 Meter tiefe Schlucht auftut, die er zuvor nicht hatte sehen können. Hoch bäumt sich das Flugzeug auf, knallt auf der anderen Seite erneut in den tiefen Schnee. Nach 50 Metern bringt Mermoz es endlich zum Stehen. Teile der Verstrebung brechen bei dieser Notlandung, aber die Männer überstehen den Crash unverletzt. Es ist 15:00 Uhr.

Die kleine Latécoère 25 allerdings ist scheinbar nicht zu reparieren. Selbst ein Collenot, der Beste und Erfindungsreichste von allen, glaubt nicht daran. Die beiden Männer haben schon so viel Bruch erlebt, dass sie nur eine Handvoll Minuten brauchen, um sich zu entscheiden. Sie

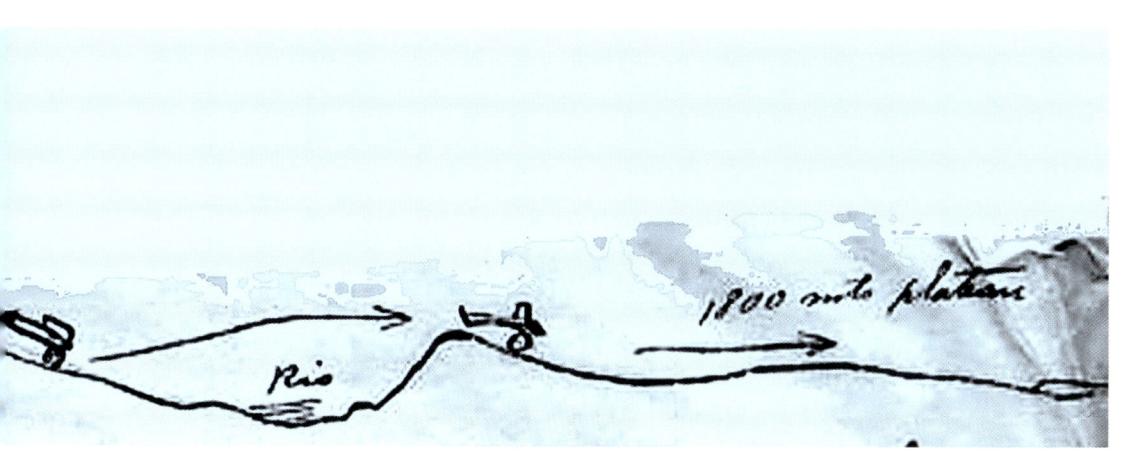

packen das Notwendigste ein und marschieren zu Fuß los. Doch schon bald erweist sich diese vermeintliche Lösung als Sackgasse. Der Flieger und der Mechaniker sind nicht gewohnt, in knietiefem Schnee herabzuklettern. Auch haben sie nicht die Ausrüstung, um die furchtbare Kälte über eine längere Zeit ertragen zu können.

Sie blicken nach einer Stunde Fußmarsch zu ihrer Latécoère 25 zurück, die in nur 300 Meter Entfernung greifbar nahe auf dem Felsplateau hockt. Das Fahrwerk ist kaputt. Start-Chancen also unmöglich. Aber Propeller und Motor sind doch noch in bester Ordnung. Gibt es irgendeine Möglichkeit, das Fahrwerk zu reparieren?

Zu Fuß hinunter in das Tal zu klettern, das haben die beiden inzwischen eingesehen, käme einem Selbstmord gleich. Bergsteigen haben sie nicht gelernt, aber Fliegen und bockige Motoren reparieren, das können die beiden Kerle. Also besinnen sie sich auf ihre besonderen Fähigkeiten. „Es ist doch besser, sich das Genick in einem Flugzeug zu brechen, als in diesen gräßlichen Bergen zu erfrieren", meint Mermoz. Collenot brummelt so eine Art Einverständnis. Bergsteigen will auch er nicht mehr.

Zuerst bocken sie das kleine Flugzeug auf. Bis drei Uhr morgens arbeiten sie im Licht der Taschenlampe. Todmüde versuchen sie zu schlafen. Leichter gesagt als getan, denn der Wind heult und röhrt um die Maschine herum und treibt den eisigen Schnee durch jede Ritze, die er findet.

Die Temperatur ist auf 30 Grad unter Null gesunken. Es ist ungemütlich, die beiden jungen Männer frieren erbärmlich, an normalen Schlaf

Originalzeichnung von Jean Mermoz aus seinem Unfallbericht. Deutlich sind die Klippen zu erkennen, die es zu überfliegen galt
Grafik: Mit freundlicher Genehmigung von Marie Vincent Latécoère

ist nicht zu denken. Die Stunden ziehen sich träge dahin. Als es hell wird, kann die Arbeit beginnen.

Die schmale, hintere Rückbank und die beiden Zusatztanks mit insgesamt 700 Liter Fassungsvermögen werden ausgebaut. Auch die Kabinenverkleidung muss den kritischen Blicken weichen. Wozu Komfort? Geringes Gewicht ist nun das Wichtigste, einige Kilogramm zu viel können über Leben und Tod entscheiden. Mit den Stahlrohren der Sitze verstärken die beiden Männer die Fahrwerksstreben an den Stellen, wo die Notlandung Blessuren hinterlassen hat.

Teile der Rumpfverkleidung werden abgenommen, zerschnitten und damit die geflickten Streben umwickelt. Erbärmlich sieht die Maschine nun aus, aber es gilt ja nicht einen Schönheitspreis für Flugzeuge zu gewinnen, sondern das Leben zu retten. Mermoz hilft, so gut er kann. Wird er einmal nicht gebraucht, räumt er Steine auf der „Startbahn" aus dem Weg und füllt Vertiefungen mit Schnee auf.

Zwischendurch zünden sie immer wieder kleine Mengen des Benzinvorrats an. Mit dem Feuer wärmen sie die klammen Finger, weil sie sonst schon nach kurzer Zeit steif gefroren und kaum mehr für eine anständige Arbeit zu gebrauchen sind. Anständige Arbeit? Nun, das Fahrwerk sieht ziemlich grauenvoll aus, aber die beiden halb erfrorenen Männer meinen, dass es durchaus haltbar sei.

Gegen Abend hört es endlich auf zu schneien. Aber der kleine Collenot ist vollkommen erschöpft, sodass Mermoz befürchtet, er könne jeden Moment zusammenbrechen. Sich in der dünnen Luft und bei dieser Kälte derartig furchtbaren Anstrengungen auszusetzen, ist gar nicht gut. Er hat die Höhenkrankheit: Immer wieder tropft Blut aus Ohren und Nase des Mechanikers. Dennoch weist er alle Versuche seines Freundes zurück, sich auszuruhen. Er weiß genau, dass die Zeit gegen sie arbeitet. Also beißt er die Zähne zusammen und vollendet die Arbeit. Dann allerdings schläft er todmüde fast die ganze Nacht hindurch.

Am nächsten Morgen lässt Mermoz den Motor an, stellt ihn aber sofort wieder ab, als er das schreckliche Geräusch hört, das das kleine Triebwerk von sich gibt. Zu allem Überfluss stinkt es auch noch nach verbranntem Öl, was ein sehr schlechtes Zeichen ist. Mermoz stellt fest, dass das Kühlwasser eingefroren ist. Dadurch sind der Kühler und die Leitungen an einigen Stellen aufgeplatzt. Hat sich denn alles gegen die beiden verschworen?

Collenot ist inzwischen aus der Maschine gekrochen, der Lärm des kranken Motors hat ihn blitzschnell munter gemacht. Mit Putzwolle und Stofffetzen werden die Risse abgedichtet. Um alles zu sichern, wird ein Teil der Rumpfbespannung in Streifen geschnitten. Damit werden die geflickten Stellen umwickelt. Und das soll halten? Es muss! Das Wasser wird mit Benzinfeuer erwärmt. Ein erster Versuch: Es scheint zu funktionieren, zumindest läuft der Motor wieder rund und ganz ohne Nebengeräusche.

Schließlich wuchten sie die Laté 25 fast 500 Meter hangaufwärts. Selbst mit Unterstützung des Motors ist das eine unvorstellbare Anstrengung. Acht Stunden benötigen die beiden Freunde für diese Arbeit, denn sie können nicht den kürzesten Weg nehmen, weil sich dort zwei unüberwindlich breite Spalten auftun. Dann ein letzter Blick auf die „Startbahn". Es sind drei Plateaus, wie Treppen hintereinander geschichtet, getrennt durch diese schrecklichen vier bis sechs Meter breiten Spalten. Collenot sagt: „Das Fahrwerk wird die Sprünge aushalten" und guckt

Mermoz bedeutungsvoll in die Augen, als wolle er damit kundtun, dass in den Händen seines langjährigen Freundes alles das liege, was sonst noch zum Gelingen erforderlich sei. Gleich wird sich zeigen, ob die beiden wirklich dieses unschlagbare Team sind, von dem die Kollegen der Aeropostale mit Hochachtung sprechen.

Der Motor wird auf höchste Drehzahl gebracht, aber die reparierte Maschine bewegt sich nicht einen Zentimeter. Glücklicherweise stellt sich heraus, dass das Flugzeug lediglich festgefroren ist. Mit kräftigem Hin- und Herschaukeln gelingt es den beiden Freunden, die Laté 25 in Bewegung zu setzen.

Nun gilt es! Es gibt nur diesen einen Versuch! Eine zweite Chance werden sie nicht bekommen. Heulend hüpft die Maschine über die erste Spalte auf die nächste Stufe hinab. Bange Sekunden nach dem heftigen Aufprall, aber das geflickte Fahrwerk hält.

Langsam nimmt die Maschine weiter Fahrt auf, da kommt schon die nächste Stufe. Immer noch nicht genügend Auftrieb. In dieser dünnen Luft dauert der Startlauf natürlich länger – noch nie musste eine Laté 25 in derart großer Höhe starten. Die Ruder reagieren ebenfalls noch nicht. Wieder ein Hüpfer und wieder dieses Angstgefühl, als die Maschine auf die nächste Stufe hinunterplumpst. Zwar fängt Mermoz die Laté 25 leicht ab, aber war der Aufprall dieses Mal nicht zu hart? Hat es nicht noch lauter gekracht? Egal, denn wieder hält die merkwürdige Not-Konstruktion der Tortur stand.

Und dann fliegt sie! Als sei nichts gewesen, schwingt sich das kleine Flugzeug in die Luft und der fernen Ebene entgegen. Vergessen ist die Angst, vergessen das geflickte Fahrwerk und dass diese merkwürdige Eigenkonstruktion möglicherweise doch nicht halten könne. Vergessen

Folgende Quellen wurden ausgewertet:

- Jean Mermoz: Originalbericht vom 16. März 1929 (3-seitig)
- Antoine de Saint-Exupéry: Südkurier
- Dr. Peter Supf (Hrsg.): Fliegergeschichten, Band 157
- Diverse Artikel im Internet, Stichwort „Mermoz"

sind die Torturen, die die beiden Männer hinter sich haben. Nur noch nach Hause wollen sie, heim nach Mendoza.

Von dort aus sind ihre beunruhigten Kollegen von der Aeropostale schon vor zwei Tagen aufgestiegen und haben nach den beiden verschollenen Fliegern und der Laté 25 gesucht. Bis auf die Höhe jedoch, in der die Laté 25 auf dem eisigen Felsplateau lag, schaffte es keiner. So konnten die beiden auch nicht gefunden werden. Aber mitten hinein in die Schar der allmählich mutlos werdenden Kameraden landet plötzlich die verloren geglaubte Postmaschine, als wäre nichts gewesen. Jubelnd werden Collenot und Mermoz von ihren Freunden umringt. Nun ist es gewiss: Das Unmögliche hat er geschafft, die mächtigen Anden sind bezwingbar, Mermoz hat es eindrucksvoll bewiesen. Er ist Südamerikas neuer Held.

Am 7. Dezember 1936 stirbt Mermoz mit nur 34 Jahren, als seine Maschine bei einem Flug von Dakar nach Natal über dem Südatlantik spurlos verschwindet. Bis heute weiß niemand, was genau vorgefallen ist. Aufgrund der mittlerweile vielfältigen Erfahrungen bei der damaligen Südatlantikfliegerei jedoch nimmt man an, dass sein Flugzeug, eine viermotorige Latécoère L-300 der Air France mit dem schönen Namen „Croix du Sud" (Kreuz des Südens) eine Notwasserung durchführen musste. Die letzte damals empfangene Meldung nach drei Stunden Flug lautete:

Technische Daten Latécoère 25	
Kennzeichen	F-EJKI
Flugnummer	–
Typ	Latécoère 25
Erstflug	ca. 1926
Außenmaße	Länge 9,44 m
	Spannweite 17,40 m
	Höhe 3,60 m
Triebwerke	1 x Renault 12Jb
	oder Jupiter Sternmotor
Leistung	400 bis 500 PS
Max. Startgewicht	3300 kg
Anzahl Passagiere	max. 4
Max. Gipfelhöhe	4200 m
Max. Reichweite	850 km
Max. Geschwindigkeit	193 km/h
Anzahl gebaut	61

„Wir müssen den hinteren rechten Motor abstellen." Notwasserung oder Absturz, in jedem Fall blieben das Flugzeug und die gesamte fünfköpfige Crew bis zum heutigen Tage verschollen. Genauso wie Collenot, der nur wenige Monate zuvor ebenfalls den Tod im Meer fand. Auch er starb auf der Südatlantikstrecke, die in Fliegerkreisen noch heute „Ligne de Mermoz" heißt.

Bezwinger der Anden: Diese Latécoère Laté 25 steht im Museum in der argentinischen Stadt Morón
 Foto: Mariano Kubota

Das lebensrettende **3** Ein-Cent-Stück

Haben Sie nicht auch schon einmal die Erfahrung machen müssen, dass es wegen eines winzigen Teiles einen unverhältnismäßig großen Schaden geben kann? Oder haben Sie einmal davon gehört, dass eine Katastrophe passierte, die in der Schadenshöhe in keinem Verhältnis stand zu den Kosten, die für das verursachende Teil einst aufzuwenden waren? Das sind die sogenannten Pfennigteile. Dass ein Pfennig aber auch Leben retten oder zumindest Schäden in Millionenhöhe vermeiden kann, davon handelt die folgende Geschichte, die am 17. Januar 1959 in den Vereinigten Staaten von Amerika passierte.

Die Tagesarbeit von Flug TW125 der Trans World Airlines (TWA) beginnt in Washington D.C. Der standardmäßige Linienflug nach Kansas City über Indianapolis und St. Louis wird mit einer Lockheed L-1049 Super Constellation

bedient. Die elegante Maschine startet routinemäßig und ohne irgendeinen Hinweis darauf, dass es in Kürze ein massives Problem geben wird, das das Überleben der an Bord befindlichen Menschen infrage stellen wird.

Die Zwischenlandung in Indianapolis zeichnet sich durch ebensolche Routine aus. Der Flug verläuft auch weiterhin ohne besondere Vorkommnisse bis zu jenem denkwürdigen Augenblick, in dem die Super Constellation sich ihrem Endziel St. Louis nähert und in den Endanflug übergeht. Als Flugkapitän Norman E. Schaeffer versucht, das Fahrwerk auszufahren, stellt die

Crew erschrocken fest, dass das Hydrauliksystem nicht erwartungsgemäß reagiert.

Das schwere Bugrad der Super Constellation wird im Unterschied zu anderen Flugzeugen bei diesem Typ nach vorn ausgefahren. Es muss also mit hohem Druck gegen den nicht unbeträchtlichen Luftwiderstand abgekippt werden. Heute tut es das nicht, zumindest nicht vollständig, sondern bleibt auf halbem Wege hängen. Warum die Kraft zum Ausfahren nicht reicht, bleibt zunächst im Dunkeln. Das rechte Hauptfahrwerk lässt sich immerhin in die normale Landeposition bringen, aber das linke Hauptfahrwerk verbleibt vollständig im tiefen Fahrwerkschacht verborgen und ist durch nichts zu bewegen, seiner eigentlichen Bestimmung außerhalb der Maschine nachzukommen.

Auf eineinhalb statt drei Beinen lässt sich nicht gut landen. Also wird ein sogenannter Go-Around eingeleitet, bei der der eingeleitete Landeanflug abgebrochen und die Maschine in eine Fluglage manövriert wird, die der eines Startvorganges gleicht. Nach erfolgreich durchgeführtem Flugmanöver beratschlagt die Crew gemeinsam, wie nun weiter verfahren werden solle. Die eingehende Beratung mündet in dem Entschluss, zur Olathe Naval Air Station auszuweichen. Diese Militärbasis liegt in greifbarer Nähe, nämlich nur 25 Kilometer südwestlich von Kansas City.

Flugkapitän Schaeffer entscheidet sich für diese Basis, weil der Flugplatz über eine außerordentlich gute Notfallausrüstung verfügt. Andere Orte in der Nähe haben keine derartig hervorragenden Einrichtungen, mit denen sie nach dem neuesten Erkenntnisstand und damit ebenso perfekt auf Notfälle vorbereitet wären. Insbesondere sind es die in Olathe stationierten Spezialfahrzeuge, die die Landebahn für eventuell erforderliche Notlandungen mit einem dichten Teppich aus Schaum überziehen können. Schaeffer möchte in seiner momentanen Situation keinesfalls darauf verzichten und lieber

die optimale Vorsorge zum Schutz der ihm anvertrauten Passagiere treffen. Sollte eine Bauchlandung erforderlich werden, so wäre ein dicker Schaumteppich die beste Versicherung gegen Funkenflug und die damit verbundene Gefahr eines Brandes.

Fünf Stunden kreist Schaeffer mit seiner Maschine über St. Louis und Kansas City. Mit dieser Maßnahme kann er nicht nur das reichlich an Bord befindliche Benzin reduzieren, sondern zusätzlich können seine Männer versuchen, das Hydraulikproblem während des derart unfreiwillig verlängerten Fluges zu lokalisieren und zu beseitigen. Dabei wird die Mannschaft sich vor allem darum bemühen müssen, ein offensichtlich vorhandenes Leck zu finden und zu stopfen, um möglichst viel von der lebenswichtigen Hydraulikflüssigkeit retten zu können.

Bald allerdings stellen die Männer fest, dass das Flugzeug bereits eine größere Menge dieser Flüssigkeit verloren hat. Dadurch kann kein ausreichender Druck mehr aufgebaut werden, um das schwere Fahrwerk problemlos aus- oder einzufahren. Der Druck geht durch das vermutete Leck im System verloren, und die im Moment bestehende, äußerst ungünstige Position des Fahrwerks kann nicht mehr korrigiert werden. Weder kann das Fahrwerk vollständig ein- noch komplett ausgefahren werden. Nur wenn es gelingt, genug von der kostbaren Flüssigkeit zu retten, wird die Crew eine theoretische Möglichkeit haben, das nur teilweise abgesenkte Fahrwerk wieder einzufahren. Und nur dann kann die schwere Maschine die weniger gefährliche Bauchlandung auf dem ausgelegten Schaumteppich versuchen.

Wenn das Flugzeug hingegen mit nur einem ausgefahrenen Hauptfahrwerk landen muss, sind die Chancen, unversehrt aus der misslichen Angelegenheit herauszukommen, beträchtlich geringer. In diesem Fall müsste die Maschine nämlich zuerst butterweich auf dem einen, ausgefahrenen Fahrwerk aufsetzen und möglichst lange in einer waagerechten Lage gehalten werden.

Dann, immer mehr die Fahrt vermindernd und nach dem nun unvermeidlich folgenden Verlust des Auftriebs, wird sich das Flugzeug hilflos zu der Seite ohne Hauptfahrwerk neigen,

Die Lockheed L-1049, geliebt wegen ihrer Eleganz, gefürchtet wegen der höchst anfälligen Motoren
Foto: Ed Coates Collection

die Fläche wird den Boden berühren, und häufig bricht dann infolge der zu hohen strukturellen Belastung die Maschine auseinander. Benzin kann auslaufen, das Flugzeug könnte Feuer fangen, und Verletzungen oder gar Todesfälle wären fast zwangsläufig die Folge. Darüber hinaus resultieren beträchtliche Schäden des Flugzeugs bis hin zum Totalverlust aus derartigen Unfällen. Schaeffer wird alles Menschenmögliche daran setzen, um dieses Horrorszenario zu vermeiden.

Der Flugkapitän entscheidet sich erst einmal für den nach seiner Meinung besten Weg: Er in-

Technische Daten Lockheed L-1049	
Kennzeichen	nicht bekannt
Flugnummer	TW125
Typ	Lockheed L-1049 Super Constellation
Seriennummer	nicht bekannt
Erstflug	13. Oktober 1950
Außenmaße	Länge 35,48
	Spannweite 37,61 m
	Höhe 7,54 m
Triebwerke	4 x Wright Double Cyclone 18 (R-3350-972-TC18-DA-3)
Leistung	4 x 2535 kW
Max. Startgewicht	62.425 kg
Tankvolumen	24.760 l
Anzahl Passagiere	69 bis 95 (je nach Bestuhlung)
Dienstgipfelhöhe	6950 m
Max. Reichweite	5540 km
Max. Geschwindigkeit	586 km/h
Verbrauch	1800 l/h
Anzahl gebaut	579

formiert umgehend seine Passagiere über das Problem der „Super Connie". Dabei spricht er mit ruhiger Stimme, schildert die Lage jedoch ungeschminkt und ehrlich. Das ist an sich schon bemerkenswert.

Durch seine gelassene Art während dieser Durchsage und mithilfe des nach wie vor entspannt lächelnden Kabinenpersonals gewinnen die Passagiere nach geraumer Zeit die Überzeugung, es gäbe nun wirklich Schlimmeres als eine Bauchlandung auf einem Schaumteppich. Das ist allerdings auch tatsächlich der Fall – und genau dies hat der Flugkapitän mit seiner ausführlichen Durchsage bewirken wollen, denn eine Panik an Bord würde die Lage der Maschine und seiner 33 Insassen nur verschlimmern. Begeistert sind die Fluggäste zwar nicht, aber das hat auch schließlich niemand von ihnen verlangt.

Darüber hinaus meldet sich eine Minute später auch noch das Glück, das man im Leben immer wieder einmal braucht, in Form eines der Passagiere. Es ist ein zwar junger, aber erfahrener Mechaniker der Fluggesellschaft Capital Airlines. Sein Name ist John Probey. Der Mann ist bestens gelaunt, denn er befindet sich nach längerer Trennung auf dem Weg zu seiner Frau in Sedalia. Die beiden wollen zusammen Ferien machen. „Also wenn daraus etwas werden soll", denkt Probey „dann sollte ich mein Bestes tun und dabei helfen, die Maschine sicher herunterzubringen."

Er geht nach vorn, erläutert der Crew, wer er sei, und bietet seine Unterstützung an. Das Glück ist ein zweites Mal auf Seiten der angeschlagenen Maschine und ihrer Insassen, denn Probey ist nicht nur Flugzeugmechaniker, sondern Spezialist für Flugzeugfahrwerke. Auch das Fahrwerk der Super Constellation ist ihm bestens vertraut. Die Männer diskutieren mit Probeys fachlicher Unterstützung ihre derzeitige Lage und benötigen dank seiner Hilfe nicht lange, um der Ursache des Problems auf den Grund zu gehen. Schon bald haben sie das vermutete Leck in einer der vielen Hydraulikleitungen entdeckt. Es ist diejenige, die zu den beiden Hauptfahrwerken führt. Eine Dichtung ist defekt. Der erste Schritt zum Erfolg ist somit getan.

Aber der nächste Schritt, die Abdichtung dieses Lecks, wächst sich unmittelbar zu einem kaum überwindlichen Problem aus. Probey benötigt irgendetwas, um das Gewinde in der Hydraulikleitung abzudichten, aus dem der lebenswichtige Inhalt stetig herausrinnt. Nur so würde er die Hydraulikflüssigkeit vor dem kompletten Auslaufen retten können. Ein kleines, widerstandsfähiges Teil mit einer genau definierten Form müsste es jedoch sein, damit das System nach der erfolgten Abdichtung wieder den erforderlichen Druck auf der Leitung aufbauen könnte. Probey weiß genau, in welcher Schublade seiner Werkstatt er so eine Dichtung finden würde. Woher aber soll man sie hier oben bekommen? Im Flugzeug jedenfalls befindet sich so ein Ersatzteil nicht. Probey, der Flugingenieur und der Copilot probieren es mit allen möglichen Dingen, derer sie habhaft werden können: von einer Lippenstiftkappe bis zu Teilen, die sie in Windeseile aus dem Bord-WC ausbauen, bleibt nichts unversucht. Aber keines dieser Provisorien passt.

Die Zeit verrinnt ihnen zwischen den Fingern. Schließlich hat Probey eine Eingebung: Er nimmt ein Cent-Stück und probiert es damit. Geht nicht, zu groß. Aber so schnell gibt dieser Mann nicht auf: In mühsamer, weil sauberer Kleinarbeit feilt er die kleine Münze am Rand etwas schlanker und passt sie dann in die Hydraulikölleitung ein. Na also! Sitzt hervorragend, wie eine Dichtung aus seiner Werkstatt. Das Leck ist geschlossen!

Das zweite Problem ist gelöst, aber ein weiteres ist noch zu überwinden. Die im System verbliebene Flüssigkeitsmenge ist derart tief abgesunken, dass trotz des geschlossenen Lecks kein ordentlicher Druck mehr aufgebaut werden kann. Weil Probey das Hydrauliksystem kennt, weiß er, dass es nicht unbedingt des normalerweise erforderlichen speziellen Hydrauliköles bedarf. Das geht im Notfall auch anders: Also wandert der komplette Wasservorrat aus der Bordküche in die Hydraulikleitungen.

Der reicht aber immer noch nicht aus. Probey meint, die Passagiere müssten dann eben ab sofort auf den Genuss von Kaffee verzichten, Koffein würde die Fluggäste sowieso nur unruhig machen. Und so wandert auch der Inhalt aller verfügbaren Kaffeekannen in das System. Damit duftet das Hydrauliksystem nicht nur wunderbar, sondern der Flüssigkeitsverlust ist nahezu vollständig wieder ausgeglichen.

Flugkapitän Schaeffer ist durch diese Erfolge immer zuversichtlicher geworden und witzelt bereits, indem er ankündigt, er hätte notfalls auch seine Passagiere einzeln um Beistand gebeten. Wie das denn gemeint sei, fragen die anderen Männer? Nun, die Leute könnten doch in die Leitung urinieren, oder etwa nicht? Es würde wohl kaum gegen irgendeine Vorschrift der Gesellschaft verstoßen, wenn durch so eine Hilfsmaßnahme ein störrisches Fahrwerk gängig gemacht würde. Entspannendes Lachen füllt das Cockpit. Das umgearbeitete Ein-Cent-Stück tut brav seinen Dienst, und die reparierte Leitung hält die merkwürdige Flüssigkeitsmischung lange genug, ohne dass erneut etwas austritt. Schaeffer kann mit dem wiedergewonnenen Druck das Fahrwerk noch einmal voll-

Folgende Quellen wurden ausgewertet:

- J. R. Roach: Piston Engine Airliner Production List
- Robert J. Serling: The Probable Cause (auf diesem Buch basieren die wesentlichen Passagen der obigen Geschichte)
- Curtis K. Stringfellow u. a.: Lockheed Constellation
- Jim Winchester: Lockheed Constellation

ständig einfahren. Nun scheint alles für eine Bauchlandung vorbereitet.

Doch dann sieht er sich plötzlich mit einem vierten Problem konfrontiert: Die nicht komplett vorhandene Hydraulikflüssigkeit wird nicht ausreichen, um den Druck so hoch aufzubauen, dass die schweren Landeklappen an den Tragflächen abgesenkt werden können, deren Pumpen über dieselben Leitungen bedient werden. Ohne diese unterstützende Maßnahme wird das Flächenprofil nicht geändert werden können. Das bedeutet: Er müsste die Maschine mit ungefähr 75 km/h über der normalerweise vorgeschriebenen Landegeschwindigkeit aufsetzen. Das ist verdammt viel! Aber auch diese letzte Klippe wird umschifft, denn mithilfe von Muskelkraft gelingt es mehreren Männern noch rechtzeitig, die schweren Klappen manuell auszufahren.

Inzwischen haben fünf große Spezialfahrzeuge gewaltige Mengen Schaum auf der Landebahn ausgebreitet. Mehr kann derzeit nicht getan werden. Alles ist für die Bauchlandung vorbereitet. Feuerlöschfahrzeuge stehen bereit, Krankenwagen fahren neben die Landebahn. Für die Helfer beginnt jetzt die schlimmste Zeit, das Warten auf das Einschweben der „Connie" und tatenlose Mitansehen-Müssen, ob es gut geht oder nicht.

Um 16:45 Uhr, fünf Stunden nach Beginn des Notfalls, hören die Fluglotsen im Tower von Olatha Naval Air Station die Stimme von Flugkapitän Schaeffer, die nach der langen Anspannung nun doch etwas angestrengt und ein wenig übermüdet klingt: „TWA eins – zwei – fünf an Olathe Tower. Dies ist die letzte Durchsage. Wir fahren jetzt unsere Generatoren runter." „Viel Glück", antwortete der Mann im Tower und ist froh, dass er nicht in der Maschine sein muss, sondern in seiner Funkbude sitzen darf.

90 Sekunden später schwebt das Flugzeug ein, und Flugkapitän Schaeffer legt eine mustergültige Bauchlandung im Sicherheitsschaum hin. Die Maschine rutscht einige Hundert Meter. Aber sie kommt weitgehend unversehrt zum Stillstand, ohne dass ein Feuer ausbricht. Schaeffer hat sein wichtigstes Ziel erreicht. Dreiunddreißig gesunde Menschen haben die Maschine zuvor bestiegen. Und dreiunddreißig ebenso gesunde Personen verlassen sie nun wieder, ohne einen Kratzer abbekommen zu haben und um eine wichtige Erfahrung reicher: Münzen können erheblich wertvoller sein, als ihre Prägungen vermuten lassen, denn mit nur einem Pfennig kann man sogar Menschenleben retten.

In der Schweiz hält ein Verein, die Super Constellation Flyers Association, mit viel Hingabe diese Lockheed L-1049 „Super Conny" am Leben   Foto: Aurel Butz

Sieben oder acht?

Die Convair CV-990 mit Kennzeichen N5625, eine Schwestermaschine der verunglückten Maschine, bei einem Besuch in Berlin   Foto: R. Manteufel

Einige äußerst mutige Reisende, die sich in den Siebzigerjahren der unseligen Spantax anvertrauten, werden die Convair 990 noch in Erinnerung haben. Diese Maschine, hin und wieder auch Convair Coronado genannt, ist selbst in ihrer Blütezeit ein wenig bekanntes Flugzeug gewesen.

Das Modell kam kurz nach der Boeing 707/720 auf den Markt, die Boeing aber wurde in zehnfacher Stückzahl gebaut und ist den Fluggästen der damaligen Zeit wesentlich vertrauter geworden. Allerdings war die Convair 990 die elegantere Maschine, durch den schmalen Rumpf schlanker wirkend. Sie war somit ein durchaus schöner, aber seltener Anblick ab dem Beginn der Sechzigerjahre.

Schönheit aber war vermutlich zu keiner Zeit das kaufentscheidende Kriterium der Fluggesellschaften. So wurden nur 102 Maschinen von der 990 sowie von der sehr ähnlichen 880 gebaut. 36 hiervon waren in Unfälle verwickelt, 28 wiederum so schwer, dass es sich um Total-

schäden handelte. Die meisten anderen ereilte das normale Flugzeug-Schicksal: Sie wurden abgewrackt. Lediglich 17 Convair 880/990 haben bis heute überlebt, aber keine dieser Maschinen ist flugtüchtig angemeldet.

Sicher hat jeder dieser Unfälle seine eigene Geschichte, die es in den meisten Fällen auch wert wäre, darüber zu berichten. Aber kein Vorfall hat mich so gefesselt wie der von einem fürchterlichen Absturz in Mexiko mit einem merkwürdigen Detail, gut für eine Gänsehaut.

Landeversuch bei Unwetter

Modern Air Transport, Postionierungsflug, 8. August 1970; Acapulco, Mexiko

Die Geschichte geht mir nicht mehr aus dem Kopf. Deshalb möchte ich hier darüber berichten, was damals passierte.

Die Convair 990, von der die Rede sein soll, war eine von neun Maschinen aus dem Flugzeugpark der US-amerikanischen Fluggesellschaft Modern Air Transport. Die Maschine mit der Kennung N5603 wurde am 8. August 1970 auf einem Überführungsflug bei der missglückten Landung total zerstört. Landeunfälle sind nicht gerade selten, aber ein Umstand, der sich bei diesem Crash ereignete, war spektakulär.

Das Flugzeug hatte zum Zeitpunkt seiner vollständigen Vernichtung bereits mehrere Besitzer innerhalb kurzer Zeit gesehen. Nach dem Jungfernflug im Jahre 1961 fand sich wegen der harten Boeing-Konkurrenz kein Käufer. Erst im März 1963 ging die Maschine an die Varig, die brasilianische Nationalfluggesellschaft.

Vier Jahre später, im Mai 1976, erwarb die Alaska Airlines die 990, verleaste sie aber bereits elf Monate danach an die Area Ecuador. Diese gab sie wiederum elf Monate später im März 1969 zurück an die Alaska Airlines. Im Oktober desselben Jahres schließlich übernahm Modern Air Transport das Flugzeug. Zu einem weiteren Verkauf kam es dann nicht mehr, weil die Maschine abstürzte. Modern Air Transport ist am Tage des Unfalls bereits ein Vierteljahrhundert im Geschäft und hat bis zu diesem Zeitpunkt keinen einzigen erwähnenswerten Unfall gehabt – eine absolut saubere Bilanz, beachtenswert in damaliger Zeit für ein Charterunternehmen mit immerhin zehn Flugzeugen im Maschinenpark. Die Gesellschaft ist damals übrigens auch in Deutschland einigermaßen bekannt, weil sie von West-Berlin aus Flüge nach ganz Europa anbietet.

Am Tage des Absturzes ist die Maschine mit acht Besatzungsmitgliedern, also einer vollständigen Crew, aber ohne Passagiere unterwegs von New York zu ihrem Bestimmungsort Acapulco. Es handelt sich um einen sogenannten Positionierungsflug. Das ist ein Flug zu einem Abflugort, zu dem eine Maschine aus unterschiedlichsten Gründen ohne Passagiere geflogen wird. In Fall unserer Convair 990 soll dort eine Charter beginnen. Acapulco, nächtliches Ziel der Maschine, liegt in Mexiko, und aufgrund dieses Umstandes ist der bei oberflächlicher Betrachtung merkwürdig anmutende Positionierungsflug ohne zahlende Insassen erforderlich. Seinerzeit nämlich verlangte die mexikanische Regierung von allen Reiseveranstaltern, dass Flüge mit Reisegruppen in einer anderen Stadt enden mussten als in derjenigen, von der aus man gestartet war. Also fliegt die Maschine erst einmal „leer" nach Acapulco, um diesem Gesetz Genüge zu tun.

Von New York aus bis kurz vor dem Reiseziel verläuft der Flug ereignislos. Als sich die Maschine jedoch im Endanflug auf die touristische Hochburg Acapulco befindet, ist das Wetter nicht sonderlich gut, besser gesagt: miserabel. Sonne hat man zwar nicht erwartet, denn es ist bereits Mitternacht, als die Convair einschwebt. Aber dass es derart stürmisch ist, das hat man an diesem Ort nur selten erlebt. Die schwere Maschine wird ordentlich hin- und hergeschleudert.

Der 49-jährige Pilot hat zu diesem Zeitpunkt bereits mehr als 15.000 Flugstunden in seinem Flugbuch gesammelt, eine beträchtliche Erfahrung. Auch mit der Convair 990 ist er seit Langem vertraut, über 2600 Stunden ist er mit diesem Typ bereits geflogen. Und dennoch misslingt die Landung, vermutlich in erster Linie wegen des miserablen Wetters.

Möglicherweise gerät die Maschine während der letzten Meter in einen Abwind und sackt durch. Genau konnte das nie geklärt werden. Jedenfalls kommt das große Flugzeug zu tief herein, streift die Anflugbefeuerung, und danach geht alles rasend schnell. Die Coronado gerät augenblicklich außer Kontrolle, und nur Sekunden später stürzt sie noch vor Erreichen der Landebahn mit ihrer achtköpfigen Besatzung ab. Der Aufprall ist so hart, dass die Maschine zerstört wird. Aber wie durch ein Wunder bleiben die Menschen an Bord am Leben.

Eine intensive Rettungsaktion beginnt. Schnell bemerken die Rettungskräfte, dass das Flugzeug lediglich mit der Crew unterwegs gewesen ist. Die Besatzung wird zügig aus den Trümmern befreit. Einige von ihnen sind bewusstlos, die anderen stehen unter Schock. Verständlich, dass alle Crewmitglieder nach diesem Erlebnis „neben sich stehen". Mit anderen

Worten: Richtig denken können die Frauen und Männer nach diesem furchtbaren Erlebnis noch nicht wieder. Nur so ist das meines Wissens einmalige Ereignis zu verstehen, das die Geschichte dieses Flugzeugabsturzes so erinnernswert werden ließ. Alle geretteten Besatzungsmitglieder sind glücklicherweise nur leicht verletzt. Sie werden schnellstmöglich in ein Krankenhaus transportiert, werden beruhigt und können sich dort, bestens umsorgt, erst einmal ausschlafen.

Während der Nacht fängt die zerstörte Convair 990 plötzlich an zu brennen. Die Feuerwehr ist zur Stelle, und der Brand kann schnell gelöscht werden, bevor er sich zu weit in den Trümmern der Maschine ausbreiten kann. Dies wird sich später noch als wahrer Glücksfall erweisen.

Am Morgen, als sich die Crew nach einigermaßen erholsamem Schlaf zusammenfindet und alle wieder weitgehend hergestellt sind, um klare Gedanken zu fassen, beginnt erst einmal das Herumfragen: Haben alle überlebt? Wie geht es dir? Was macht der Copilot? Aufatmen! Es geht allen Crewmitgliedern den Umständen entsprechend gut. Aber am Ende der Fragerei stellen die Sieben fest, dass eine der Stewardessen, nennen wir sie einmal Felizia,

Eine CV-990 der Spantax, hier im Juni 1976 beim Landeanflug auf den Baseler Flughafen
Foto: Eduard Marmet, lizensiert unter GNU Vers. 1.2

fehlt. Fragen an das Krankenhauspersonal zeitigen kein Ergebnis. Danach wendet man sich an Polizei und Feuerwehr. Auch die wissen von nichts, und nun drängt sich schonungslos die furchtbare Gewissheit auf: Felizia ist nicht geborgen worden, muss also in den Trümmern der Maschine umgekommen sein.

Unmittelbar nach dieser ziemlich schrecklichen Erkenntnis beginnt in den ineinander verkeilten Trümmern des Flugzeuges eine intensive Suche nach Felizia. Man ist sich allerdings sicher, dass die Frau nach den furchtbaren

Folgende Quellen wurden ausgewertet:

- Terry Denham: World Directory of Airliner Crashes
- B. I. Hengi: Crash
- Ronan Hubert: Les Catastrophes Aeriennes de 1920 a 1996
- Jan-Arwed Richter: Jet-Airliner-Unfälle
- J. R. Roach: Jet Airliner Production List, Volume 2
- Nicolas A. Veronico: Wreckchasing, Volume 2
- Unfallbericht DCA71R0002

Technische Daten Convair CV-990	
Kennzeichen	N5603
Flugnummer	unbekannt
Typ	Convair 990-30A-8 (Coronado)
Seriennummer	30-10-13
Erstflug	Dezember 1961
Außenmaße	Länge 42,43 m
	Spannweite 36,58m
	Höhe 12,04 m
Triebwerke	4 x General Electric CJ-805-23B
Leistung	4 x 7280 kp
Max. Startgewicht	114.761 kg
Tankvolumen	59.335 l
Anzahl Passagiere	96 bis 159 (je nach Bestuhlung)
Dienstgipfelhöhe	12.500 m
Max. Reichweite	8765 km
Max. Geschwindigkeit	990 km/h
Anzahl gebaut	37 (Typ 990); 102 (Serie 880/990)

Umständen dieses Absturzes und einer ganzen Nacht ohne Hilfe nicht mehr am Leben ist.

Denn sie hat sich nicht durch Rufe bemerkbar gemacht, und darüber hinaus hat zu allem Überfluss das Feuer in der Nacht gewütet. Vermutlich ist sie bereits beim Aufprall ihren schweren Verletzungen erlegen. So geht es zunächst also lediglich darum, die tote Frau zu finden und zu bergen. Nach intensiver Suche finden die Retter Felizia im Heck der Maschine.

Sie war von diversen Trümmerteilen eingeklemmt worden und hat sich, unsichtbar für die Retter, nicht mehr bewegen und selbst retten können. Als die Retter sie finden, erleben sie allerdings eine unglaubliche Überraschung: Felizia ist zwar schwer verletzt, aber sie atmet!

Nun beginnt ein Wettlauf mit der Zeit, genauer gesagt: Die verloren gegangene Zeit muss wieder aufgeholt werden. Schnellstmöglich, aber dennoch mit der gebotenen Vorsicht, gehen die Retter zu Werke. Die Trümmer werden sukzessive beiseite geräumt, ein Arzt bemüht sich währenddessen um die Stabilisierung des Kreislaufes. Nach kurzer, behutsamer Arbeit ist die junge Frau befreit und wird schleunigst in das Krankenhaus gebracht. Dort wird sie bestens versorgt, ihre Crew kümmert sich um sie, und alle Welt drängt sich in das kleine Krankenzimmer, um an dem Wunder von Acapulco aus nächster Nähe teilhaben zu können. Felizia macht schnelle Fortschritte bei der Genesung und ist bald darauf wieder vollständig gesund.

Ich weiß leider nicht, wie die Stewardess tatsächlich hieß, aber ich habe ihr den Namen Felizia gegeben. Ich finde, er passt gut zu ihr, denn bei ihrem Überleben und ihrer späten Rettung war eine überdurchschnittliche Dosis Glück im Spiel, sicherlich mehr, als die meisten Menschen in einer derartigen Situation gehabt hätten.

Die im Vergleich zu den weiter verbreiteten Konkurrenzmodellen Boeing 707 und Douglas DC-8 leichtere Convair CV-990 war auch der schnellste der großen Jets der 1960er-Jahre   Foto: U. Boie – LJ Sammlung

Buenos Aires – 5
Falklands ... ohne Rückflug

Ein altes Foto der gekaperten Maschine, der LV-AGG. Die Douglas DC-4 zählte in den 1960er-Jahren zu den größten Passagierflugzeugen weltweit
Foto: Ed Coates Collection

Die ganze Angelegenheit war saumäßig insze-niert, aber das stellte sich erst viel später heraus. Wenn man überlegt, dass der hier geschilderte Vorfall nur durch eine Verkettung glücklicher Umstände ein gutes Ende fand, dann muss man am Schluss der Geschichte erst einmal tief durchatmen, bevor man sich dafür entscheiden kann, ob man schmunzeln oder sich entsetzt ab-wenden soll.

Diese Geschichte ist der Stoff, aus dem Abenteuerromane gemeinhin entstehen. Was auch immer man für eine unterhaltsame Hand-lung so braucht, alles kommt darin vor: eine spektakuläre Flugzeugentführung; Unruhestif-ter dringen auf einer abgelegenen Insel mitten im Atlantik ein; die Hauptperson ist eine atem-beraubend schöne, junge Frau; Hochspannung ohne Ende ist gegeben; die Bösen wandern am Ende der Story ins Gefängnis; Ruhe kehrt wie-der auf dem kleinen Eiland ein. Zwischendurch kann herzhaft gelacht werden, denn Blut fließt keines, damals übrigens nicht untypisch bei Flugzeugentführungen. Möglicherweise ist die Angelegenheit ja auch schon verfilmt worden. Wundern täte es mich nicht, denn es handelt sich nun wirklich um eine tolle Geschichte. Das Bemerkenswerteste an ihr ist jedoch die unabänderliche Tatsache, dass sie tatsächlich passiert ist.

Sie beginnt im September 1966. 19 meist sehr junge, argentinische Terroristen, die aller-dings nicht übermäßig furchterregend wirken,

> **Schlecht geplante Entführung einer Passagiermaschine**
>
> Aerolineas Argentinas, Flugnummer unbekannt, 28. September 1966, Falklandinseln

beschließen, ein Flugzeug auf die Falklands zu entführen und die Inselgruppe ihrer Heimat Argentinien anzuschließen. Diese Ansammlung sturmzerzauster Felsen, in deren unmittelbarer Umgebung sich Albatros und Seelöwe Gute Nacht sagen, heißt bei ihnen ja auch nicht Falklands, sondern Las Malvinas, was an sich schon dafür spricht, dass sie zu Argentinien gehören sollten und nicht zu Großbritannien. Außerdem liegen sie gewissermaßen um die Ecke, während der vorgebliche Eigentümer beträchtliche 12.000 Kilometer entfernt ist.

Die Terroristen werden angeführt vom 25-jährigen Dado Cabo und der bildschönen Maria Christina Varrier, die sich auch als Model durchaus hätte sehen lassen können. Leider jedoch hat sie sich dafür entschieden, Oberhaupt eines für diese Unternehmung nur mäßig qualifizierten Haufens glühender Ultranationalisten zu werden, denen die Planung eines derartigen Unternehmens so fremd ist, dass sie der Einfachheit halber direkt loslegen, ohne zu planen. Die Gruppe kauft sich die für das Betreten eines Flugzeuges erforderlichen Tickets und besteigt am 28. September 1966 die 22 Jahre alte Douglas DC-4 der Aerolineas Argentinas mit der Kennung LV-AGG. Die betagte Maschine ist nach einem berühmten argentinischen Flugpionier – „Benjamin Matienzo" – benannt worden, der sich gewiss im Grabe umdrehen würde, erhielte er dort Kenntnis von dem Vorgefallenen.

Einige Zeit nach dem Start versuchen die Terroristen, die Mannschaft des Flugzeuges dazu zu überreden, nicht nach Rio Gallegos zu fliegen, sondern auf die Falklandinseln. Wie gesagt: Es fließt kein Blut wie sonst bei großen revolutionären Ereignissen. Die Gegenwehr ist eher minimal und nur rhetorisch, denn was soll die zahlenmäßig weit unterlegene Crew schon gegen eine Bande von 19 planungslosen, jedoch entschlossenen Hijackern ins Feld führen? Das ist eine explosive Mischung, die Vorsicht gebietet.

Da hilft es auch wenig, dass der besorgte Flugkapitän Ernesto Fernandez Garcia zu bedenken gibt, es gäbe auf den Falklandinseln keinen Flugplatz. Man hat sich auf Seiten der Flugzeugentführer entschlossen, die Inselgruppe für

Argentinien zurückzugewinnen, und das wird nun unmittelbar in Angriff genommen, weil in dieser Angelegenheit ja sonst keiner etwas tut. Flugplatz oder nicht, das spielt eine untergeordnete Rolle. Man wird schon sehen, wenn man erst einmal dort ist.

Nach einigem Hin und Her, als sie des Debattierens überdrüssig sind, werden die jungen Leute massiver. Der Flugkapitän muss auf die Forderung eingehen und steuert neuen Kurs. Ein wenig Flugbenzin haben die Verhandlungen inzwischen allerdings gekostet, denn man ist noch eine Zeit lang in die flugplanmäßige Richtung unterwegs gewesen. Das macht jedoch nicht allzu viel, denn die Falklandinseln sind ungefähr 2000 Kilometer entfernt von Buenos Aires, also genauso weit wie der ursprüngliche Bestimmungsort, Rio Gallegos. Das wird schon klappen. Bisher ist doch auch alles gut gegangen, oder etwa nicht?

Der Flug an sich dauert gut vier Stunden, und es lässt sich nichts von Bedeutung über die Zeitspanne nach der erfolgreichen Kaperung berichten. Die Stimmung ist inzwischen wieder etwas entspannter, die meisten Passagiere haben sich äußerlich gelassen in ihr Schicksal ergeben, denn sie haben nicht mitbekommen,

Technische Daten Douglas DC-4	
Kennzeichen	LV-AGG
Flugnummer	unbekannt
Typ	Douglas DC-4
	(C-54A-10-DC Skymaster)
Seriennummer	10333
Fabrikationsnummer	DC 64
Erstflug	Juni 1944
Außenmaße	Länge 28,37 m
	Spannweite 35,81 m
	Höhe 8,38 m
Triebwerke	4 x Pratt & Whitney
	R-2000-7 „Twin Wasp"
Leistung	4 x 1007 kW
Max. Startgewicht	33.112 kg
Tankvolumen	7800 l
Anzahl Passagiere	50 bis 85
	(je nach Bestuhlung)
Dienstgipfelhöhe	7400 m
Max. Reichweite	6275 km
Max. Geschwindigkeit	442 km/h
Verbrauch	850 l/h
Anzahl gebaut	1242

Diese sorgsam gepflegte Douglas DC-4 der South African Airways ist ein häufig und gern gesehener Gast – auch in Deutschland   Foto: JACDEC

dass ihnen eine Landung ohne Flugplatz ins Haus steht. Man trinkt Kaffee, und vereinzelt ergeben sich Gespräche zwischen den unterschiedlichen Lagern. Allmählich nähert man sich an, denn es befindet sich kaum ein Argentinier an Bord, der nicht ebenfalls davon überzeugt ist, dass die Malvinas zu Argentinien gehören. Dann aber müssen die Gespräche vorerst eingestellt werden, denn die Falklands kommen in Sicht – Gott sei Dank –, denn die Tanks sind nahezu trocken geflogen. Was nun? Einen Flugplatz gibt es nicht. Niemand ist wirklich überrascht, denn das hat man ja vorher schon gewusst.

Die meisten der rund zweihundert Inseln der Gruppe sind aufgrund der felsigen Formationen völlig ungeeignet oder zu klein für eine Landung. Man würde nach möglicherweise schadlosem Aufsetzen der schweren Douglas DC-4 unmittelbar auf der anderen Seite ins Meer plumpsen. Das wollen sie alle nicht, denn revolutionäre Handlungen mit nassen Füßen vermitteln bekanntlich keine nachhaltige Zufriedenheit bei den Ausführenden. Der um das Wohlergehen seiner Passagiere und der teuren Maschine besorgte Pilot will dies schon gar nicht, also schlägt er die Hauptinsel Ost-Falkland vor, die zudem mit 6760 Quadratkilo-

tern recht groß ist. Dort wird man am ehesten eine Landemöglichkeit und auch Hilfe finden, falls etwas schief gehen sollte.

Damit rechnet aber keiner der jungen Terroristen, und es geht auch nichts schief. Nach flüchtiger Erkundung des Geländes in unmittelbarer Nähe der Hauptstadt Port Stanley setzt der Flugkapitän die Maschine mit einer fliegerischen Meisterleistung und den letzten Litern Benzin auf einer Rasenfläche auf, die in der Hauptsaison sonst als Pferderennplatz benutzt wird. Glück im Unglück, denn derzeit ist gerade keine Hauptsaison, keine Pferde stören die Landung und die wenigen Schafe suchen vor der laut brüllend herannahenden DC-4 erschreckt das Weite. Ziemlich ebenmäßig ist der Platz auch. Und am Ende bremst ein sumpfiges Gelände die Maschine zusätzlich ab. Prima gelaufen! Rund um den Rennplatz gibt es neben einigen Schafen nur vereinzelte Farmhäuser und den obligatorischen Schafhirten. Der reibt sich verwundert die Augen. Er hat ja schließlich noch nie ein Flugzeug gesehen. Ganz schön groß ist das Ding und laut auch!

Der Schäfer hält sich vorerst von der Maschine fern und wartet, bis nach und nach die aufgeschreckten Briten aus Port Stanley angelaufen kommen. Viele sind es nicht, denn die

Falklandinseln hatten zu dieser Zeit zwar eine Menge Schafe, aber nur 2500 Einwohner. Das ist heute übrigens noch nicht viel anders. Die wunderschöne blonde Maria Christina Varrier steigt aus dem Flugzeug und erklärt den einigermaßen erstaunt dreinblickenden Briten, sie und ihre Leute seien Mitglieder der Gruppe „El Condor". Darunter können sich die Falkländer – wen wird das wundern? – nichts vorstellen. Also fügt sie so drohend hinzu, wie sie das vermag, die Gruppe „El Condor" habe sich zum Ziel gesetzt, Las Malvinas den Argentiniern zurückzuerobern.

Die Ansprache wird höchst effektvoll untermauert durch das Einpflanzen mehrerer Fahnenstangen, an denen bald lustig die argentinischen Flaggen im Wind flattern. Die Besatzer haben sich wenigstens bezüglich dieses kleinen Details ordentlich vorbereitet, denn so läuft das ja nun einmal bei ordentlichen Annektierungen!

Immer wieder werden glühende Ansprachen gehalten, die den Condor-Leuten patriotische Tränen in die Augen treiben, doch Aussehen und Auftreten der Gruppe sind nicht dazu angetan, wirkliche Furcht bei den Falkländern aufkommen zu lassen. Die jungen Argentinier

sind rechte Amateure und als solche eigentlich eher nett als furchterregend.

Einige der Briten wähnen sich zeitweise in einem zweitklassigen Film, aber alle sind sehr zurückhaltend und hören den Condor-Leuten, höflich zu, ohne sie zu unterbrechen – typisch britisch eben. Dies nebenbei gesagt auch deshalb, weil die Sprecher der Gruppe samt und sonders auf Spanisch reden, und das können die Inselbewohner leider nicht verstehen. Die 19 Terroristen haben ihr Ziel in kurzer Zeit und mit einfachsten Mitteln, wenn auch mit einer ungeheuren Portion Glück, geschafft. Sie wollten lediglich Las Malvinas für ihr Land zurückerobern, und damit haben sie nun äußerst erfolgreich begonnen. Eine Insel ist bereits mehr oder weniger fest in ihren Händen. Die anderen 199 werden folgen, man wird das sicher zügig hinbekommen.

Jetzt allerdings sind sie nach den feurigen Ansprachen und der vollzogenen Annektierung der windgepeitschten Inseln müde und ziehen sich in das Flugzeug zurück. Das haben sie ja schließlich gekapert, also gehört es rechtmäßig ihnen. Was soll man auch sonst machen? Ein Hotel gibt es hier nicht. Die Türen schließen sich, und draußen bleiben die verblüfften Falk-

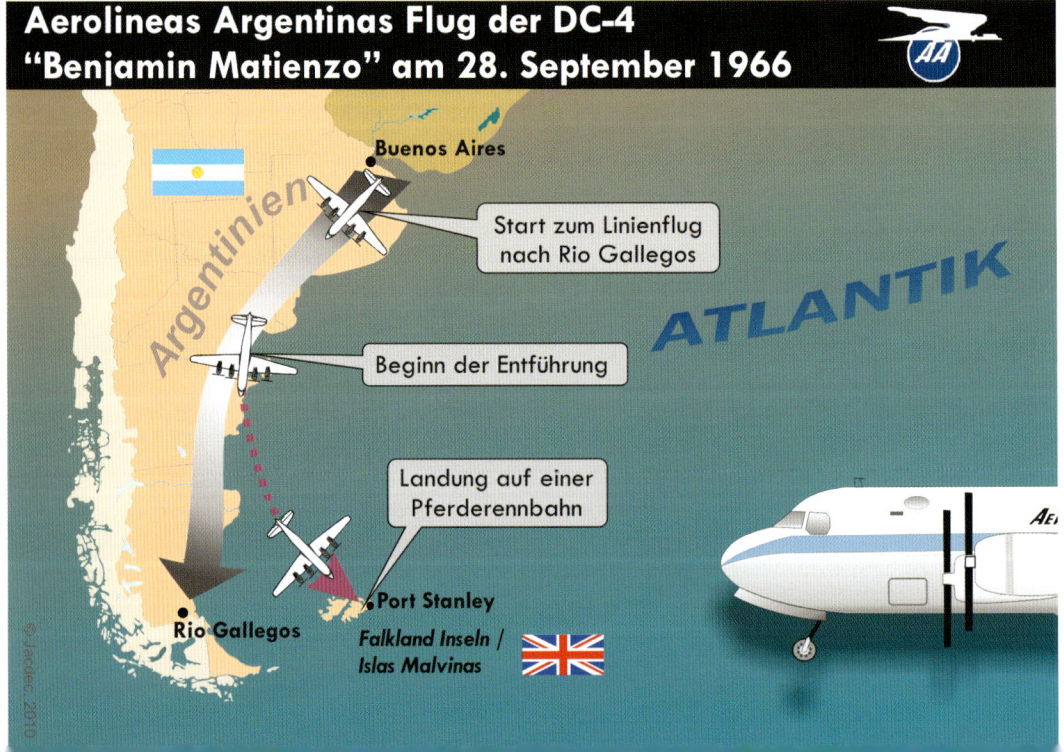

länder allein zurück. Die fünfundzwanzig Fluggäste, die nichts mit der kriegerischen Handlung zu tun haben, wurden zuvor aussortiert und in der Hauptstadt Port Stanley zusammen mit der siebenköpfigen Besatzung des Flugzeuges auf diejenigen Häuser verteilt, die noch irgendwo ein Bett unterbringen können. Im Austausch erhielten die Terroristen einige Falkländer als Geiseln. Viel Platz ist in den kleinen Häusern nicht vorhanden, Touristen gibt es zu dieser Zeit auf den Inseln noch nicht, und die Falkländer selbst sind alles andere als anspruchsvoll. Also richtet man sich ein. Wozu aufregen? Es ist doch alles gut gegangen.

Admiral Jose Guzman, der zufällig an Bord der Maschine reisende Gouverneur der argentinischen Provinz Feuerland, wird in der Residenz seines Amtskollegen untergebracht und sagt beim Betreten des Hauses laut lachend: „Das ist ja eigentlich mein Haus." Denn im Falle einer Abtretung an Argentinien würden die Falklands schließlich zu seiner Provinz gehören. Das Ende der Geschichte ist schnell erzählt. Die auch in jeder anderen Hinsicht unzulängliche Planung brachte den Condor-Leuten den Erfolg nicht, den sie angestrebt hatten. Großbritannien wollte die Inseln einfach nicht hergeben. Und mit dem Flugzeug konnten sie dann auch nicht weiter. Der Platz hatte gerade einmal gereicht für eine Meisterlandung, für den Start jedoch schien die Rennbahn einfach viel zu kurz. Außerdem hatte man ja auch kein Flugbenzin mehr.

Ein anderes Flugzeug konnte ebenfalls nicht herbeigeholt werden. Wo hätte es bitte schön landen sollen? Das monatliche Postschiff wurde erst in der übernächsten Woche erwartet und hatte zudem nicht genug Platz für alle Leute. Fazit: Niemand wusste so recht, was man mit den Condor-Leuten tun solle, sie selbst wussten es nach einer Weile übrigens auch nicht mehr.

Nach einigen Tagen und bitterkalten Nächten verließen sie das sichere Flugzeug und besetzten eine Kirche. Als das auch nichts bewirkte, ergaben sie sich den Inselbewohnern, nagender Hunger nach dem kompletten Verbrauch der Bordverpflegung wird wohl auch ein wenig dazu beigetragen haben. Dann warteten sie ungeduldig darauf, dass irgendwer sie

Folgende Quellen wurden ausgewertet:

- James Arey: The Sky Pirates
- David Gero: Flüge des Schreckens
- B. I. Hengi: Crash
- J. R. Roach: Piston Engine Airliner Production List
- Wikipedia: History of the Falkland Islands

irgendwohin abholen würde. Das passierte dann auch geraume Zeit danach, und alle Flugzeuginsassen wurden mit beträchtlicher Verspätung wieder nach Hause gebracht. Naja, nicht alle direkt, denn die 19 Leute der Gruppe „El Condor" mussten in Argentinien erst einmal für drei bis fünf Jahre ins Gefängnis. Einige Quellen allerdings berichten, diese Urteile seien aus einsichtigen Gründen nie vollzogen worden, denn die jungen Leute wurden als Helden verehrt.

So amüsant, wie diese Geschichte auch ist, soll nicht unerwähnt bleiben, dass sie nur deshalb in der vorliegenden lockeren Art erzählt werden kann, weil aufgrund der herausragenden fliegerischen Leistung alles ein gutes Ende fand. In jeder Beziehung hatte man Glück gehabt, aber man wird sich mit ein wenig Phantasie unschwer ausmalen können, was alles hätte schiefgehen können. Bis vor wenigen Jahren hätte ich Ihnen schuldig bleiben müssen, wie die alte Douglas DC-4 die Reise von den Falklandinseln zurück auf das Festland geschafft hat, weil ich es nicht herausfinden konnte. Ich vermutete, man habe sie wohl in mehrere Einzelteile zerlegt und über das Meer abtransportiert. Dann lernte ich eine auf den Falklands geborene Dame kennen, deren Mutter manchmal von dieser Geschichte berichtete. Und durch sie habe ich erfahren, daß die DC-4 nach der glücklich vollzogenen Landung einen genauso todesmutigen Start absolvierte, der zur Zufriedenheit aller Beteiligten gelang. Die Maschine hat noch 1991, inzwischen 47 Jahre alt und umgetauft auf „Rio Amazonas", als Frachtflugzeug der peruanischen Fluggesellschaft Satco mit der Kennung OB-1279 unerschütterlich ihren Dienst versehen. Über eine Verschrottung ist mir nichts bekannt, also müsste die alte DC-4 noch irgendwo stehen. Haben Sie den betagten Vogel vielleicht gesehen?

Treibstoff zu Ende, 6
was nun? Segeln natürlich!

Entgegen einem sich hartnäckig haltenden Gerücht können auch große Düsenriesen recht anständig segeln. Das hat zuletzt am 24. August 2001 ein 200 Tonnen schwerer Airbus A330 eindrucksvoll unter Beweis gestellt. Wegen eines Treibstofflecks hatte er auf dem Weg von Toronto nach Lissabon das Ziel nicht erreichen können, war mit mehr als 300 Insassen 145 Kilometer gesegelt und dann auf den Azoren sicher notgelandet. Spektakulär! Noch spektakulärer aber ging es am 23. Juli 1983 zu.

Die nachfolgende Geschichte stand seinerzeit in fast jeder Zeitung. Relativ viele Leser werden sie darum kennen oder möglicherweise schon einmal davon gehört haben. Das macht nichts, Sie werden sich gern noch einmal daran erinnern, denn sie ist spannend und insbesondere deshalb so wunderschön, weil auch in die-

Der „Gimli-Glider", der die Hauptrolle bei diesem atemberaubenden Vorfall spielte, hier noch in der ursprünglichen Air-Canada-Bemalung
Foto: Ted Quackenbush

sem Fall durch eine Reihe von Glücksumständen kein Toter, ja, nicht einmal ein Verletzter zu beklagen war.

Die Geschichte hätte aber für das erst vier Monate alte Flugzeug und die Insassen

> **Verzweifelte Suche nach einem Flughafen – und dazu noch Motorausfall**
>
> Air Canada Flug AC143, 23. Juli 1983
> Gimli, Kanada

Tecnische Daten Boeing 767-200	
Kennzeichen	C-GAUN
Flugnummer	AC143
Typ	Boeing 767-200 (767-233)
Seriennummer	22520
Fabrikationsnummer	47
Erstflug	10. März 1983
Außenmaße	Länge 48,51 m
	Spannweite 47,57 m
	Höhe 15,84 m
Triebwerke	2 x Pratt & Whitney
	JT9D-7R4D
Leistung	2 x 21.737 kp
Max. Startgewicht	140.600 kg
Tankvolumen	63.500 l
Anzahl Passagiere	201 (später nur noch 195)
Dienstgipfelhöhe	11.880 m
Max. Reichweite	5850 km
Max. Geschwindigkeit	950 km/h
Verbrauch	4.000 kg/min
Anzahl gebaut	›250 (767-200);
	›980 (Serie 767)
Das Modell wird heute noch gebaut.	

ohne diese Glücksumstände schrecklich enden können. Das Flugzeug, das bei diesem Vorfall die Hauptrolle spielte, ist weltweit bekannt geworden unter der Bezeichnung „The Gimli-Glider", das „Segelflugzeug von Gimli".

Im Text werde ich zu Ihrer Information einmal diejenigen Punkte kenntlich machen, die dazu beigetragen haben, dass es zu dem Zwischenfall kam. Im Allgemeinen liest man nach Flugunfällen in der Zeitung, ein System habe versagt, der Pilot sei schuld gewesen oder das Wetter. Das ist niemals so einfach. Es sind stets mehrere Gründe, die zu einem Unfall führen. Diese Geschichte ist gut geeignet, um die bei Flugzeugunglücken fast immer bestehende „Verkettung unglücklicher Umstände" einmal zu dokumentieren. Hätte nur einer der elf durch Ziffern in Klammern gekennzeichneten Begleitumstände anders gelegen, es wäre nicht zu diesem Vorfall gekommen. Ebenso spielen jedoch auch drei besondere Glücksumstände eine Rolle, wie Sie später sehen werden.

An Bord von Flug AC143, dem Linienflug der Air Canada von Montreal über Ottawa nach Edmonton, kann man an diesem Tag endlich einmal die Zeitung mit Schwung auseinanderfalten, ohne hierdurch dem Nachbarn gleich die

Brille von der Nase zu reißen. Der ist nämlich gar nicht vorhanden, da nur ein kleinerer Teil der Sitze belegt ist. Die Maschine ist noch nicht einmal zu einem Drittel ausgelastet, man darf es sich heute ausnahmsweise so richtig bequem machen. Zudem bedeutet dies, dass sich das sechsköpfige Kabinenpersonal hingebungsvoll um die wenigen Gäste kümmern kann.

Vor Kurzem begann Kanada, sich dem Weltstandard anzupassen. Jetzt werden Füllmengen nicht mehr in Pound gemessen, sondern in Kilogramm (1). Das gilt auch für den Treibstoff von Flugzeugen. Die Boeing 767-200, die der 48-jährige Kapitän Robert Owen Pearson und Co-pilot Maurice Quintal fliegen werden, ist die erste in Kanada, in der nach dem neuen System gerechnet und angezeigt wird. Außerdem ist die 767 ein noch junges Modell mit dem einen oder anderen nicht gelösten Anfangsproblem. So war beispielsweise die Kraftstoffanzeige im Cockpit häufiger defekt bzw. funktionierte nicht korrekt. Auch heute hatte dieses Instrument wiederholt Probleme bereitet (2).

Pearson trifft auf seinem Weg zur Maschine die Cockpitcrew, die das Flugzeug gerade hierhergeflogen hat. Man unterhält sich kurz über die Schwierigkeiten mit der Kraftstoffanzeige. Die alte Crew erzählt von den wieder einmal aufgetretenen Problemen und empfiehlt Pearson, die komplette Kraftstoffmenge bis Edmonton an Bord zu nehmen und nicht in Ottawa neu zu tanken, weil er so die zeitraubende ma-

Die C-GAUN in späteren Jahren mit der neuen Air-Canada-Bemalung, in der sie ab 1995 lackiert wurde
Foto: Rob Rindt

nuelle Überprüfung nur einmal durchführen müsse (3). Inzwischen war durch eine Vielzahl unglücklicher Umstände die Anzeige aber komplett ausgefallen (4). Die Beschreibung der technischen Details dieser langen Kette von kleinen Vorfällen lasse ich bewusst aus, denn sie wäre sehr kompliziert und würde den Rahmen dieser Geschichte sprengen (siehe Anmerkung am Ende des Berichtes). Als Pearson beim Pre-Flight-Check mit diesem Komplettausfall konfrontiert wird, erinnert er sich an das Gespräch mit dem anderen Piloten, aus dem er fälschlicherweise den Eindruck mitgenommen hat, die vorhin begrüßten Kollegen seien auf dem Hinflug auch bereits mit komplett ausgefallener Kraftstoffanzeige geflogen (5). So meint er beruhigt, wenn die vorherige Cockpitcrew ohne Zuhilfenahme dieses Instruments unterwegs gewesen sei, spräche nichts dagegen, dies ebenfalls zu tun.

Zwar hätte er dies nicht gedurft, aber er handelt in gutem Glauben, dass seine Entscheidung den Vorschriften der Air Canada entspräche. Später stimmt er sich ordnungsgemäß noch

einmal mit der Wartungsmannschaft ab, die seine Entscheidung ebenfalls mitträgt und nichts gegen einen Flug ohne Tankanzeige einzuwenden hat (6).

Pearson gibt die für die Gesamtstrecke bis Edmonton berechnete Kerosinmenge an das Tankpersonal durch. Sie beläuft sich auf 22.300 Kilogramm. Der Tankwart geht zur Tankarmatur neben der linken Tragfläche. Dort muss er lediglich die geforderte Menge in die Tastatur eintippen, einen Knopf drücken und die Boeing 767 würde die Treibstoffübernahme nach Erreichen der gewünschten Menge automatisch abschalten. Nur leider ist auch dieses Instrument nicht funktionstüchtig (7).

Viel Zeit zum Nachdenken hat der Tankwart nicht, denn die Maschine soll nur 45 Minuten nach der Landung bereits wieder in der Luft sein. Ihn stört dieser Defekt auch kaum, denn er hat ja an seinem Tanklastzug ebenfalls eine Tankuhr. Die stellt er auf 22.300 ein und lässt die gewünschte Menge in die Tanks der Maschine strömen. Dumm gelaufen, denn sein Tanklaster ist leider älter als die Boeing und verfügt noch

Langstrecken-Segelflugzeug

Dieser Airbus A330-200 mit der Zulassung C-GITS musste am 24. August 2001 mit mehr als 300 Insassen gut 145 Kilometer im Segelflug zurücklegen. Der Grund: ein Treibstoffleck. Die Maschine auf dem Air-Transat-Flug 236 von Toronto nach Lissabon setzte zur Notlandung auf den Azoren an – außer geplatzten Reifen an dem Langstrecken-Airbus und leichten Blessuren, die bei der Evakuierung des zweistrahligen Jets entstanden sind, entstand kein weiterer Schaden. Die Maschine steht für Air Transat immer noch im Einsatz.
Foto: JACDEC

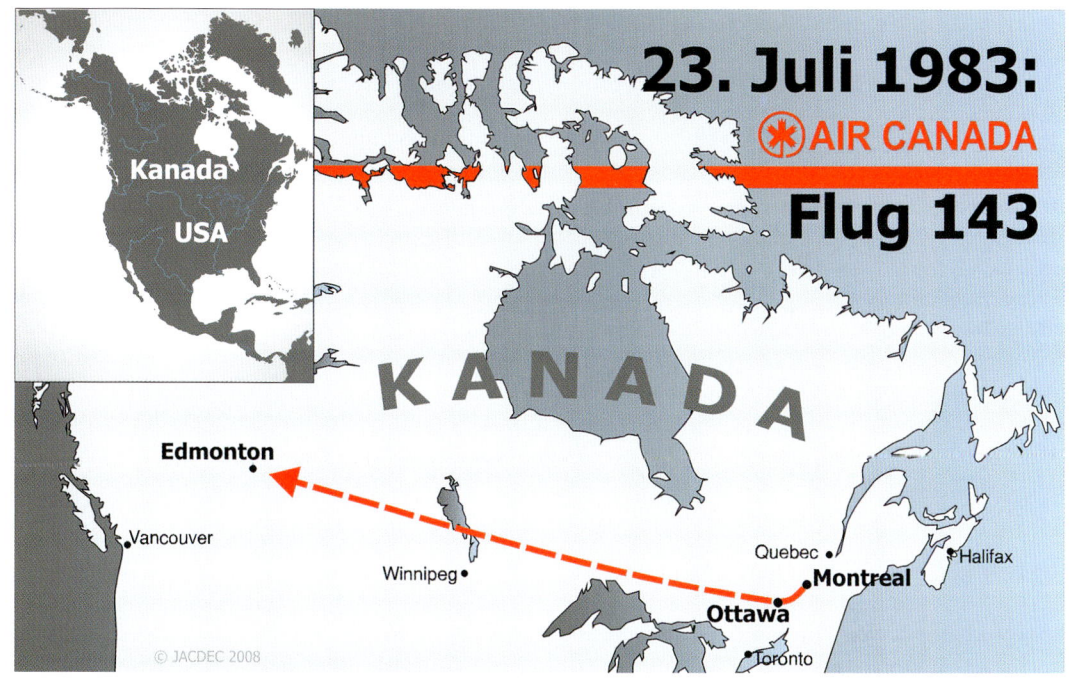

23. Juli 1983:
✳AIR CANADA
Flug 143

Kanada
USA

KANADA

Edmonton
Vancouver
Winnipeg
Quebec
Halifax
Montreal
Ottawa
Toronto

© JACDEC 2008

über eine Anzeige in Pounds (8). So bekommt die Boeing 22.300 Pounds, also nur 10.115 statt der gewünschten 22.300 Kilogramm, eingefüllt. Der Tankwart sieht in der geringen Menge kein Problem, weil er annimmt, dass die Maschine nur Treibstoff bis Ottawa übernimmt. Es wird jedoch keinesfalls bis Edmonton reichen, doch glücklicherweise gibt es noch eine weitere Prüfung, die in diesem Fall, so lautet die Vorschrift, mittels Peilstäben vorgenommen werden muss. Flugkapitän Pearson überwacht selbst den Tankvorgang und zieht die Messstäbe nach erfolgtem Einfüllvorgang.

Hierbei, man kann es kaum glauben, passiert erneut ein Fehler: Bei der Umrechnung mit seinem Taschenrechner nimmt er einen falschen Umrechnungsfaktor (9) und zeichnet den Tankbeleg beruhigt ab. Er ahnt nicht, dass er damit eine der spannendsten Notlandungen in der Geschichte der Luftfahrt heraufbeschwört.

Bis Montreal ist es nur eine kurze Strecke. Auch dort wird vom Wartungspersonal die Prozedur mit den Messstäben ganz vorschriftsmäßig durchgeführt. Und noch einmal bemerkt niemand das Fehlen von vielen Tausend Kilogramm Kerosin, weil wiederum der falsche

Rund 2850 Kilometer beträgt die Entfernung von Ottawa nach Edmonton, eine Strecke, für die man etwa 18.000 Kilogramm Kerosin plus Reserven benötigt

Umrechnungsfaktor benutzt wird (10). Sie glauben das nicht? Verständlich – es ist aber so gewesen Allerdings war dies nun fast der letzte unglückliche Zufall; bald werden die glücklicheren Begleitumstände zu einem guten Ausgang des ungewollten Abenteuers führen.

Der Weiterflug wird wieder mit der Wartungscrew abgestimmt, von ihr genehmigt und los geht's mit 69 Menschen an Bord nach Edmonton, nein, nicht „nach" Edmonton, sondern „in Richtung" Edmonton.

Schnell hat die Boeing wieder ihre Reiseflughohe erreicht, sie ist ja auch zehn Tonnen leichter, als man glaubt, und stürmt geradewegs auf die zugeteilte Flugfläche 410 (12.500 Meter). Die Sonne scheint, das Wetter ist fabelhaft, und alle sind zufrieden, denn niemand ahnt, dass das Flugzeug völlig chancenlos bei dem Versuch sein wird, mit der geringen verbliebenen Kerosinmenge das vier Flugstunden entfernte Edmonton zu erreichen. Wenn die Instrumente funktionstüchtig gewesen wären, hätte man inzwischen auch bereits die ersten Anzeichen dafür, dass etwas nicht stimmen würde. Bei Erreichen einer Restmenge von 2000 Kilogramm wäre man gewarnt worden und hätte noch einen Ausweichflughafen ansteuern können.

Ohne die Daten der an Bord genommenen Treibstoffmenge aber und ohne Verbrauchsmessung kann das System nicht abgleichen und damit auch keinen rechtzeitigen Warnton abgeben (11). Der ertönt erst, als es zu spät ist, nämlich nachdem der Druck in einer der zahlreichen Benzinpumpen nachlässt. Pearson und Quintal reagieren routiniert und gelassen. So etwas kommt schließlich vor, man hat das im Simulator auch schon geübt und weiß zudem, dass die Maschine über Reservepumpen verfügt.

Dann allerdings geht die Pumpe vollständig aus, gleich darauf stellt auch die nächste ihren Dienst ein, und eine Warnlampe nach der anderen leuchtet auf. Bevor die nun allmählich doch beunruhigten Männer im Cockpit wissen, was genau denn eigentlich geschehen ist, gibt es einen Ruck, und das Backbordtriebwerk fällt komplett aus.

Dass alle Pumpen wegen eines Defekts ausfallen – so etwas gibt es nicht. Die erfahrene Cockpitcrew weiß also im selben Moment, dass sie ein Treibstoffproblem hat. Die Männer erklären unverzüglich den Notfall und bitten die Flugaufsicht um Freigabe des direkten Anflugs auf den nächstgelegenen Flughafen: Das ist

Winnipeg am Südende des gleichnamigen Sees. Sicherheitshalber fordern sie Feuerwehr und Krankenwagen an. Sie bekommen sofort die gewünschte direkte Flugbahn von Controller Ronald J. Hewett genehmigt.

Gleichzeitig informiert Pearson den herbeigerufenen Purser Bob Desjardins über den unplanmäßigen Zwischenstopp. Der versammelt die fünf Stewardessen um sich, teilt ihnen den Notfall mit und beruhigt diejenigen unter ihnen, die sich Sorgen machen. Bald darauf beginnt die Kabinencrew, die zunehmend nervöser werdenden Fluggäste darüber aufzuklären, dass es wegen eines technischen Problems eine Zwischenlandung in Winnipeg gäbe.

Unter den Fluggästen befindet sich Richard Elaschuk mit Frau und zwei Kindern. Er hat bereits zweimal in Flugzeugen gesessen, die bei außerplanmäßigen Landungen von einem Großaufgebot blinkender Feuerwehrautos und Krankenwagen empfangen worden waren. „Sind aller guten Dinge drei?" geht es ihm unwillkürlich durch den Kopf.

Langsam geht es nun runter, aber in 7600 Meter Höhe erlöschen plötzlich alle Instrumentanzeigen. Die Cockpitcrew verfügt nicht einmal mehr über einen vernünftigen Kompass, was

Tatsächlich wurde der „Gimli-Glider" nur mit etwa der Hälfte des erforderlichen Sprits für das Erreichen des Flugziels betankt

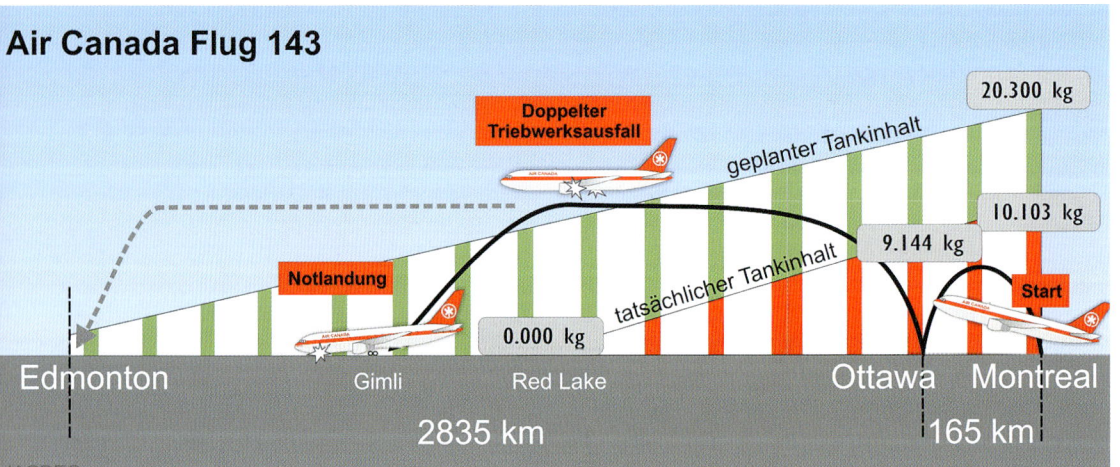

Air Canada Flug 143

20.300 kg

Doppelter Triebwerksausfall

geplanter Tankinhalt

10.103 kg

9.144 kg

Notlandung

tatsächlicher Tankinhalt

Start

0.000 kg

Edmonton   Gimli   Red Lake   Ottawa   Montreal

2835 km   165 km

JACDEC

Pearson veranlasst, ungläubig zu fragen: „Wie kann es angehen, dass ich keinerlei Instrumente mehr habe?" Niemand antwortet in diesem Moment, denn niemand weiß es. Doch schon Sekunden später steht fest: Auch das Steuerbordtriebwerk hat den Dienst eingestellt und damit die Stromversorgung unterbrochen. Flugzeuge ohne Treibstoff, das hat es schon sehr oft gegeben. Aber noch nie in der Geschichte der Luftfahrt hat eine in so großer Höhe fliegende Maschine ohne jede Vorwarnung den letzten Tropfen Benzin verbraucht.

Die 767, nunmehr ohne jeden Vortrieb, verliert pro Minute etwa 750 Meter Höhe. Dies bedeutet nach Quintals überschlägigen Berechnungen, dass das Flugzeug noch zehn Minuten in der Luft bleiben kann oder – anders ausgedrückt – noch in der Lage ist, etwa 32 Kilometer weit zu segeln. Klingt nicht schlecht, aber Winnipeg ist unglücklicherweise noch 56 Kilometer entfernt. Winnipeg ist also nicht zu schaffen.

Sofort ruft Pearson den Steward Desjardins erneut zu sich, der an der veränderten Stimmlage seines Flugkapitäns unschwer erkennt, dass sich etwas über ihren Köpfen zusammenbraut. Pearson fordert ihn auf, unmittelbar mit den Vorbereitungen für eine Notlandung zu beginnen und die Passagiere entsprechend zu instruieren. Desjardins verliert keine Zeit. Er und seine fünf Stewardessen fangen sofort damit an, jeden einzelnen Fluggast zu unterweisen.

Doch schließlich stellen sich zur Abwechslung einmal einige Glücksumstände von Flug AC143 heraus, deren Bedeutung gar nicht hoch genug einzuschätzen ist. Drei sind es im Wesentlichen: Erstens, und das ist nach dem Ausfall der Instrumente nahezu lebenswichtig, ist es noch hell und es herrscht gute Sicht. Zweitens ist Flugkapitän Pearson ein begeisterter Flieger, der auch in seiner Freizeit fliegt, dann allerdings überwiegend als kenntnisreicher Fluglehrer in Segelflugzeugen. Die dort gesammelten Erfahrungen kann er nun bestens gebrauchen. Und drittens war Copilot Quintal früher bei der RCAF (Royal Canadian Air Force) und weiß von einem Militärflughafen namens Gimli, der sich näher auf ihrem Weg befindet als Winnipeg, nämlich nur knapp 20 Kilometer entfernt. Pearson hat keine Ahnung von

Gimli, wird aber viel später eine überraschende Entdeckung machen: Dort rostet eine ausgemusterte Vickers Viscount mit dem Kennzeichen CF-THF vor sich hin. Und genau diese Maschine hat er einst als Pilot geflogen.

Natürlich kann nach dem Stromausfall nicht mit einer glatten Landung gerechnet werden. Die Klappen können nicht gesetzt werden, und damit ist auch die Landegeschwindigkeit nicht reduzierbar; der Umkehrschub ist nicht verfügbar, also ist keine volle Bremsleistung vorhanden, sondern eine Verzögerung ist nur mit dem Radbremssystem möglich. Keine Instrumente helfen bei der schwierigen Lage. Die Chancen sind nicht gerade atemberaubend.

Die beiden Männer im Cockpit halten sich aber nicht mit destruktiven Gedanken auf. Schnell noch eine Anfrage an den Fluglotsen in Winnipeg: Was weiß man über den Militärflughafen Gimli? Dass die Bezeichnung Gimli aus dem Isländischen kommt und übersetzt „Platz des Friedens" bedeutet. Na, wenn das kein gutes Omen ist! Und man weiß, dass er stillgelegt ist und am Wochenende dort gelegentlich Autorennen stattfinden. Autorennen? Wochenende? Heute ist Wochenende! Fahren die da gerade Autorennen? Das wisse er nicht, antwortet der Fluglotse Len Daczko. Na, das kann ja heiter werden! Winnipeg rät zur rechten von zwei verfügbaren Landebahnen, denn die werde immer noch hin und wieder von Flugzeugen benutzt und sei lang genug. Parallel dazu beginnt ein anderer Fluglotse, Ron Zurba, den Luftraum um Gimli herum zu „räumen".

Rick Dion, ein Ingenieur der Air Canada, der zufällig an Bord ist, hat sich bis jetzt im Cockpit aufgehalten, um mit Rat und Tat zur Seite zu stehen. Nun geht er zu seiner Familie zurück, die in der Mitte der Maschine sitzt. Ein Passagier fragt ihn, ob sie es schaffen würden. Noch nie in seinem Leben hat er so dreist gelogen, als er antwortet: „Na klar, wir wollen nur vorher in Gimli noch ein wenig tanken." Gerade jetzt kommt in der Ferne der Flugplatz in Sicht. Pearson stellt unmittelbar fest, dass er viel zu hoch und zu schnell ist. Eine Platzrunde ist aber unter diesen Bedingungen nicht möglich. Um langsamer zu werden kann er jetzt das Fahrwerk ausfahren ... das tut es aber nicht. Dabei hatten die beiden im Cockpit sich ausgerechnet, das Fahrwerk werde durch sein Eigengewicht auch ohne Hydraulik ausfahren beziehungsweise einfach herausfallen.

Wieso tut es das nun nicht? Keine Zeit, im Handbuch nachzuschauen, also handelt Quintal instinktiv richtig, indem er den Nothebel für das Fahrwerk bedient. Und da purzelt es auch prompt aus den Schächten heraus, wobei der eigentlich unangenehm laute Knall beim Aufstoßen der geschlossenen Abdeckklappen mit Freude begrüßt wird. Außerdem wird die Maschine tatsächlich langsamer.

Dass nun eine Warnlampe aufleuchtet, die anzeigt, dass das Bugrad nicht verriegelt ist, wird zur Kenntnis genommen, aber Zeit zum Handeln bleibt nicht mehr, zu schnell nähert sich der Flugplatz und sie sind immer noch viel zu hoch und trotz des bremsenden Fahrwerks deutlich zu schnell. Pearson handelt instinktiv, tut das, was er in derartigen Situationen früher mit Militärmaschinen getan hätte: Er stellt die 767 seitlich, und lässt sie schräg gleiten, wie ein Jagdflugzeug, sie sinkt dadurch schneller und wird auch deutlich langsamer.

Die Fluggäste hinten glauben bei diesem Manöver, die Crew habe nun endgültig die Kontrolle über die Boeing verloren, und sondern vermehrt Schweiß ab, aber da müssen die armen Menschen jetzt durch. Zu spät bemerkt Flugkapitän Pearson, dass er die falsche Bahn anfliegt. Er hat die rechte Bahn in der untergehenden Sonne noch nicht einmal gesehen, weil sie einen dunklen Teerbelag hat. Mit weit über 300 km/h setzt die Maschine um 20:38 Uhr auf der linken Bahn auf, wo gerade das letzte Autorennen des Winnipeg Sports Car Club läuft.

Pearson geht voll in die Bremsen, die unter der Belastung bald zu kreischen anfangen. Die Bahn ist uneben, die Maschine hüpft wild umher, wird aber langsamer. Dann platzen die ersten Reifen, weil sie der Belastung nicht mehr standhalten können. Auf dem Flugplatz hört David Glead die Bremsen kreischen, dreht sich um und sieht das Flugzeug. Begeistert ruft er seiner Frau zu: „Das ist eine 767, ganz neu, eine tolle Maschine. Mein Gott, ist die groß", fügt er hinzu – und erst dann realisiert er, wo sie sich

Folgende Quellen wurden ausgewertet:
- Stephen Barley: The Final Call
- David Beaty: The Naked Pilot
- Nicholas Faith: Black Box
- Patrick Forman: Flying into Danger
- William Heller: Airline Safety
- B. I. Hengi: Crash
- William & Marilyn Hoffer: Freefall
- Ulrich Klee: jp Airline Fleets International
- Sepp Moser: Wie sicher ist Fliegen?
- John J. Nance: Blind Trust
- Clinton Oster: Why Airplanes Crash
- Jan Arwed Richter u. a.: Mayday
- J. R. Roach: Jet Airliner Production List, Volume 1
- Stanley Stewart: Emergency
- Laurie Taylor: Air Travel – How save is it?
- John Winslow: Mayday
- Aero International Nr. 9/2008

gerade befinden, und damit das Absurde der Situation.

In diesem Moment knickt plötzlich das nicht verriegelte Bugrad weg. Das ist heute jedoch nicht situationsverschlechternd, im Gegenteil, denn dadurch kommt der Flieger schneller zum Stehen. Pearson hat unter den gegebenen Bedingungen eine meisterhafte Landung vollbracht. Notrutschen werden sogleich nach dem Stillstand ausgefahren und alle Insassen verlassen unversehrt das leicht qualmende Flugzeug. Bald stehen die Fluggäste in kleinen Gruppen herum. Eine völlig verstörte Passagierin deutet auf den Coca-Cola-Stand und sagt zu Ihrem Mann: „Wir sind auf der falschen Seite des Flugplatzes, ich kenne das Empfangsgebäude von Winnipeg, dies es ist nicht." Ein anderer hingegen hat schon wieder Oberwasser und kalauert: „Meinen Anschlussflug werde ich nun wohl nicht mehr erreichen." Wahrenddessen gehen die beiden Männer im Cockpit die Checklist durch, führen dabei rasch, doch konzentriert alle vorgeschriebenen Handgriffe aus. Dazu gehören das Anziehen der Parkbremse und das Schließen der Treibstoffventile, beides unnötig, denn die Maschine liegt ohne Treibstoff und bewegungsunfähig auf dem Beton. Erst später werden sie sich der Unsinnigkeit dieser Maßnahmen bewusst.

Die Reibung des Bugs auf dem Beton hat einen kleinen Brand verursacht. Rauch quillt auch in das Cockpit. Schließlich wird dieser zu dicht, Pearson und Quintal müssen das Flugzeug verlassen und begeben sich zum qualmenden Bug. Mit einer beträchtlichen Anzahl von kleinen Feuerlöschern aus dem Bestand der Rennfahrer wird dieser jedoch schließlich gelöscht. Es ist wieder einmal gut gegangen. Dieser Fall zeigt, dass Flugzeuge technisch immer aufwendiger werden, dass aber die Erfahrung und Ausbildung des Piloten sowie sein individuelles Können im Notfall oft entscheidend sind.

So wurden die beiden Männer Pearson und Quintal auch vielfach geehrt, von der „Canadian Airline Pilots Association" genauso wie von der „Fédération Aéronautique Internationale". Die Presse lobte die beiden, und ganz Kanada sprach tagelang begeistert und mit Hochachtung von der Leistung dieser beiden Helden. Ganz Kanada? Nein, ihr Arbeitgeber Air Canada wollte ihnen die zweifellos vorhandene Mitschuld an dem Vorfall nicht durchgehen lassen und nahm auch die Mechaniker nicht aus. Disziplinarische Maßnahmen wurden während einer Untersuchung angekündigt. Das war für die Öffentlichkeit schon zu viel, sie wollte ihre Helden makellos, trotz ihrer durchaus nicht fehlerfreien Arbeit, übte mit kräftiger Unterstützung der Presse Druck aus und ein Untersuchungsausschuss wurde erzwungen. Auch der sprach sich am Ende mit einer großen Belobigung für die Cockpitcrew aus. Man zeigte sich überzeugt davon, dass Unternehmensfehler, beispielsweise eine Flut unübersehbarer und täglich sich ändernder Anweisungen, vor allem aber die unterschiedlichen Anzeigen in den Flugzeugen den Vorfall ermöglicht hatten, dessen glücklicher Ausgang dann jedoch nur durch die meisterhafte Leistung der Crew ermöglicht worden war. Der Bericht schloss mit den Worten: „Das offensichtliche Versagen von Air Canada bei der Kommunikation auf allen Ebenen ist alarmierend."

Air Canada hat sich diese Schelte zu Herzen genommen, denn es gab in den 27 Jahren seit diesem Vorfall nur noch drei erwähnenswerte Vorfälle, alle ohne Todesopfer, während es in den 20 Jahren davor elf Unfälle mit 140 Toten waren. In den Statistiken der sichersten Airlines behauptet Air Canada seit vielen Jahren erfolgreich einen der oberen Plätze.

Die Boeing 767 C-GAUN wurde vor Ort repariert und hob wenige Tage nach dem Vorfall völlig unspektakulär von Gimli ab. Sie flog noch über zwei Jahrzehnte ohne weitere Vorkommnisse und wurde im Januar 2008 in der Mojave-Wüste eingelagert.

Anmerkung: Die technischen Details habe ich stark verkürzt. Wenn Sie darüber mehr erfahren möchten, können Sie dies in dem Buch „Emergency" von Stanley Stewart nachlesen. Stewart geht dort genau und sehr ausführlich auf alle technischen Gegebenheiten ein. Und die komplette Geschichte dieses Vorfalls auf 260 spannenden Seiten mit vielen Erinnerungen der Fluggäste ist in „Freefall" aufgezeichnet.

Im Jahr 2008 endete das Schicksal des „Gimli-Glider" auf dem Mojave Air & Space Port in der kalifornischen Wüste. Dort werden ausgemusterte Flugzeuge eingemottet oder als Ersatzteillager „ausgeschlachtet" Foto: Akradecki, liz. unter CC 3.0 Unported

Ein Flugzeugriese 7 geht baden

Die Schwestermaschine „Clipper Seven Seas" N1033V bei der Ankunft in London-Heathrow, seinerzeit mit 66 Tonnen Abfluggewicht ein geradewegs riesiges Flugzeug
Foto: RuthAS, lizenziert unter CC Namensnennung 3.0 Unported

Die US Streitkräfte suchten gegen Ende des Zweiten Weltkrieges händeringend nach einem Flugzeug für überschwere Transportaufgaben. Boeing baute daraufhin von 1944 bis 1956 insgesamt 888 Maschinen vom Typ C-97 Stratofreighter, für damalige Zeiten ungeheuer große Flugzeuge. Schon bald nach dem Krieg sahen einige Fluggesellschaften eine vielversprechende Einsatzmöglichkeit für diese imposanten Maschinen.

Insbesondere auf Drängen der Pan American World Airways (PAA) wurde daraufhin unter dem Namen Boeing 377 Stratocruiser eine Version für den zivilen Markt entwickelt. Diese Maschine war seinerzeit das größte Passagierflugzeug der Welt. Nur wenig über fünfzig Exemplare wurden in den Jahren 1947 bis 1950 gebaut, denn mit 1,3 Millionen US-Dollar waren sie sündhaft teuer in der Anschaffung. Die großen Flugzeuge boten jedoch einen bis dato unvorstellbaren Luxus, und deutlich war bei Betrachtung der Inneneinrichtung zu sehen, wo das viele Geld unter anderem verbaut worden war. Leider konnte sich deshalb nur eine Hand-

voll Menschen die berühmten PAA-Reisen um die Welt mit diesen Giganten leisten.

Die Flugzeuge verfügten in ihren beiden Decks über allen erdenklichen Komfort und ungeheuer viel Platz, das war zweifellos ihre Schokoladenseite. Es gab jedoch auch ein Problem: Die Motoren und die mit einem Durchmesser von fünf Metern riesengroßen Propeller machten ununterbrochen Ärger, der manchmal sogar schwerwiegende Folgen hatte:

- Am 29. April 1952 brach die Clipper of Good Hope der PAA über Brasilien in der Luft auseinander und stürzte in den Urwald; alle Insassen kamen ums Leben.
- Am 6. Dezember 1953 riss ein durch Vibrationen erschütterter Motor aus der Verankerung. Die Clipper Queen of the Pacific der PAA auf dem Weg von Honolulu nach Tokio konnte

---

Doppelter Motorausfall über dem Meer

PAA, Flugnummer unbekannt, 16. Oktober 1956, Pazifik zwischen Hawaii und Kalifornien

Technische Informationen Boeing 377	
Kennzeichen	N90943
Flugnummer	unbekannt
Typ	Boeing 377-10-29 Stratocruiser
Seriennummer	15959
Fabrikationsnummer	36
Erstflug	2. August 1949
Außenmaße	
Länge	33,63 m
	Spannweite 43,05 m
	Höhe 11,66 m
Triebwerke	4 x Pratt & Whitney R-4360-TSB6G „Wasp Major"
Leistung	4 x 2610 kW
Max. Startgewicht	66.678 kg
Tankvolumen	29.450 l
Anzahl Passagiere	50 bis 117 (je nach Bestuhlung)
Dienstgipfelhöhe	10.600 m
Max. Reichweite	7.400 km
Max. Geschwindigkeit	628 km/h
Verbrauch	ca. 2500 l/h
Anzahl gebaut	56

sich gerade noch mühsam bis Johnston Island schleppen.

• Am 26. März 1955 hatte N1032 der PAA, Clipper United States, 25 Minuten nach dem Start von Portland nach Honolulu ebenfalls Probleme mit einem Triebwerk. Gut 50 Kilometer vor der Küste musste sie notwassern; sie war einfach noch zu schwer für eine Umkehr mit nur drei verbliebenen Motoren.

Flugkapitän Richard N. Ogg kennt diese Schattenseite der Maschine genauestens, hat er die Boeing 377 doch schon häufig geflogen. Mit 13.000 Flugstunden, davon allein 700 auf dieser Maschine, ist er einer der erfahrensten Seniorpiloten der PAA, als er am 16. Oktober 1956 in Honolulu auf Hawaii die aus Tokio kommende Clipper Sovereign of the Skies übernimmt. Mit ihm gehen weitere sechs Crewmitglieder an Bord und 24 Passagiere, darunter drei Kinder.

Die Überprüfung vor dem Flug, der sogenannte Pre-Flight-Check, verläuft nicht ganz zufriedenstellend, denn ein Magnet in Motor 1 reagiert zu langsam. Beim Umschalten auf den zweiten Magneten tritt das Problem jedoch nicht auf, und Flugkapitän Ogg entschließt sich

zum Start in das 3850 Kilometer entfernte San Francisco. Neun Stunden werden sie für diesen Nachtflug benötigen. Das Wetter ist gut, es wird aller Voraussicht nach eine problemlose Reise werden. Für den ersten Teil der Strecke ist die Maschine auf eine Höhe von 4000 Meter freigegeben und zieht dort nach ereignislosem Steigflug mit 480 km/h viereinhalb Stunden lang gelassen ihre Bahn.

Nach der Hälfte der Strecke, es ist inzwischen 1:00 Uhr Hawaii-Zeit, bittet Flugkapitän Ogg um Freigabe auf 6400 Meter. Die erhält er, und nach Erreichen der gewünschten Höhe werden die vier Gashebel von Steigflugleistung wieder auf Reiseleistung zurückgenommen. Dann geschieht es. Unmerklich zuerst, dann jedoch immer stärker durchzieht ein Vibrieren das riesige Flugzeug. Augenblicklich sind Ogg und seine Männer wie elektrisiert. Propeller Nr. 1 ist es, der diese Probleme bereitet, sie können die Nadel an den Überwachungsinstrumenten des äußeren Motors schwanken sehen.

Nun haben sie nur noch einen dringenden Wunsch: Es möge sich bitte heute um eine der häufig vorkommenden Drehzahl-Schwankungen des Motors handeln, die dann bald von selbst wieder zurückgehen wird. Der Wunsch jedoch wird nicht erhört. Das inzwischen stetig anschwellende Heulen des Motors lässt bald keine Zweifel mehr zu: Motor Nr. 1 überdreht. Alle Versuche, die Angelegenheit in den Griff zu bekommen, schlagen fehl, das Jaulen wird immer intensiver, die Drehzahl steigt bereits über das erlaubte Limit.

Flugkapitän Ogg schaltet den Motor ab. Zu seinem Erstaunen hilft das jedoch erst einmal gar nichts, denn der Propeller reagiert nicht, lässt sich nicht in die nun erforderliche Segelstellung bringen, und das nervtötende Heulen wird immer lauter. Nach und nach erwachen die Passagiere. Die Gashebel der drei verbleibenden Motoren werden auf Steigleistung geschoben. Dennoch verliert die Maschine kontinuierlich an Höhe. Der Ausfall eines von vier Triebwerken, heute unbedeutend, war in der damaligen Zeit ein substanzielles Problem.

Da nichts hilft, greift Ogg zum allerletzten Mittel, einer außerordentlich kostenintensiven Radikalmaßnahme: Er lässt die Ölzufuhr von

Motor Nr. 1 abstellen. Damit ist die Schmierung unterbrochen, und drei Minuten später läuft erwartungsgemäß ein kräftiger Ruck durch die Boeing. Die Antriebswelle ist heiß gelaufen und gerissen. Das Problem jedoch hat auch durch diesen brutalen Kunstgriff nicht gelöst werden können, denn der Fahrtwind treibt den Propeller weiterhin an und bremst den Vortrieb des Flugzeuges. Immer noch ist da dieses schreckliche Heulen und immer noch der besorgniserregende Verlust an Höhe.

Um 1:22 Uhr sendet Navigationsoffizier Dick Brown den ersten Hilferuf aus. Die Maschine hat vor Kurzem das nach einem See bei New Orleans benannte, im Pazifik stationierte Wetterschiff Pontchartrain überflogen. Ogg entschließt sich zur Umkehr in Richtung des Dampfers, denn mit nur drei Motoren werden sie vermutlich weder Hawaii noch die USA erreichen können. Die Männer im Cockpit glauben einfach nicht mehr daran, sondern sind sich einig darüber, dass eine Notwasserung unumgänglich sein wird. Darum möchte der Flugkapitän Hilfe in der Nähe haben, die er sich von den Seeleuten auf der Pontchartrain erhofft. Er informiert die Schiffsbesatzung über seine missliche Lage, und das Wetterschiff ändert augenblicklich den Kurs, damit es der angeschlagenen Boeing mit Höchstkraft entgegenlaufen kann, weil niemand weiß, wie lange sie sich noch in der Luft halten kann.

Nach wie vor ist das Wetter gut, es weht kaum Wind, und die See müsste eigentlich relativ ruhig sein. Der Stratocruiser jedoch sinkt unaufhaltsam weiter, seitdem Motor Nr. 1 keinen Vortrieb mehr produziert und der Propeller bremst. Da nützt es auch nichts, dass die drei verbliebenen Motoren nahezu mit der möglichen Höchstleistung laufen.

Endlich kommt um 1:37 Uhr das Wetterschiff in Sicht. Alle an Bord atmen auf. Das geht der Mannschaft des Schiffes nicht anders als den Menschen im Flugzeug. Die Pontchartrain schießt zur Sicherheit Raketensignale, denn es ist immer noch stockfinster. Der Stratocruiser ist trotz intensiver Bemühungen der Cockpitcrew inzwischen bis auf 900 Meter abgesunken, kann immer noch nicht die Höhe halten. Ogg beginnt um das Schiff zu kreisen.

Eine Stunde später, um 2:45 Uhr, ein neuer Schreck: Mit heftigen Fehlzündungen und meterlangen Flammen aus dem Auspuff verabschiedet sich Motor Nr. 4. Glücklicherweise lässt dessen Propeller sich wenigstens in Segelstellung bringen, sodass er den Vortrieb der Maschine nicht behindert. Nun sackt die Clipper Sovereign of the Skies allerdings noch tiefer durch, und nach bangen Minuten gelingt es Ogg nur mit größter Anstrengung, sie in 300 Meter Höhe zu halten, nicht zuletzt, weil schon

Der kritische Moment, als der Stratocruiser auf dem Pazifik aufsetzt. Man kann erkennen, dass Teile der Propeller bereits abgerissen durch die Luft fliegen
Foto: Sammlung Jochen W. Braun

ein guter Teil des Treibstoffvorrates verbraucht ist. Die Crew hatte sich bereits mit dem Gedanken vertraut gemacht, alles nicht Notwendige über Bord zu werfen. Das ist nun nicht mehr erforderlich.

Einige Jahre später allerdings, am 8. August 1957, mussten sich die Fluggäste eines Stratofreighters von ihrer persönlichen Habe trennen. Auch diese Maschine verlor über dem Pazifik einen Propeller. Erst als die Insassen ihr gesamtes Gepäck, die komplette Fracht, die Kücheneinrichtung und sonstige nicht benötigte Gegenstände aus dem Flugzeug geworfen hatten, konnte die Maschine buchstäblich in letzter Sekunde, nur 15 Meter über dem Wasser, abgefangen und in dieser Minimalhöhe gehalten werden. Flugingenieur Frank Garcia versucht derweil mehrfach, den Motor Nr. 4 wieder zum

Das Heck der N90943 ist bereits versunken, der Rumpf schwimmt noch einige Minuten
Foto: Sammlung Jochen W. Braun

Leben zu erwecken. Alle Bemühungen jedoch sind vergeblich. So wird seit geraumer Zeit in der Passagierkabine die Notwasserung vorbereitet. Jeder ist inzwischen informiert, und die äußerst erfahrenen Stewardessen Mary und Pat haben gute Arbeit geleistet. Angst? Ja, natürlich, aber es kommt keine Panik auf.

Die Kinder haben bei dem schrecklichen Geheul da draußen angefangen zu weinen. Aber Mary erzählt ihnen, dass sie als einzige Kinder

Auch die Militär-Version der Boeing 377 – die C-97 – besaß eine Reichweite von fast 7.000 Kilometern
Foto: JACDEC

Die beeindruckende Größe der Maschine ist auf diesem Foto, das die in den Abmessungen identische Militärversion C-97 zeigt, besonders gut zu erkennen
Foto: JACDEC

auf der Welt in Kürze ein Wetterschiff betreten werden – und das hilft. Das Weinen hört auf. Die beiden tüchtigen Stewardessen beziehen auch die Passagiere mit in die aktiven Vorbereitungen ein. Jeder bekommt eine Aufgabe zugewiesen. Das lenkt ab.

Flugkapitän Ogg hat die Berichte früherer Notwasserungen studiert. Er weiß, dass das Heck gefährdet ist, denn oft bricht es ab, wenn die Kräfte beim Aufprall auf das Wasser zu stark sind. Also lässt er alle Passagiere in den vorderen Sitzreihen Platz nehmen. Die Besatzung der Pontchartrain markiert inzwischen eine Landebahn mit Leuchtbojen und verspricht über Funk ein warmes Frühstück, wenn alles glücklich vorüber ist. Die Männer in dem angeschlagenen Flugzeug müssen zum ersten Mal seit Langem lächeln. Es bedeutet ihnen sehr viel, tatkräftige und Mut machende Helfer in der Nähe zu wissen.

Das Flugzeug wird durch den Verbrauch des Treibstoffs immer leichter, und nach und nach gewinnt Ogg die Überzeugung, es sei vielleicht möglich und sogar ratsam, mit der Notwasserung bis zum Tagesanbruch zu warten. Zuvor hat er kurz mit dem Gedanken gespielt, Treibstoff abzulassen und unmittelbar darauf zu wassern, aber nun entschließt er sich, mit den zwei verbliebenen Motoren weiter zu kreisen. Nach und nach kann er die immer leichter werdende Maschine wieder höher bringen. Bald darauf hat man sogar respektable 1500 Me-

ter erreicht. Ogg gewinnt immer mehr Zuversicht, und schließlich ist er so gelassen, dass er mehrere Male den Landeanflug übt, um Sinkrate, Anflugwinkel und -richtung zu optimieren sowie die Kontrollierbarkeit der Maschine bei diesen Manövern mit nur zwei Motoren besser kennenzulernen.

Um 5:40 Uhr wird es endlich hell. Jetzt kommt die Stunde der Wahrheit. Die Passagiere haben inzwischen die ausführlichste Instruktion aller Zeiten für eine Notwasserung bekommen und könnten im Schlaf die erforderlichen Positionen und die zu treffenden Maßnahmen in der richtigen Reihenfolge hersagen. Ogg lässt die mächtige Maschine langsam sinken, während er weite Kreise um das Wetterschiff zieht. Die Männer von der Pontchartrain haben sicherheitshalber einen Schaumteppich auf das Wasser gelegt. Das Wetter ist weiterhin als ruhig zu bezeichnen, aber ein Zuckerschlecken wird es dennoch nicht werden. Dafür werden schon die bis zu 1,20 Meter hohen Wellen sorgen. Eine Minute vorher gibt Ogg über den Bordlautsprecher den unmittelbar bevorstehenden Aufprall durch, und die Passagiere nehmen die erlernte Haltung ein. Um 6:15 Uhr stellt er die Motoren aus, und der erste Aufprall auf den Pazifik findet mit 170 km/h statt. Er verläuft glimpflich.

Der zweite allerdings ist wesentlich heftiger, die Maschine taucht mit dem Bug fast ganz unter Wasser und verlangsamt sich dadurch in kürzester Zeit sehr heftig. Sie richtet sich aber danach wieder auf. Währenddessen bricht das Heck hinter der großen Tür ab und mit ihm die letzten Sitzreihen, genau wie es Flugkapitän Ogg vorhergesehen hatte.

Die Notausgänge werden geöffnet und die aufblasbaren Rettungsflöße herausgelassen. Alles klappt wie am Schnürchen, nur eines der Gummiflöße zieht Wasser. Aber da sind die Rettungsboote der Pontchartrain schon nahe genug, um dessen Passagiere zu übernehmen. Was hatten sie noch vor Kurzem zur Clipper Sovereign of the Skies hochgefunkt? Wir holen euch da raus, ihr werdet nicht einmal nasse Füße bekommen. Nun, da haben sie sich in ihrem Drang, den Flugzeuginsassen vor allem Mut zu machen, offenbar ein wenig zu weit aus dem Fenster gelehnt, aber das stört die glücklich Geborgenen mit den durchweichten Schuhen ganz sicher nicht. Alle haben überlebt. Die fünf Leichtverletzten haben lediglich Hautabschürfungen, brauchen nicht einmal einen Arzt. Zwanzig Minuten schwimmt der Stratocruiser noch, dann versinkt die Clipper Sovereign of the Skies um 6:35 Uhr auf alle Zeiten in den Tiefen des Pazifik, während die Insassen bereits heißen Kaffee, Rührei und Schinken serviert bekommen.

Folgende Quellen wurden ausgewertet:

- Terry Denham: World Directory of Airliner Crashes
- B. I. Hengi: Crash
- Ronan Hubert: Les Catastrophes Aeriennes de 1920 a 1996
- McArthur Job: Air Disaster, Volume 4
- Clayton S. Knight: Plane Crash!
- Jan-Arved Richter u. a.: Feuer an Bord
- J. R. Roach: Piston Engine Airliner Production List
- Robert J. Serling: Piloten, Panik, Passagiere – Die Kehrseite der Luftfahrt
- Robert J. Serling: The Probable Cause
- Dr. Peter Supf (Hrsg.): Fliegergeschichten, Band 97
- Nicholas A. Veronico: Wreckchasing, Volume 2
- Joachim Wölfer: Lockheed Constellation

Zwei Tage später in San Francisco angekommen, werden Passagiere und Besatzung von einer unübersehbaren Menschenmenge begeistert empfangen. Ein Satz, den Flugkapitän Ogg während einer Pressekonferenz spricht, macht tagelang die Runde durch alle Erdteile, denn er könnte für viele Menschen ein hilfreicher Leitspruch in Notsituationen werden: „Es gibt immer wieder einen Morgen."

Dieser Flugunfall ist in die Geschichte eingegangen als der mit der am besten vorbereiteten und durchgeführten Notwasserung aller Zeiten. Zwar hatte auch das Wetter mitgespielt, aber alles andere hatte ebenfalls absolut reibungslos geklappt und war äußerst professionell durchgeführt worden. Die amtliche Untersuchung kam zu eben diesem Ergebnis. Niemand hatte einen Fehler gemacht, es waren konstruktionsbedingte Gründe, die die alleinige Schuld an dem Verlust der teuren Maschine trugen.

Der Untersuchungsbericht stellte dann auch der gesamten Crew die denkbar besten Zeugnisse aus: „Nur durch die Ruhe und Professionalität der Besatzung konnte die Kontrolle behalten und derart vermieden werden, dass es zu einer größeren Luftfahrtkatastrophe kam." (Wörtlich: „Their calm and efficient control of the situation averted what could have been a major air desaster.")

Möglicherweise waren es ein Jahr später, am 9. November 1957, wieder diese problematischen Motoren, die die N90944, den PAA Clipper Romance of the Skies, auf dem Weg von San Francisco über Honolulu um die Welt heimsuchten. Die Schwestermaschine unserer Clipper Sovereign of the Skies wurde überfällig. Eine Woche später fand man 145 Kilometer von der Route entfernt lediglich Wrackteile des Flugzeugs und einige Tote.

Die 44 Insassen der Clipper Romance of the Skies konnten bedauerlicherweise nie erzählen, was der großen Boeing 377 widerfahren war, und die störanfälligen und maßlos teuren Stratocruiser wurden bald darauf aus dem Verkehr gezogen. Nur zwei der imposanten Riesen können heute noch bewundert werden: eine auf der Hatzerim Air Base in Israel und eine zweite im Pima County Museum, Arizona, USA.

Der unbemerkte 8
Absturz auf dem Flugplatz

Am 9. Januar 1993 ereignet sich auf dem Flughafen von Neu-Delhi ein fürchterliches Flugzeugunglück: Eine große, nahezu voll besetzte Passagiermaschine überschlägt sich bei der Landung und bleibt nach nicht enden wollender Rutschpartie völlig zerstört auf dem Rücken liegen.

Diese Einleitung lässt Schreckliches befürchten, aber dem ist nicht so, denn ein Wunder hat dafür gesorgt, dass keiner der Insassen ums Leben kommt. Auf dem Flugplatz hat übrigens niemand etwas von dem Unfall bemerkt. Unmöglich? Hören Sie sich doch einmal die ganze Geschichte an!

Der innerindische Flugverkehr ist zur Jahreswende 1992/93 nahe daran, zum Erliegen zu kommen. Seit Anfang Dezember streiken die Piloten der Indian Airlines. Sie wollen mehr Ge-

halt, Indian Airlines will aber nicht mehr bezahlen. Ein alltägliche Geschichte, bis sich die Manager der Fluggesellschaft entschließen, sechs Tupolev-154-Maschinen von russischer Bauart samt Crew aus dem Ausland anzuheuern, um den Flugverkehr zumindest teilweise aufrechterhalten zu können. Diese Maßnahme scheint oberflächlich betrachtet klug, wird in Wahrheit aber als Fehlentscheidung zum Rücktritt des verantwortlichen Ministers führen. Unter den angemieteten Flugzeugen ist auch eine Tu-154 aus dem nahe gelegenen Usbekistan. So kurz nach „Glasnost" sind viele Flugzeuge und ihre Besatzungen in den alten Sowjetrepubliken arbeitslos und äußerst preiswert zu haben. Die Maschine wird komplett, einschließlich ihrer usbekischen Besatzung, angemietet, ein gar nicht so

---

Verbotene Landung bei Nebel endet desaströs

Indian Airlines Flug IC 840, 9. Januar 1993
Neu-Delhi, Indien

seltener Vorgang, der in Luftfahrtkreisen als „wet lease" bezeichnet wird.

Die Crew der Uzbekistan Havo Jullary (Uzbekistan Airways) spricht nicht besonders gut Englisch, und das indische Englisch kann mit der gut verständlichen feinen, britischen Mundart auch nicht wirklich verglichen werden. Man gibt sich in den nächsten Tagen zwar viel Mühe miteinander, aber so reibungslos, wie es insbesondere in der Luftfahrt sein sollte, klappt es mit der Kommunikation leider nicht. Dass das nicht ungefährlich ist, zeigt sich bereits kurz darauf. Eine usbekische Crew verwechselt zwei Flughäfen miteinander, als sie versucht, auf einem Militärflugplatz zu landen, auf dem sich zu allem Überfluss auch noch ein Jagdflugzeug auf der Landebahn befindet. Hier klappt die Verständigung zwischen beiden Parteien gerade noch einmal, wenn auch buchstäblich im letzten Moment. Der Fluglotse bemerkt den Irrtum der Usbeken und lässt die Tupolev durchstarten.

Der nächste Vorfall jedoch, ebenfalls hervorgerufen durch Kommunikationsschwierigkeiten zwischen Flugzeugbesatzung und Flugleitstelle, wird schon drei Tage später mit der oben erwähnten Katastrophe enden.

Es ist gegen 22:00 Uhr, wir schreiben den 8. Januar 1993. Die Passagiere von Inlandflug IC840 warten in Hyderabad auf den Abflug ihrer Maschine nach Neu-Delhi. Die Tupolev wird mit 153 Passagieren und elf Besatzungsmitgliedern nahezu randvoll sein, kein Wunder, denn die tägliche Anzahl der Flüge zu den unterschiedlichen Destinationen ist stark eingeschränkt. Jetzt heißt es jedoch erst einmal, sich zu gedulden, denn gerade wird verkündet, der Abflug werde sich um vier Stunden verzögern. Nun, es ist für die meisten Wartenden wichtig, überhaupt einen Platz in einem der wenigen Flugzeuge erhalten zu haben, denn nur eine Minderheit der Fluginteressierten hatte dieses Glück. Man fügt sich also in das Unvermeidliche.

Gegen zwei Uhr morgens ist es dann schließlich so weit. Die inzwischen recht schläfrigen Passagiere, unter ihnen 13 Ausländer, können an Bord gehen. Man muss schon recht hartgesotten oder besser noch unbedarft sein, um beim Betreten dieser Maschine nicht unver-

Technische Daten Tupolev Tu-154	
Kennzeichen	SSSR-85533
Flugnummer	IC840
Typ	Tupolev Tu-154B-2
Seriennummer	533
Erstflug	981
Außenmaße	Länge 47,89 m
	Spannweite 37,55 m
	Höhe 11,40 m
Triebwerke	3 x Kuznetsov NK-8-2U
Leistung	3 x 10.500kp
Max. Startgewicht	98.000 kg
Tankvolumen	49.500 l
Anzahl Passagiere	164
Dienstgipfelhöhe	12.000 m
Max. Reichweite	6000 km
Max. Geschwindigkeit	900 km/h
Anzahl gebaut	> 1015
	(alle Varianten der Tu-154)
Natocode	Careless

züglich umzukehren. Zitat: „Alles in den alten Jets der usbekischen Fluggesellschaft Uzbekistan Airlines scheppert und dröhnt. Im Cockpit klappern Werkzeugkisten. An den Klapptischchen nagt der Rost. An den Fenstern bildet sich wegen der Luftfeuchtigkeit brauner Spark. Nach jeder Landung kommt der Wasserwagen und muss das überforderte glühende Fahrwerk kühlen."

Naja, wenigstens diese merkwürdige Wasserkühlung wird der Maschine bei ihrer allerletzten Landung in Neu-Delhi erspart bleiben. Auch sind die Passagiere – wie schon gesagt – froh, überhaupt fliegen zu können, und die Müdigkeit morgens um diese Zeit wird ein Übriges dazu beigetragen haben, dass der eine oder andere gar nicht in sich aufgenommen hat, welch abenteuerliches Fluggerät hier für den Transport bereitsteht. Die Fluggäste nehmen alle brav Platz, die Maschine erhebt sich problemlos, wenn auch typbedingt übermäßig laut röhrend, in die Luft, und der Flug verläuft für die nächsten zwei Stunden normal. Dann allerdings nimmt das Verhängnis seinen Lauf, fast zwangsläufig, denn nun müssen Fluglotse und Crew, da hilft alles nichts, wieder einmal miteinander reden.

Dichter Nebel hat den Flughafen von Neu-Delhi in Watte gepackt. Das mag auf dem

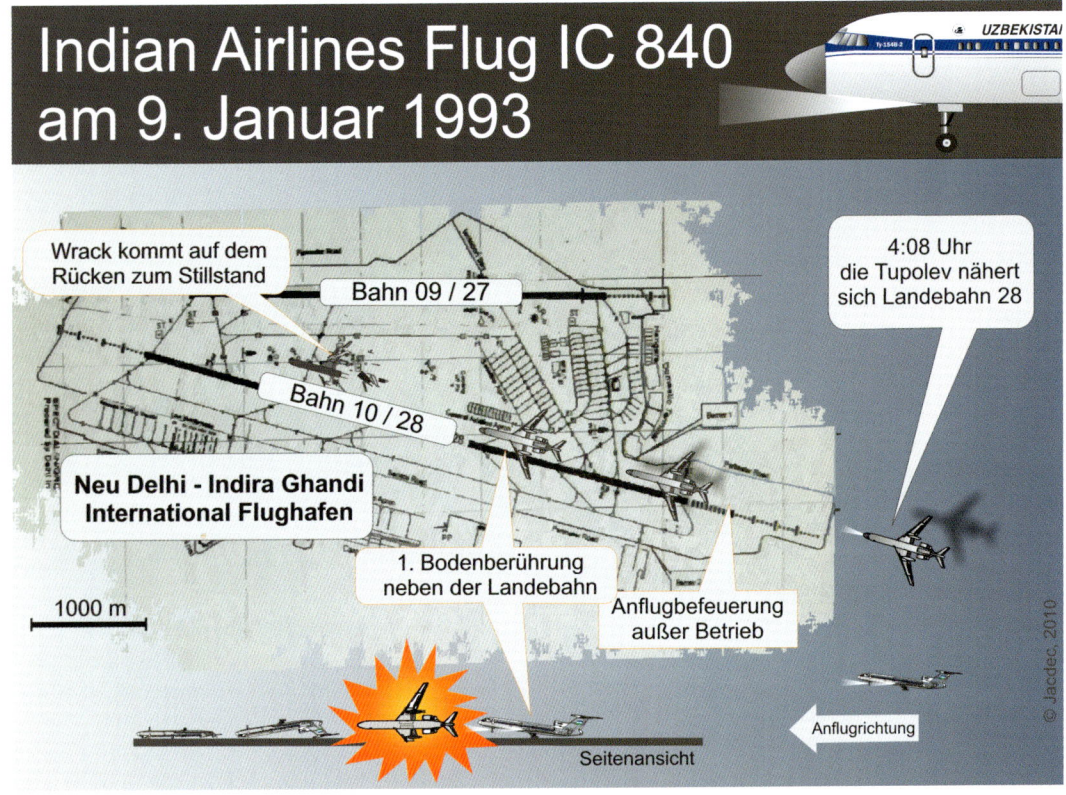

Indian Airlines Flug IC 840
am 9. Januar 1993

UZBEKISTA

Wrack kommt auf dem
Rücken zum Stillstand

Bahn 09 / 27

4:08 Uhr
die Tupolev nähert
sich Landebahn 28

Bahn 10 / 28

Neu Delhi - Indira Ghandi
International Flughafen

1. Bodenberührung
neben der Landebahn

1000 m

Anflugbefeuerung
außer Betrieb

© Jacdec, 2010

Anflugrichtung

Seitenansicht

Der Flughafen von Delhi aus der Vogelperspektive.
So gut wie auf dieser Zeichnung kann man ihn aber bei
Nebel natürlich nicht erkennen

Boden ganz malerisch aussehen, für eine Landung ist dies jedoch keine sonderlich gute Voraussetzung. Nebel ist gewiss einer der schlimmsten Feinde der Luftfahrt, und seine romantische Komponente fällt beim Fliegen ganz und gar nicht ins Gewicht. So wundert es nicht, dass der Fluglotse die anfliegenden Usbeken anweist, in die Stadt Ahmedabad auszuweichen, die allerdings 800 Kilometer entfernt ist. Außerdem teilt der Fluglotse mit, dass die Landebefeuerung außer Betrieb sei. Dies alles versteht Flugkapitän Erkin Ariopov nicht oder zumindest nicht richtig. Er setzt den Sinkflug mit seiner Tupolev Tu-154 unbeirrt fort.

Als sich die Maschine um vier Uhr morgens der Landebahn nähert, ist es also dunkel, neblig und die Landebefeuerung ist immer noch ausgeschaltet, denn der Flughafen ist offiziell geschlossen. Schlechtere Bedingungen sind kaum vorstellbar. Darum ist nicht verwunderlich, dass passierte, was im Nachhinein fast unausweichlich erscheint: Die Maschine verfehlt die

Landebahn um beträchtliche 700 Meter. Die erste Bodenberührung um 4:06 Uhr verläuft noch einigermaßen glimpflich, heftig zwar, denn es kracht nach Zeugenaussagen grässlich, als die Maschine aufprallt, aber die auf militärischen Entwürfen basierenden russischen Konstruktionen sind leidensfähig, und das Flugzeug bleibt erst einmal ganz. Danach springt die Tupolev wieder in die Luft, dreht sich dabei jedoch unglücklicherweise leicht nach Steuerbord. Dann nähert sie sich in Schräglage wieder dem Boden, ehe sie gerade gestellt werden kann, was dazu führt, dass der Boden zuerst mit der rechten Tragfläche berührt wird. Selbst die robuste Konstruktion der Tu-154 hält diesen Stoß nicht aus, die Steuerbord-Tragfläche wird durch die enorme Wucht des Aufpralls vollständig vom

Rumpf abgerissen. Von diesem Moment an kann kein Mensch die Kontrolle über das Flugzeug zurückgewinnen, man muss dem Schicksal seinen Lauf lassen und hoffen.

Die waidwunde Maschine dreht sich nun rasend schnell auf den Rücken und rutscht mit immer noch hoher Geschwindigkeit und nur ganz allmählich langsamer werdend neben der Landebahn über das feuchte Gras. Das Leitwerk reißt dabei ab, aber das hat nun sowieso keine Funktion mehr. Unterwegs verliert die Maschine Teile des Fahrwerks, und alle Türen öffnen sich, werden teilweise aus den Angeln herausgebrochen. Dieser Umstand ist für die spätere Evakuierung allerdings ein Glücksfall. Nach fast zweieinhalb Kilometern Rutscherei kommt das arg lädierte Flugzeug, immer noch auf dem Rücken liegend, zum Stillstand. Risse haben sich überall gebildet. Kerosin läuft aus, aber auch hier haben die Fluggäste erneut großes und – nebenbei bemerkt – ziemlich seltenes Glück: Der Treibstoff entzündet sich nicht. Noch nicht!

Völlig benommen hängen die meisten Passagiere angeschnallt in ihren Sitzen und müssen erst einmal begreifen, was ihnen da gerade widerfahren ist. Einige beginnen, sich vorsichtig aus den Sitzgurten zu befreien, und unterstützen andere dabei, das Flugzeug zu verlassen. Die weniger Glücklichen öffnen noch halb benommen und reichlich verstört die Anschnallgurte, ohne ihrer Situation gewärtig zu sein, und fallen prompt kopfüber nach unten. Es klingt unwahrscheinlich, aber nach einem derartigen Erlebnis ist es nicht so einfach, die Orientierung wiederzufinden. Nach und nach gelingt es jedoch mithilfe der Besatzung und einiger beherzter Passagiere, auch den letzten Insassen aus dem Gewirr von Kabeln, Blech und Kabinenverkleidungen zu befreien und ins Freie zu transportieren. Nur ein Gedanke beherrscht diejenigen Menschen, die noch denken können: weg von dem entsetzlichen Kerosingestank, der nichts Gutes verheißt!

Die 41-jährige Kanadierin Leona Anderson berichtet später von diesen Sekunden: „Ich hing kopfüber in meinem Sicherheitsgurt. Als ich ihn löste, fiel ich mitten zwischen herumliegende Gepäckstücke. Überall im Flugzeug stürzten Menschen übereinander, schrien und weinten. Ich lief zum Notausgang und sprang aus der Maschine. Danach bin ich nur noch gerannt." Draußen lagern die Menschen auf der Erde und beginnen sich allmählich von dem schrecklichen Erlebnis zu erholen. Die, die dies schneller bewerkstelligen können, ahnen nicht nur, dass sie unglaubliches Glück gehabt haben, sondern überlegen auch, wie man am besten Hilfe holen kann, denn es tut sich nichts.

Keine Sirenen, keine Motorengeräusche. Wo bleibt die Feuerwehr? Gibt es denn keine Rettungsfahrzeuge auf diesem schrecklichen Flughafen? Die Ruhe nach dem Crash ist der nächtlichen Stunde zwar angemessen, aber in Anbetracht des entsetzlichen Geschehens geradezu unheimlich. Die Passagiere werden erst viel später aus den Berichten in den Zeitungen erfahren, dass das Flughafenpersonal von dem ganzen Vorfall nichts mitbekommen hat!

Man geht im Tower von der irrigen Annahme aus, die Tupolev sei den Anweisungen entsprechend folgsam durchgestartet, und der zuständige Fluglotse wartet nun geduldig darauf, dass sich die mit Wichtigerem beschäftigte Crew nach diesem grundsätzlich sehr arbeitsin-

Eine baugleiche TU-154B der Ural Airlines am Moskauer Flughafen Domodedovo im Jahr 2008 fotografiert. Während der 1990er-Jahre war dieser Flugzeugtyp auch in Deutschland immer wieder anzutreffen
Foto: Dmirty A. Mottl, liz. unter CC 3.0 unported

tensiven und anstrengenden Flugmanöver in Kürze wieder melden werde. Also machen sich einige beherzte Passagiere auf die Suche nach dem Tower. Das ist leichter gesagt als getan, denn wie soll man den in diesem dichten Nebel finden? Die Menschen gehen in verschiedene Richtungen los. So dauert es länger, bis der erste Kontakt zustande kommt: ein Sicherheitsbeamter des Flughafens trifft zufällig auf Leona Anderson.

Er herrscht sie an, was sie hier auf dem Flugplatz mitten in der Nacht verloren habe? Erst dann erfährt er ungläubig staunend von der Kanadierin, dass ein Flugzeug auf seinem Flughafen abgestürzt ist und mehr als 160 Menschen händeringend auf Hilfe warten. Kaum zu glauben: Inzwischen sind 25 Minuten seit dem verhängnisvollen Absturz vergangen! Der Beamte alarmiert Feuerwehr und Rettungsfahrzeuge. Es dauert allerdings noch ein wenig. Schließlich ist es mitten in der Nacht – beste Schlafenszeit! –, und der Flughafen ist schließlich geschlossen. Erst nach einer Stunde hat sich als erstes Fahrzeug ein Bus durch den Nebel zu dem Wrack gekämpft und lädt einige wenige Passagiere ein. Leider kann niemand dem Fahrer des Busses erzählen, wohin er die geretteten Passagiere transportieren soll. Er fährt hierhin und dorthin, fragt, recherchiert. Als das alles nichts hilft, bringt er die Passagiere schließlich unverrichteter Dinge zu dem Flugzeugwrack zurück und stellt seinen Bus ungefähr dreißig Meter neben der verunglückten Maschine ab, um sich das Malheur einmal von der Nähe aus zu betrachten.

In diesem Moment passiert, was nach aller Erfahrung eigentlich schon lange überfällig ist: Es gibt eine Explosion irgendwo im Rumpf der Maschine, die Tu-154 fängt Feuer und brennt im Anschluss daran vollständig aus. Einige bislang unversehrt gebliebene Fluggäste werden durch die Explosion verletzt. Keinerlei Sicherheitsvorkehrungen sind bislang getroffen worden, niemand hat die benommenen Menschen davor gewarnt, so nahe bei der zerbrochenen Maschine und dem ausgelaufenen Treibstoff auf der Erde zu liegen oder zu sitzen. Dennoch lief der furchtbare Unfall glimpflich ab, denn die Maschine ist zwar ein Totalschaden, war dies auch

vor dem Brand bereits gewesen, aber nicht ein einziger Toter ist zu beklagen. Es hat lediglich fünfundzwanzig Verletzte gegeben, sechs davon schwer. Das ist ein Wunder, das Wunder von Neu-Delhi.

Übrigens ein Wunder, das eine Wiederholung darstellte, denn am 22. November 1977 war auf dem Flughafen Berlin-Schönefeld eine Tupolev unter ähnlichen Bedingungen zerschellt. Der Ablauf des Unfalls war nahezu identisch: zu hart aufgesetzt, Tragfläche brach, wieder hoch, Drehung auf den Rücken, alle 74 Insassen überlebten. Diese Tupolevs sind offensichtlich besonders belastbar, vielleicht, weil sie aus Militärkonstruktionen hervorgingen.

Zur partiellen Ehrenrettung der unglückseligen Usbeken darf aber nicht unerwähnt bleiben, dass sie sich bei der nächtlichen Landung durchaus an die internen Richtlinien der Indian Airlines für die Landung bei schlechter Witterung gehalten hatten. Diese Richtlinien sind natürlich später Gegenstand der Untersuchungen der indischen Behörden. Die werden dann feststellen, dass sie noch nie vorher bei einer Untersuchung eine unsinnigere und praxisfernere Anweisung zu Gesicht bekommen haben.

Abschließend bleibt zu berichten, dass dieser Unfall noch späte Folgen gehabt hat. Indien hat einen Minister für Luftverkehr: Nadhav Rao. Dieser tritt zurück, trifft zuvor jedoch noch eine letzte, durch das fürchterliche Unglück beeinflusste Entscheidung: Die usbekischen Maschinen samt der Mannschaft dürfen nicht wieder fliegen – sie erhalten Startverbot. Dadurch will er bewirken, dass es zumindest für die nächste Zeit keine weitere „unglaubliche Reise in einem total verrückten Flugzeug" mehr geben kann.

Folgende Quellen wurden ausgewertet:

- Terry Denham: World Directory of Airliner Crashes
- B. I. Hengi: Crash
- Ronan Hubert: Les Catastrophes Aeriennes de 1920 a 1996
- Ulrich Klee: jp Airline Fleets International
- Jan-Arwed Richter: Jet-Airliner-Unfälle
- Aero International Nr. 7/1994
- Air International Volume 44
- Hamburger Abendblatt vom 11. Januar 1993

Ein Flugzeug 9
ist doch kein Segelschiff

Ein Erinnerungsfoto der PN-9, das Commander John Rogers kurz nach der glücklichen Ankunft auf Hawaii selbst geschossen hat
Foto: Michael Allard

Fünfundvierzig Jahre ist es her, da hörte ich eine Geschichte, die von fünf Männern berichtet, deren Namen heute kaum mehr ein Mensch kennt. Ich hatte übrigens auch noch nie von ihnen gehört. Liegt es daran, dass sie ihr Ziel verfehlten bei ihrer Pioniertat? Mag sein, aber dennoch bleibt es eine Pioniertat, und zwar eine unglaubliche, in der ein Flugzeug zu einem Segelschiff umgebaut wurde, weil ... nun, ich will nichts vorwegnehmen, sondern der Reihe nach berichten, hoffend, dass Sie nach der Lektüre meiner Meinung sind: Es lohnt sich, der Erinnerung an diese Männer eine Viertelstunde Ihrer Zeit zu widmen.

Flugzeuge gibt es seit gerade einmal 20 Jahren, als die Helden der Geschichte beschließen, mit einer Maschine von San Francisco nach Hawaii zu fliegen. Der Typ, mit dem dieses Wagnis eingegangen werden soll, ist das Flugboot PN-9 der „Naval Aircraft Factory". Eben dieses Flugboot hatte bereits von sich reden gemacht, als seine Besatzung mit seiner Hilfe vom 1. auf den 2. Mai 1925 einen Weltrekord aufstellte, bei dem es 28,5 Stunden ununterbrochen geflogen war. Mit dieser Ausdauer empfiehlt sich die Maschine geradezu für das geplante Unternehmen. Die Naval Aircraft Factory hatte früher schon etliche ähnliche Maschinen gebaut, die PN-9 jedoch hat es nur in einem einzigen Exemplar gegeben. Zuvor war die zweimotorige Maschine bereits als PN-8 geflogen, nach Umbau der Leitflächen und Motorgondeln jedoch neu bezeichnet worden. Das Flugboot gehört der US Navy und die fünf Besatzungsmitglieder sind Marineflieger. Commander John Rogers leitet das Unternehmen, Leutnant Byron J. Connell ist sein Erster Offizier an Bord der PN-9. Als Navigator wird Leutnant S. N. Pope ausgewählt, den Rogers als exzellenten Mann kennengelernt hatte.

Ein besonders wichtiger Mann ist für die in diesen frühen Tagen noch recht anfällige Technik erforderlich. Hier fällt die Wahl auf W. H.

Treibstoffmangel mitten über dem Ozean

Rekordversuch, 1. September 1925
Pazifik, 1000 km entfernt von Hawaii

Bowlin. Ihm geht ein merkwürdiger Ruf voraus, der ihn aber direkt qualifiziert: Er ließe, so heißt es, wenn er einen interessanten Motor sehen würde, sogar die Mädels stehen, mit denen er gerade unterwegs sei. Der fünfte Mann im Bunde ist Funker und heißt Stantz. Hinter ihnen liegt ein Monat äußerst angespannter Arbeit. Sie hatten den Flug vorzubereiten, wobei sie auf keine Erfahrungen zurückgreifen konnten. Immerhin ist dies der erste Versuch, Nonstop die nahezu 4000 Kilometer lange Strecke über den Pazifik zu überwinden. Es hatte überhaupt noch nie ein Flugzeug geschafft, so weit zu fliegen. Der Weltrekord liegt 1925 irgendwo bei knapp über der Hälfte dieser Strecke! Da kann man sich keine Ratschläge holen, alles muss im Sinne einer Pioniertat erstmalig ermittelt werden: Proviant, Treibstoff, Notausrüstung.

Die PN-9 ist ein – für damalige Zeiten – konventionelles Flugboot mit einem Stahlrumpf und Holztragflächen, die mit Leinwand bespannt sind. Zusätzliche Benzintanks werden eingebaut. 4920 Liter Treibstoff können auf diese Weise an Bord genommen werden. Die Männer haben errechnet, dass bei den in dieser Jahreszeit vorherrschenden Nordost-Passatwinden sogar noch eine beruhigende Spritreserve bleibt.

Am 17. August 1925 unterziehen die Fünf die PN-9 erstmalig einem Testflug. Vier Stunden später landen sie wieder in San Francisco. Alles scheint soweit in Ordnung zu sein. Auch der nächste Probeflug mit voller Beladung am 29. August 1925 verläuft perfekt. Nach nur 150 Metern hebt die PN-9 bereits ab, und die – für damalige Zeiten ungewöhnlich zuverlässigen – Motoren wirken nach acht Stunden Probeflug noch frisch, wie eben geliefert. Dann, am 31. August 1925, wird es ernst. Die Männer nehmen ihre Plätze ein, und Commander Rogers blickt sie kurz, aber ernst an, vier Daumen weisen ermunternd nach oben, und so schiebt er die Gashebel nach vorn.

Die San Francisco Bay ist weitläufig gesperrt worden, um der schwer beladenen Maschine genügend Anlauf zu gönnen. So kann Rogers sich Zeit lassen und hebt die PN-9 erst nach mehreren Hundert Metern ab. Schiffssirenen heulen, ein Feuerlöschboot schießt seine Fontä-

Technische Daten Naval Aircraft Factory PN-9		
Kennzeichen	ohne	
Flugnummer	ohne	
Typ	Naval Aircraft Factory PN-9	
Seriennummer	A6799	
Erstflug	1925	
Außenmaße	Länge	14,99 m
	Spannweite	22,20 m
	Höhe	5,11 m
Triebwerke	2 x Packard 1A-2500	
Leistung	2 x 354 kW	
Max. Startgewicht	ca. 6500 kg	
Tankvolumen	4920 l (inklusive Zusatztanks)	
Anzahl Besatzung	5	
Dienstgipfelhöhe	ca. 3300 m	
Max. Reichweite	ca. 2100 km (ohne Zusatztanks)	
Max. Geschwindigkeit	unbekannt	
Verbrauch	ca. 150 l/h	
Anzahl gebaut	1	

nen in die Luft, und eine unübersehbare Menge Schaulustiger jubelt dem Flugzeug hinterher. Manch einer aber hat auch eine sorgenvolle Miene oder zumindest gemischte Gefühle.

Lediglich 20 Meter hoch und mit nur 120 km/h zieht die Maschine ruhig auf den Pazifik hinaus, dem etwa 32 Flugstunden entfernten Honolulu mit den hübschen Mädchen entgegen. Alle 320 Kilometer passieren sie ein auf der direkten Route stationiertes Marineschiff, das ihnen in einem Notfall mit allem würde aushelfen können. Ruhig und sonor brummend begleitet sie das Geräusch der beiden Motoren in die langsam heraufziehende Nacht hinein. Man isst ein wenig von den mitgebrachten Broten und freut sich, als die Hälfte der Strecke bereits völlig problemlos durchflogen werden konnte. Jetzt erfolgt das Umpumpen des Benzins aus den Reserve- in die Haupttanks in den Tragflächen. Eine gute Stunde sind die Männer mit dieser schweißtreibenden Muskelarbeit beschäftigt. Etwas später, Commander Rogers hat die Führung des Flugzeugs an Connell übergeben, schaltet dieser auf die oberen Flächentanks um. Augenblicke später wollen die Motoren ihren Dienst einstellen, und umgehend legt Connell den Hebel wieder um. Sofort laufen die Triebwerke wieder ruhig. Da wird wohl eine Benzinleitung verstopft sein!

Als Rogers nach kurzem Schlaf wieder vorn erscheint, informiert ihn Connell über den Vorfall. Rogers nimmt die schlechte Nachricht völlig ruhig entgegen und meint, man könne ja notfalls wassern, und dann würde Bowlin den Schaden sicher schnell reparieren können. Ein Nonstopflug sei es dann zwar nicht mehr, aber Hauptsache, sie würden auf Hawaii ankommen. Bowlin hat die ganze Nacht durchgeschlafen und kommt nun nach vorn, um nach dem Rechten zu sehen. Er will sich die Sache mit der Benzinumschaltung während des Fluges ansehen, aber Rogers will kein Risiko eingehen und setzt die Maschine nach 24 Stunden Flugzeit sanft auf dem Pazifik auf. Er will sowieso runter, um eine genaue Peilung vorzunehmen, weil er befürchtet, sie seien durch den nächtlichen Wind abgedriftet. Bowlin prüft die Kraftstoffleitung und meldet mit sorgenzerfurchter Stirn, dass die oberen Flächentanks absolut leer seien. Deswegen kam durch die Leitung nichts durch. Auch die unteren enthalten nur noch für zwei bis drei Stunden Treibstoff.

Rogers hat inzwischen mit dem Sextanten ihren Standort geprüft und schaut ernst drein. Knapp 500 Kilometer sind sie nach Norden abgetrieben worden. Hawaii ist nicht zwei, drei Flugstunden entfernt, sondern über 1100 Kilometer! Das ist nicht zu schaffen. Sie müssen das nächste Marineschiff erreichen, die „Aroostook". Als die Maschine in 50 Meter Höhe wieder ruhig ihre Bahn zieht, versucht Stantz vergeblich, das Hilfsschiff zu erreichen. Es ist vermutlich zu weit entfernt, oder die Jungs schlafen noch. Angst haben sie zwar nicht, aber sorgenvoll schauen sie schon drein, die fünf Pioniere. Mittags setzen kurz nacheinender die beiden Motoren aus, der Treibstoff ist zu Ende. Was für ein Pech! Da haben die Triebwerke absolut problemlos gearbeitet, und nun gibt man ihnen keinen Nachschub mehr. Rogers setzt die PN-9 ruhig auf dem Wasser des Pazifik auf. Ohne Sprit arbeitet der Generator des Flugzeugs nicht mehr, also ist auch kein aktiver Funkkontakt möglich. Die Männer können nur noch abhorchen. Rogers bestimmt den Standort: Sie sind ungefähr 3300 Kilometer von San Francisco entfernt, sind also eine Weltrekord-Distanz geflogen!

Noch eine gute Nachricht: Der Wind weht wieder aus Nordost, das ist günstig. Aber es gibt auch eine weitere schlechte Information:

Eine Naval Aircraft Factory PN-9 in ihrem Element ... der Luft. Ohne Zusatztanks kommt sie auf eine Reichweite von gut 2100 Kilometern
Foto: George Grantham Bain Collection

Da ist noch ein langes Stück zu überwinden, denn Hawaii ist etwa 600 Kilometer entfernt. Sie werden einen Schutzengel benötigen. Proviant gibt es im Übrigen auch nicht gerade reichlich, man hat sich zu einseitig auf die Hilfsschiffe verlassen:

- eine Dose mit sechs Pfund Cornedbeef
- von ehemals 90 belegten Broten sind viele bereits verspeist
- 20 Flaschen Wasser Normalration
- 100 Liter Wasser Notration
- Schiffszwieback
- einige Tafeln Schokolade und einige Konserven

Die drei jüngeren Männer sind dennoch guter Dinge, hoffen, innerhalb von zwei, drei Tagen von einem Dampfer aufgefischt zu werden. Collins und Rogers hingegen haben da so ihre Bedenken, denn das winzige Flugboot in diesen Weiten aufzuspüren, das braucht schon mehrere Schutzengel!

Stantz hört derweil die Funksprüche ab und meldet erfreut, dass die „Aroostook" bereits Vermisstenmeldung ausgestrahlt und die Suche nach ihnen aufgenommen hat. Aber bald kehrt Ernüchterung ein: Die „Aroostook" gibt gerade das Suchgebiet bekannt: Es liegt weit ab von ihrer Position! Die haben ja auch von der Abweichung nichts mitbekommen. Auf diese Weise, das ist mal sicher, werden sie nie gefunden werden. Auf jeden Fall werden erst einmal Proviant und das kostbare Trinkwasser rationiert, denn mit den zwei, drei Tagen wird es nun wohl nichts, das sehen jetzt auch Bowlin, Pope und Stantz ein. So ein Mist aber auch! Was nun?

Inzwischen ist es wieder dunkel geworden, und die Männer begeben sich erst einmal zur Ruhe. Was sollen sie auch tun? Schlafen ist gut, da denkt man nicht so intensiv an saftige T-Bone-Steaks und kühles Bier! Am Morgen hören sie, dass sich immer mehr Schiffe und Flugzeuge an der Suche beteiligen, unter ihnen seit Kurzem auch drei australische Zerstörer. Das hebt die Stimmung, aber Rogers ist vorsichtig, trotz des mit der Sonne steigenden Durstes hebt er die Rationierung nicht auf.

Die zweite Nacht vergeht. Der nächste Tag und noch eine Nacht. Immer sitzt einer der

Folgende Quellen wurden ausgewertet:
- Peter Alles-Fernandez: Flugzeuge von A bis Z, Bd. 3
- Douglas H. Robinson: The Dangerous Sky
- Dr. Peter Supf (Hrsg.): Fliegergeschichten, Band 154
- Dayle M. Titler: Wings of Mystery

Männer auf dem höchsten Punkt des Flugbootes, damit sie unmittelbar nach In-Sicht-Kommen eines Suchschiffes Signale geben können. Der Ausguck bekommt diese Chance aber nicht. Am Morgen des vierten Tages informiert Rogers die Männer, dass er die Hoffnung auf Entdeckung von außen aufgegeben habe. Sie müssten sich nunmehr selbst einen Rettungsweg ausdenken. Er schlägt vor, die brave PN-9 in ein Segelboot umzubauen. Mit den paar Klamotten an Bord könnten sie allerdings nicht viel Segelfläche produzieren. Woher aber größere Mengen Stoff nehmen?

Ein modernes Flugboot hätte hier nicht weitergeholfen. Wir befinden uns jedoch im Jahre 1925, welch ein Glück, und damals waren die Flügel nur selten aus Metall. Also nehmen sie sich die Tragflächen vor. Sie schneiden die obere Bespannung ab und klappen diese nach unten, wo sie auch befestigt wird. Das ist eine abenteuerliche, aber recht wirkungsvolle Kreation, die ganz brauchbare Segel ergibt.

Ruck, zuck geht das, und bald haben sie mit diesem Trick immerhin 20 Quadratmeter Segelfläche angefertigt. Hübsch sieht die gute, alte PN-9 nun nicht mehr aus, aber sie wollen ja auch keinen Schönheitswettbewerb für Flugboote gewinnen, sondern „nur" ihr Leben retten. Zufrieden mit der Arbeit nach der langen Untätigkeit, sehen sie, wie die „Segel" sich bauschen und die PN-9 behäbig Fahrt aufnimmt. Schnell fährt das schwere Flugzeug zwar nicht, aber bei den knapp vier Kilometern in der Stunde, die Rogers mithilfe des Sextanten ermittelt, würden sie dennoch in vier Tagen Hawaii erreichen. Na also, geht doch!

Am sechsten Tag essen beziehungsweise trinken sie gegen Mittag die letzten Reserven. Nichts mehr ist an Bord, um den Hunger oder den viel schlimmeren Durst zu löschen. Die Kräfte der Männer sind geschwunden, und so brauchen sie am siebten Tag unendlich lange Zeit, um zu wenden und den über Bord gefallenen Stantz zu retten. Buchstäblich im letzten Moment ziehen sie den geschwächten Mann in ihr „Segelboot". Am achten Tag hören sie über Funk, dass die Suche nach ihnen eingestellt wurde.

Niederschmetternder hätte keine Meldung sein können. Stantz, der seit seinem unfreiwilligen Bad fiebert, will sich sofort wieder über Bord stürzen, wird aber von den anderen daran gehindert. So leid es ihnen tut, sie müssen Stantz fesseln, um ihn am Selbstmord zu hindern.

Bald darauf lässt das Fieber nach, und Rogers nimmt Stantz die Fesseln wieder ab, nachdem der ihm versichert hat, er sei nun wieder völlig okay. Die Stimmung hebt sich, als Rogers ihnen erzählt, dass die Hawaii-Insel Oahu nur noch etwas über 100 Kilometer entfernt sei.

Am 8. September passiert ein Dampfer sie in ungefähr acht Kilometer Entfernung. Niemand dort bemerkt ihre Signale, Mutlosigkeit macht sich wieder breit. Da hilft es auch nichts, dass Rogers ihnen vorrechnet, sie müssten nur noch 50 Kilometer bis Oahu zurücklegen. Nichts mehr kann sie erfreuen. Auch ein Flugzeug, das sie am Nachmittag hören, sieht sie nicht, kein Wunder, die suchen ja auch nicht mehr nach ihnen. Die Nacht kommt, und jetzt erblickt man schon die Leuchtfeuer einer Insel, weit entfernt zwar noch, aber immerhin!

Sie verziehen sich in den Bootsrumpf, um noch schnell ein wenig zu schlafen, bevor es das ersehnte Steak gibt, eines von der netten Sorte, die beidseitig über den Tellerrand hängt. Aber aus dem Schlaf wird nichts. Das Schiff schaukelt plötzlich heftig.

Der Wind hat gedreht und treibt es von Land weg! Jetzt heißt es kämpfen! Bis in die Abendstunden des nächsten Tages arbeiten sie trotz ihrer Entkräftung wie die Berserker, um das Schiff in Richtung auf die Inseln zu zwin-

gen. Es gelingt! Der Wind lässt nach, und Hawaii ist nur noch 25 Kilometer entfernt. Das werden sie bald geschafft haben.

Aber kann man die Angelegenheit nicht ein wenig beschleunigen? Sie zerkleinern einen Teil der Holzspanten und zünden ein ordentliches Feuer in einem leeren Kanister an, den sie oben auf die Tragfläche stellen. Und nun endlich ist das Glück auch einmal wieder auf ihrer Seite: Der aufmerksame Ausguck eines U-Bootes sieht das Feuer, und das Schiff fährt auf sie zu. Als es längsseits geht, ist die Freude groß. Niemand hat mehr mit den fünf Fliegern – oder besser: Seeleuten – gerechnet. Keiner hatte auch nur im Traum daran geglaubt, sie lebend wiederzusehen. Umso begeisterter grölen die Jungs auf dem U-Boot ihr „Willkommen".

Die PN-9 nimmt von dem vielfältigen Angebot des Kommandanten gern das Wasser an und ein wenig Proviant. Dann schleppt das U-Boot die PN-9 lediglich ein Stück in Richtung der Insel, während die fünf Männer gestärkt und zufrieden in Tiefschlaf fallen. Jetzt, so nahe am Ziel, erwachen die Lebensgeister wieder, und die Männer wollen wenigstens die letzten Kilometer aus eigener Kraft schaffen.

Tags darauf endet die schreckliche Seefahrt, die zehn Tage zuvor in Kalifornien als Langstreckenflug begonnen hat, glücklich. Wie sie es sich gewünscht haben, segeln die fünf Männer aus eigener Kraft an Land und werden in Lihue, der Hauptstadt von Kauai, von einer jubelnden Menschenmenge begrüßt, die gewiss nicht mehr aus dem Häuschen gewesen wäre, wenn der Flug nur 32 Stunden gedauert hätte und Nonstop verlaufen wäre.

Die tüchtige PN-9 kann heute nicht mehr bestaunt werden, denn es gibt sie bedauerlicherweise nicht mehr. Sie nahm ein äußerst trauriges und unrühmliches Ende, als ein mit hoher Geschwindigkeit vorbeirauschender Frachtdampfer sie in der Bucht von San Francisco mit seiner Bugwelle versenkte.

Der Unbekannte
mit dem Fallschirm

Hijacking ist für die Betroffenen niemals lustig. Bei den 1242 Fällen aus meiner „Sammlung", in denen Hijacker Flugzeuge in ihre Gewalt brachten oder dies versuchten, sind 1077 Menschen ums Leben gekommen, lässt man einmal die Ereignisse des 11. September 2001 unberücksichtigt. Diese hohe Zahl von unschuldigen Opfern zeigt bereits, wie entsetzlich Hijacking für die Beteiligten und deren Angehörige ist. Fast immer ist Todesangst das alles beherrschende Gefühl bei den Passagieren, und die meisten von ihnen werden ihr ganzes weiteres Leben lang verfolgt von diesen Problemen. Insofern sollte nicht der Eindruck entstehen, Hijacking sei eine muntere Angelegenheit, auch wenn der zweite Entführungsfall, von dem ich in diesem Buch berichte, wiederum durchaus merkwürdi-

ge Nuancen aufweist. Über 300 Flugzeug-Entführungen hatte es bereits gegeben, als am 24. November 1971 eine neue Variante ihren Einzug fand. Die Idee war so gut, geradezu bestechend in ihrer Erfolgsaussicht, dass der Hijacker sie sich eigentlich hätte patentieren lassen sollen. Dass er das nicht konnte, liegt auf der Hand, denn er wäre noch auf dem Patentamt verhaftet worden. Dan Cooper, so nennt sich der unauffällige Mann, der an diesem Tag Flug 305 der Northwest Orient Airlines (heute Northwest Airlines) von Portland (Oregon)

Eine baugleiche Boeing 727. Gut erkennbar ist die ausklappbare Treppe im Heck – ideal, um während des Fluges blitzschnell zu entwischen ...   Foto: JACDEC

nach Seattle (Washington) gebucht hat, ist Kettenraucher und ungefähr 45 Jahre alt. Gut gekleidet ist er, trägt einen Anzug und hat einen dicken Wintermantel dabei, was nicht weiter auffällt, weil es recht kühl ist.

Vielleicht hätte auffallen können, dass er eine dunkle Sonnenbrille aufgesetzt hat, aber sonst wirkt er nicht anders als die übrigen Geschäftsreisenden, die in der Maschine Platz nehmen. Den wärmenden Mantel allerdings wird er später noch dringend benötigen. Cooper, dessen wirklicher Name bis heute unbekannt geblieben ist, geht zielstrebig auf das Heck der Maschine zu, wo er in der letzten Reihe allein Platz nimmt. Mit insgesamt 42 Insassen ist die Boeing 727 nicht einmal zur Hälfte ausgebucht. Dass es übrigens eine Boeing vom Typ 727 ist, ist kein Zufall, wie sich einige Stunden später zeigen wird. Flug 305 startet plangemäß Richtung Seattle, und irgendwann während des Fluges überreicht der unauffällige Mr. Cooper der Stewardess Florence Schaffner einen Zettel. So eine offensichtliche Terminanbahnung erlebt eine hübsche Stewardess nicht selten – und so ist also kaum verwunderlich, dass Florence Schaffner den Zettel mit einem berufsmäßig freundlichen Lächeln in ihrer Tasche verschwinden lässt. Das jedoch ist nicht das, was Cooper gewollt hat. Er macht der jungen Frau entsprechende Zeichen, und leicht genervt, aber immer noch freundlich lächelnd, kramt sie den Zettel wieder hervor und beginnt zu lesen.

Dann allerdings verschwindet ihr Lächeln und weicht einer auffallenden Blässe, denn es ist nicht die vermutete Aufforderung zu einem Treffen nach dem Flug, sondern dort steht unmissverständlich, schwarz auf weiß, dass Mr. Cooper eine Bombe bei sich habe. Diese Bombe werde er, so hat er weiter geschrieben, unverzüglich zur Detonation bringen, wenn seine Forderungen nicht erfüllt würden. 200.000 US-Dollar in gebrauchten 20-Dollar Scheinen sollen in Seattle an Bord gebracht werden, eine für damalige Zeiten beträchtliche Summe (entspricht im Jahre 2010 circa 1,1 Millionen US-Dollar). Das ist noch zu verstehen, aber eine weitere Forderung mutet recht merkwürdig an: Zusätzlich bestellt Fluggast Cooper vier Fallschirme. Dann – und nur dann – würden die Passagiere das Flugzeug unversehrt verlassen dürfen.

Die erfahrene Kabinencrew versucht zuerst einmal vorsichtig ihr Glück damit, dass sie die Glaubwürdigkeit Mr. Coopers anzweifelt. Der Koffer, den er auf seinem Schoß umklammert hält, könne ja allerlei Dinge enthalten, eine echte Bombe müsse es nicht sein. Niemand schleppt gern eine funktionierende Höllenmaschine mit sich herum, und in diesem „Geschäft" wurde bereits häufig geblufft.

Cooper ist nicht beleidigt über diesen offensichtlichen Zweifel an der Ernsthaftigkeit seiner Drohung. Er bleibt kooperativ und höflich – wie übrigens während der gesamten Dauer der Entführung – und lässt das Kabinenpersonal einen Blick in den Koffer werfen. Kein Zweifel, darin befinden sich zwei rote Stangen, die exakt aussehen wie Dynamit. Sie sind durch verschiedenfarbige Drähte und diverse Armaturen miteinander verbunden. Die Angelegenheit scheint also tatsächlich ernst zu sein.

Daraufhin begibt sich die Stewardess ins Cockpit und informiert Flugkapitän Bill W. Scott über Mr. Coopers Anliegen. Der Mann überlegt nicht lange. Die Geschichte mit der Forderung nach Lösegeld in Verbindung mit dem Dynamitkoffer passt in die bekannten Muster einer Flugzeugentführung. Er will auf gar keinen Fall ein Risiko eingehen und das Leben seiner Passagiere gefährden.

Mit der Forderung nach vier Fallschirmen weiß er allerdings nichts anzufangen. Welche Bewandtnis mag es mit diesem Teil der Instruktionen auf sich haben? Wozu braucht der Mann vier Fallschirme? Die Antwort auf diese Frage erscheint jedoch zweitrangig, und so wird zuerst einmal Seattle informiert, damit die Mannschaft der Fluglinie im Flugplatzbüro bestimmen kann, wie es weitergehen soll. Die Anweisung an die Crew ergeht äußerst rasch. Einschließlich einer Rücksprache mit dem Präsidenten der Northwest Orient Airlines, Donald W. Nyrop, brauchen die Kollegen nur Minuten für eine Entscheidung. Der verantwortliche Leiter in Seattle hat zudem noch allzu gut den letzten Entführungsversuch in Erinnerung, der gerade einmal sieben Wochen zurückliegt.

Bei diesem war sehr viel Blut geflossen, drei Tote hatte es gegeben. Nach dem Grundsatz „Die Passagiere müssen in jedem Fall unversehrt bleiben" entscheidet er sich für die Erfüllung aller gestellten Forderungen und setzt augenblicklich die zur Beschaffung des Gewünschten erforderlichen Hebel in Bewegung. Bald darauf landet die Boeing 727 sicher in Seattle, für das Herbeiholen der Geldsumme sowie der Fallschirme jedoch braucht man noch ein wenig Zeit. Also wird inzwischen der Versuch unternommen, mit Mr. Cooper zu verhandeln. Ein Beamter der Flugbehörde Federal Aviation Association (FAA) darf an Bord, aber das führt zu nichts. Der Entführer ist zwar höflich, aber bestimmt. Geiseln gegen Geld und die Fallschirme, keinerlei Kompromisse.

Erst als er die geforderten 200.000 Dollar bekommt und die vier Fallschirme, lässt er 37 der Insassen gehen. Nur die drei Männer im Cockpit, die Stewardess Tina Mucklow Larson und er bleiben an Bord. Fünf Menschen, vier Fallschirme? Wie wird das weitergehen? Zuerst einmal begutachtet Cooper die Fallschirme, fragt dann zweifelnd, woher man sie habe. Der Pilot zieht Erkundigungen ein und informiert Cooper, man habe sie von der Luftwaffe bekommen.

Sofort erklärt Cooper, diese Fallschirme wolle er nicht, und lässt über den Piloten vier

Technische Daten Boeing 727-100	
Kennzeichen	N767US
Flugnummer	NW305
Typ	Boeing 727-100 (727-051)
Seriennummer	18803
Fabrikationsnummer	137
Erstflug	9. April 1965
Außenmaße	Länge 40,59 m
	Spannweite 32,92 m
	Höhe 10,36 m
Triebwerke	3 x Pratt & Whitney JT8D-7
Leistung	3 x 6350 kp
Max. Startgewicht	69.050 kg
Tankvolumen	27.245 l
Anzahl Passagiere	128
Dienstgipfelhöhe	11.400 m
Max. Reichweite	4265 km
Max. Geschwindigkeit	974 km/h
Verbrauch	4.125 l/h
Anzahl gebaut	1832
	(davon 572 Serie 727-100)

zivile Exemplare, sogenannte Sportfallschirme, kommen. Der Sinn dieses Umtausches bleibt dem Laien zuerst einmal verborgen. Die Fachleute aber wissen nun, dass Cooper tatsächlich plant zu springen. Das hat ihnen der Umtausch bewiesen. Militärische Fallschirme nämlich öffnen sich nach wenigen Metern freien Falles automatisch. Das würde bedeuten, dass Cooper von eventuellen Beobachtern in nachfolgenden Flugzeugen unmittelbar nach dem Absprung gesehen würde. Um eine sofortige Entdeckung zu vermeiden, will er aber vermutlich erst kurz vor dem Boden die Reißleine ziehen, dafür bedarf es eines Sportfallschirmes.

Direkt im Anschluss an den Tausch startet die Boeing 727 erneut. Flugkapitän Bill W. Scott wird von Cooper angewiesen, die Maschine nach Reno (Nevada) zu fliegen, nicht zu hoch, maximal 3000 Meter dürfen es sein, auch dies wieder ein deutlicher Hinweis, denn es ist eine ideale Absprunghöhe.

Zudem sieht man hierin später einen weiteren Hinweis darauf, dass Cooper die Erpressung außerordentlich kenntnisreich vorbereitet hat. Auf dem Weg nach Reno liegt nämlich die bis zu 4400 Meter hohe Kaskadenkette (Cascade Range). Durch die angewiesene Flughöhe von 3000 Metern muss der Flugkapitän auf der

Die 727-100, Star dieser Entführung und später nur noch „Cooper-727" genannt
Foto: Ed Coates Collection

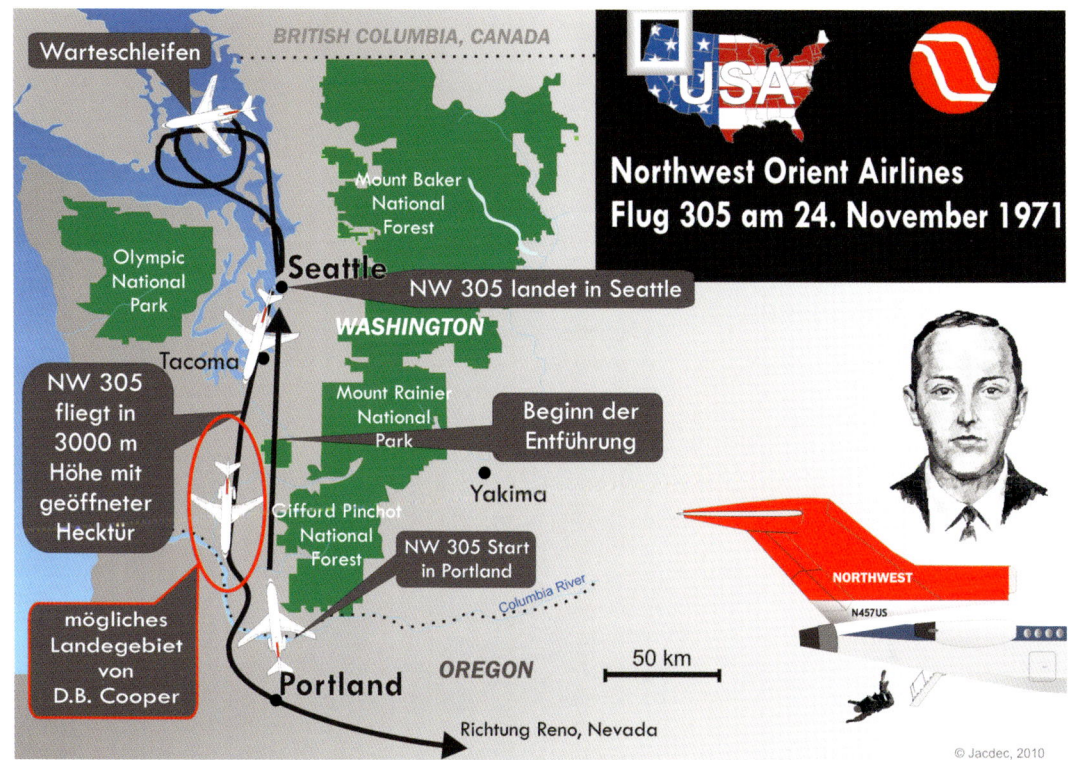

Westseite des Gebirges bleiben. Dadurch kann Cooper den Ort für den Absprung genauer bestimmen. Weitere Forderungen werden gestellt: Klappen und Fahrwerk bleiben ausgefahren. Dann lässt der Hijacker sich von Stewardess Larson den Öffnungsmechanismus für die im Heck befindliche Tür erklären, die mit ihrer eingebauten Treppe direkt nach hinten führt. Alle Parameter lassen nun kaum mehr Zweifel übrig, dass Cooper tatsächlich springen will, denn in der von ihm geforderten Konfiguration kann die 727 nur maximal 300 km/h fliegen. Aber mit wem wird er springen? Will er noch drei Geiseln mitnehmen? Höflich fordert er Stewardess Larson auf, nach vorn ins Cockpit zu gehen, zuvor noch den Vorhang zwischen den Reihen zu schließen und das Licht in der Kabine auszuschalten. Eine Beobachtung der Kabine ist nun nicht mehr möglich, da die Boeing 727 dieser älteren Version noch keinen Spion in der Cockpittür besitzen. Mit ihrem letzten Blick zurück bekommt die junge Frau nur noch mit, dass Cooper sich das über zehn Kilogramm schwere Banknotenpaket um den Bauch zu binden scheint. Kurz darauf leuchtet im Cockpit ein rotes Licht auf, das eine unverschlossene Tür anzeigt. „Können wir etwas für sie tun?", fragt der Flugkapitän über die Sprechanlage. „Nein, vielen Dank", antwortet der höfliche Mr. Cooper.

Der Stress im Cockpit ist greifbar, denn die vier Crewmitglieder dort müssen nun mit allem rechnen, auch damit, dass der Mann das Flugzeug mit der Bombe zum Absturz bringt, obwohl dies, nach seinem bisherigen Verhalten zu schließen, äußerst unwahrscheinlich ist. Die Minuten verrinnen, und außer einem leichten Steuerdruck über Woodland nach knapp einer Flugstunde fällt bis zur Landung nichts auf. Auch die beiden begleitenden Jagdflugzeuge nehmen wegen der inzwischen hereingebrochenen Dunkelheit nichts wahr. Bei der Landung der Boeing allerdings ist Cooper verschwunden. Der Kerl ist tatsächlich mit dem vielen Geld abgesprungen! Gegen 20:00 Uhr muss es ungefähr gewesen sein, aber niemand weiß genau, wo das der Fall war. Darum wurde auch nie herausgefunden,

Folgende Quellen wurden ausgewertet:

- James Arey: The Sky Pirates
- David Gero: Flüge des Schreckens
- Edward McWhinney: Aerial Piracy and International Terrorism
- Kenneth C. Moore: Airport, Aircraft and Airline Security
- Michael Prince: Crash Course
- J. R. Roach: Jet Airliner Production List, Volume 1
- Rodney Stich: Unfriendly Skies
- Laurie Taylor: Air Travel – How Safe is it?
- Internet: Hier gibt es besonders viel; suchen Sie am besten mit der Kombination „Northwest Orient, 727, Cooper"

warum zwei von den vier Fallschirmen fehlten. Cooper hatte die Erpressung generalstabsmäßig in Szene gesetzt. Er hatte eines der wenigen Flugzeuge für sein Vorhaben ausgewählt, über dessen Hecktür man abspringen kann, ohne Gefahr zu laufen, in die Triebwerke eingesogen oder vom Leitwerk zerschmettert zu werden.

Er hat die richtigen Fallschirme, die beste Absprunghöhe und die richtige Fluggeschwindigkeit benutzt. Er achtete darauf, dass es bereits dunkel war, und legte den Kurs der Boeing 727 genauestens fest. So konnte er über einer wenig besiedelten Gegend abspringen, vermutlich in der Nähe von Cascade Springs. Und darum ist nicht verwunderlich, dass er nie gefunden wird.

1980, neun Jahre nach diesem Vorfall, wurden 5880 Dollar des Lösegeldes leicht vermodert am Ufer des Columbia River, 200 Kilometer von Seattle entfernt, entdeckt. Dieser Fund nährte wieder den schon länger gehegten Verdacht, Cooper habe den Absprung nicht überlebt. Es hieß nämlich immer wieder, es habe sich unter den vier Fallschirmen auch ein Übungsfallschirm für Demonstrationen am Boden befunden, ein Modell, das sich nicht öffnen lässt.

Dieser Theorie mit dem Übungsfallschirm vermag ich mich jedoch nicht anzuschließen. Sie ist aus einem einleuchtenden Grund sehr unwahrscheinlich: Was wäre gewesen, wenn er tatsächlich eine Geisel mitgenommen und diese den Übungsfallschirm benutzt hätte? Dieses Risiko wird man wohl kaum eingegangen sein. Aber warum hat man dann niemals auch nur den Hauch einer Spur von ihm gefunden? Man hatte umgehend in großem Umfang gesucht, aber weder einen Fallschirm, noch den Mann oder das Lösegeld, ja nicht einmal eine Spur im tief verschneiten Land entdecken können. Sollte es allerdings Spuren von einem Missgeschick des Mr. Cooper gegeben haben, so wird man sie heute, nach dem Ausbruch des nahe gelegenen Mount Saint Helens, vermutlich niemals mehr finden können. Der Fall Cooper blieb also bis heute der einzige ungelöste Hijackingfall in der Geschichte der USA.

Ein Detail an dieser mysteriösen Geschichte deutet übrigens mit hoher Wahrscheinlichkeit darauf hin, dass Cooper nicht überlebte, sondern starb: Von dem erpressten Geld ist nie ein Schein irgendwo ausgegeben worden. Das macht im Nachhinein nur Sinn, wenn es nicht ausgegeben werden konnte. Der Mann war übrigens streng genommen nicht wirklich der Erfinder der Idee. Es hatte einige Wochen vorher bereits einen ähnlichen Versuch gegeben. Dieser war jedoch nicht annähernd so gut geplant gewesen und wäre für den Hijacker höchstwahrscheinlich tödlich verlaufen, denn es ist praktisch unmöglich, aus der seitlichen Tür eines großen Passagierflugzeuges zu springen, ohne sich zu verletzen. Glücklicherweise konnte dieser Mann überwältigt werden, bevor er sprang.

Nach der Cooper-Entführung jedoch hat es noch viele Hijacking- und Erpressungsversuche mit Fallschirmen gegeben. Neunzehn Männer versuchten es mit dieser Methode allein in den nächsten zwölf Monaten. Das Beispiel des möglicherweise erfolgreichen Mr. Cooper und dem leicht „verdienten" Geld war wohl zu verlockend. Ausnahmslos schlugen diese Versuche fehl, unter anderem auch, weil man die Hecktreppe der 727 kurzentschlossen geändert hatte: Eine Sicherung verhinderte ab sofort, dass man sie während des Fluges öffnen konnte. Sie ging in die Geschichte der Luftfahrt ein unter dem Namen „Cooper-Sicherung". Die verwendete Boeing 727 wurde noch einige Male verkauft, wobei sie stets mit einem Lächeln als die „Cooper-727" gehandelt wurde. 1993 wurde sie aber trotz ihrer historischen Bedeutung verschrottet.

Eine Crew,
die sich zusammenhält

Es ist Sonntag, der 10. Juni 1990. 81 Passagiere sind gerade dabei, die „County of South Glamorgan", eine BAC 1-11 (One-Eleven) der British Airways mit dem Kennzeichen G-BJRT, zu besteigen. Zwar ist gutes Wetter in Birmingham, aber die Leute wollen nach Malaga, die meisten wohl aus Urlaubsgründen, und dort wird es in dieser Jahreszeit ganz sicher noch weit schöner sein. Darauf freuen sie sich. Bevor sie jedoch die Sonne Spaniens genießen können, müssen sie noch allerhand Nervenstärke beweisen, aber das wissen sie glücklicherweise nicht. Und einige ahnen auch noch nicht, dass sie etwas später im Laufe des Tages gar nicht mehr nach Malaga fliegen wollen.

Die Crew besteht aus fünf Männern: dem 42-jährigen Flugkapitän Tim Lancaster, Copilot Alastair Atchinson, Purser John Heward, Steward Nigel Ogden, Steward Simon Rogers und nur einer Frau, der Stewardess Sue Prince. Nur eine Frau? Sind Frauen etwa weniger wert in britischen Flugzeugen? Nein, ganz sicher nicht. Dennoch ist Männerüberschuss heute ein Glücksfall, wie sich bald herausstellen sollte, denn an Bord der Maschine wird in Kürze schiere Muskelkraft gefragt sein … viel Muskelkraft.

Copilot Alastair Atchinson hat bereits die beträchtliche Anzahl von 7500 Flugstunden hinter sich, davon 1100 auf der One-Eleven. Zwar hat er das, was ihm bevorsteht, noch nicht im Simulator üben können, und erlebt hat es ohne-

Ein Pilot begutachtet den Schaden an der BAC 1-11. Die Schleifspuren am Rumpf sprechen eine deutliche Sprache   Foto: AP

hin noch kein Mensch vor ihm, aber seine große Erfahrung lässt ihn in der folgenden Notsituation ruhig, schnell und vor allem richtig entscheiden.

Um 8:20 Uhr hebt die BAC 1-11 mit nahezu zehn Tonnen Kerosin und einem Gesamtgewicht von 42,9 Tonnen sanft ab und beginnt den Weg durch die verschiedenen Kontrollzonen. Um etwas entspannter sitzen zu können, öffnen die beiden Piloten nun ihre nur für Start und Landung anzulegenden Schultergurte. Die Beckengurte bleiben vorschriftsmäßig geschlossen. Um 8:30 Uhr, schon im Bereich von London, wird bereits das Frühstück vorbereitet, die Strecke ist ja auch nur kurz.

Die Maschine wird höher eingeordnet und durchbricht gerade die Höhe von 5275 Meter,

Cockpitscheibe zerbirst im Steigflug

British Airways Flug BA5390, 10. Juni 1990
Didcot, Großbritannien

Technische Daten BAC 1-11 (One-Eleven)	
Kennzeichen	G-BJRT
Flugnummer	BA5390
Typ	British Aircraft BAC One-Eleven 500 (528FL)
Seriennummer	234
Erstflug	8. Februar 1971
Außenmaße	Länge 32,61 m
	Spannweite 28,50 m
	Höhe 7,47 m
Triebwerke	2 x Rolls Royce RB.163 Spey Mk.512DW
Leistung	2 x 5561 bis 5690 kp
Max. Startgewicht	44.000 kg
Tankvolumen	17.890 l
Anzahl Passagiere	99
Dienstgipfelhöhe	10.670 m
Max. Reichweite	3484 km
Max. Geschwindigkeit	871 km/h
Verbrauch	unbekannt
Anzahl gebaut	244 (davon 86 Serie 500)
Unfallbericht	AAIB EW/C1165 (Nr. 1/1992)

als Flugkapitän Jim Lancaster, wie er sich später erinnern wird, aus dem Augenwinkel heraus eine Bewegung am Cockpitfenster bemerkt. Er traut seinem Verstand nicht, denn er sieht, wie sich die linke Cockpitscheibe langsam aus der Halterung löst und dann mit einem Knall nach draußen verschwindet.

Die 27 Kilogramm schwere Scheibe poltert gegen den Rumpf, hinterlässt dort eine interes-sante, aber unbedeutende Beule sowie Schleif-spuren, reißt auf dem Weg nach hinten noch die HF-Antenne ab, verursacht aber keine nen-nenswerten Schäden. Soweit die schicksalhafte Scheibe. Schlimmer sieht es innen im Cockpit aus: Innerhalb von nur einer Sekunde wird die wegen des Druckausgleichs komprimierte Luft aus dem Flugzeug nach draußen gesogen und mit ihr alles, was nicht im Cockpit befestigt ist.

Später werden die Jacken der Besatzung, die Scheibe, das Logbuch, der Kopfhörer des Flug-kapitäns, viele Papiere und allerlei kleine Gegenstände auf dem Boden einige Kilometer rings um die Stelle gefunden, an der die Scheibe herausbrach. Auch Flugkapitän Lancaster wird von dem gewaltigen Luftsog aus seinem Be-ckengurt hindurch aus dem Fenster gezogen, prallt vorher jedoch mit dem Kopf gegen die Cockpitdecke und verfängt sich dann mit den Beinen in der Steuersäule.

Die Maschine fliegt immer noch mit Steig-leistung, also zum Zeitpunkt des Unfalls etwa 800 km/h schnell, draußen herrschen mit rund 25 Grad unter Null arktische Temperaturen. Der nur zum Teil aus dem Cockpit heraushängende Lancaster leidet furchtbar. Stanley Stewart hat die dramatische Situation in seinem Buch „Emergency" wie folgt beschrieben: „Kapitän Lancasters Kopf und Schultern sausten senk-recht durch das offene Fenster, wurden aber durch den Fahrtwind gewaltsam über den Flug-

Die Unglücksmaschine G-BJRT, eine BAC Super One-Eleven der British Airways, bei einem Besuch in Hamburg 1988   Foto: JACDEC

Die drei verschiedenen Schrauben im Vergleich. Links: richtige Länge, aber 0,66 mm zu dünn; Mitte: richtiger Durchmesser, aber 2,54 mm zu kurz; Rechts: korrekte (alte) Schrauben

Foto: NTSB

zeugrumpf zurückgebogen. Seine Füße drehten sich nach vorn, dadurch waren die Beine zwischen Steuersäule und Cockpitpodest eingeklemmt. In diese Position gepresst, war für den Moment sein Sturz durch die Öffnung verhindert. Der Rücken wölbte sich über dem Fensterrahmen, seine Arme waren durch die Kraft des Fahrtwindes weit ausgebreitet. Noch hing der Flugkapitän fest, aber durch den Luftstrom, der seinen Körper gewaltsam durchrüttelte, flatterte er wie eine Fahne im Wind. Lange würde er sich nicht mehr halten können."

Das Cockpit erinnert in diesem Augenblick eher an einen Vorhof zur Hölle als an eine aufgeräumte Pilotenkanzel: Bunt mischen sich Lärm, herumfliegende Teile, gebrüllte Befehle und Entsetzen. Die Cockpittür ist so konstruiert, dass sie im Notfall von außen geöffnet werden kann, indem sie durch Gewaltanwendung in mehrere Teile zerbricht. Diese Gewalt ist nun gegeben, die Tür reißt aus den Angeln, zerbricht und ein Teil verletzt Copilot Atchinson, glücklicherweise jedoch nicht schwer.

Das größte Bruchstück der Tür schaltet unbemerkt den Autopiloten aus und bleibt auf der Mittelkonsole liegen. Die Nase neigt sich auf sechs Grad, das Flugzeug fliegt mit 25 Grad Querlage, dreht sich 30 Grad nach rechts und geht allmählich in den Sturzflug über. Immer noch stehen die Schubhebel auf Steigleistung, sodass die Maschine weiter an Geschwindigkeit gewinnt. Alsbald ist sie auf 5000 Meter abgestiegen, aber auch dort herrschen noch Außentemperaturen um 17 Grad minus.

Trotz des unglaublichen Wirrwarrs schafft es Steward Nigel Ogden, der mit raschem Blick die Notsituation aus der neben dem Cockpit befindlichen Bordküche erfasst hat, mit wenigen

Sätzen neben den Copiloten zu gelangen und sich mit aller Gewalt um die Taille von Lancaster zu klammern, damit dieser nicht vollends aus dem Fenster gesogen wird. Purser John Heward eilt ihm später zu Hilfe und hält den Piloten ebenfalls mit der ganzen ihm zur Verfügung stehenden Kraft fest, wobei er seinen freien Arm in der Gurtschlinge des Notsitzes verankert. Da nun die Tür zum Cockpit fehlt, können die weiter vorn sitzenden Passagiere sehen, was im Cockpit für ein Chaos herrscht. Sie fühlen sich allerdings nicht privilegiert bei diesem Anblick und sind überzeugt, dass die Maschine nicht mehr zu retten ist.

Stewardess Sue Prince jedoch gelingt es nach und nach, alle Fluggäste zu beruhigen. Derweil hat Copilot Atchinson trotz seiner Schmerzen und eines Schocks nach und nach die Übersicht wieder erlangt. Er wähnt den Piloten tot und die Maschine schwer beschädigt, aber zum Glück hat er mit beiden Vermutungen total unrecht. Noch lebt Lancaster, erstaunlicherweise, und Ogden und Heward tun ihr Bestes, um ihn im Cockpit zu halten.

Atchinson kämpft mit der wild gewordenen Maschine und versucht, die Kontrolle wieder zurückzugewinnen. Dabei rasen seine Gedanken, und er überlegt bereits, dass eine mögliche Landung ein Riesenproblem wird, weil niemand ihm die Checkliste lesen kann. Eine so große Maschine landet man stets zu zweit. Diese Prozedur gewährleistet, dass die vielen für eine sichere Landung erforderlichen Einzelmaßnahmen vollständig und in der richtigen Reihenfolge durchgeführt werden. Aber der Pilot ist tot, denkt er, und darum würde er heute ganz auf sich allein gestellt sein. Glücklicherweise ist die Luft nicht zu dünn, sodass er klare

Gedanken fassen kann. Eine Sauerstoffmaske will er sowieso nicht, denn das würde die Kommunikation mit dem Rest der Besatzung erschweren.

Als ersten Schritt versucht er, die Schubhebel zurückzunehmen und Klappen zu setzen, um den Vorwärtsdrang der Maschine zu bremsen. Das ist leichter gesagt als getan. Auf den Schubhebeln liegt der Rest der Cockpittür und darauf liegt Ogden und hält verzweifelt den Piloten fest. Atchinson kann nur eine Hand benutzen, die andere muss unbedingt das Steuer umklammern.

Dennoch gelingt es ihm unter Aufbietung aller zur Verfügung stehender Kräfte, die Tür leicht anzuheben und die Schubhebel zurückzunehmen. Die Klappenbedienung erreicht er jedoch nicht, darum wird das Flugzeug auch nicht langsamer. Aber immerhin bemerkt er, dass sich die Maschine gut steuern lässt. Er hat die Kontrolle weitgehend zurückerobert! Nun sendet er den ersten Notruf, der auch von London empfangen und beantwortet wird. Die Antwort jedoch ahnt er nur, Details gehen vollständig im infernalischen Lärm unter.

Lancasters Kopf schlägt vom Fahrtwind hin- und hergeschleudert immer wieder laut auf den Rumpf auf, seine Kleidung ist teilweise vom Leib gerissen worden, er ist durch die eisige Luft draußen völlig unterkühlt und hat allergrößte Mühe, zu atmen, weil der Luftdruck der ungeheuer schnellen Maschine dies nicht zulassen will. Er versucht immer wieder, seinen Kopf und damit den Mund zur Seite zu drehen, um wenigstens ein Quentchen Luft holen zu können. Dann endlich wird er bewusstlos.

Öffnen Sie einmal das Schiebedach Ihres Autos und halten Sie bei Autobahnrichtgeschwindigkeit die Hand hinaus in den Luftstrom. Sie verspüren einen mächtigen Druck. Und nun stellen Sie sich vor, daß die BAC 1-11 ungefähr sechsmal so schnell ist – dann erst können Sie ermessen, was für eine Tortur Lancaster durchstehen muss.

Atchinson freut sich derweil über die wiedergewonnene Kontrolle, kann aber immer noch kein Gespräch mit Londons Fluglotsen führen. Der Lärmpegel bleibt unvermindert hoch. Nahe Heathrow gibt er Flughöhe und

Kurs durch. Danach fängt er die Maschine in 3000 Metern ab, weil darunter gewöhnlich dichter Verkehr mit Kleinflugzeugen droht.

Inzwischen hält Steward Rogers den Piloten allein fest und Heward, der das Problem des Copiloten inzwischen erkannt hatte, kann die Reste der Cockpittür entfernen. Nun endlich vermag Atchinson die Störklappenbedienung zu erreichen, und die Maschine wird durch deren Einsatz zu guter Letzt langsamer.

Ogden ist mittlerweile völlig erschöpft, er kann nicht mehr. Seine Hand ist zwischen der scharfen Kante des Cockpitrahmens und Lancaster eingeklemmt, halb vereist, blutet, ist völlig gefühllos und knallt ständig draußen gegen den Rumpf. Er hat Schmerzen und friert erbärmlich.

Deshalb halten nun wieder Rogers und Heward den Kapitän, Ogden kann sich einen Moment zurückziehen. Rogers hat sich zuvor für einen besseren Halt im Pilotensitz festgeschnallt. Ein Versuch, Lancaster hereinzuholen, misslingt trotz der niedrigeren Geschwindigkeit. Sie schaffen es einfach nicht und haben auch Angst, den Piloten, der in abgewinkelter Form aus dem Fenster hängt, mit äußerster Gewalt hereinzuziehen. Das Rückgrat ist ohnedies überdehnt, da kann man gegebenenfalls mehr schädigen als retten.

Atchinson will selbstverständlich schnellstmöglich landen, am liebsten in London-Gatwick, weil er den Flughafen gut kennt. Immerhin muss er die Arbeit von zwei Piloten erbringen. Darüber hinaus muss er alle Einstellungen aus dem Gedächtnis vornehmen, die Prüflisten nämlich sind durch das Cockpitfenster weggeflogen.

Dabei kommt ihm seine fundierte Erfahrung zugute. London weiß derweil immer noch nicht, was genau mit Flug BA5390 los ist. Bei 315 km/h fährt Atchinson das Fahrwerk aus. Jetzt wird der Fahrtwind schwächer, im Cockpit wird es etwas ruhiger und er hat dadurch endlich guten Kontakt mit dem Lotsen in London, sodass die beiden sich schließlich auch gegenseitig verstehen können.

Der Mann in der Flugleitstelle bietet ihm lieber Southhampton statt Gatwick an. Dies scheint dem erfahrenen Fluglotsen günstiger,

Folgende Quellen wurden ausgewertet:

- AAIB Bericht EW/C1165
- Andrew Brookes: Katastrophen am Himmel
- Ulrich Klee: jp Airline Fleets International
- J. R. Roach: Jet Airliner Production List, Volume 2
- Stanley Stewart: Emergency
- Süddeutsche Zeitung vom 12. Juni 1990
- Andrew Weir: The Tombstone Imperative
- John Winslow: Mayday

weil dieser Flughafen am nächsten liegt und darüber hinaus auch weniger Verkehr aufweist. Atchinson stimmt zu. Inzwischen hat er die One-Eleven gut unter Kontrolle und wendet sich mit einer beruhigenden Durchsage an seine Fluggäste, indem er die Situation schildert und im Anschluss daran hinzufügt, dass er nunmehr alles im Griff habe und dass sie gleich problemlos landen würden.

Rogers hat Lancaster inzwischen aus der Steuersäule lösen können, sodass die Steuerung auch wieder geschmeidig funktioniert. Zwischenzeitlich von London und später von Southhampton durchgegebene Anweisungen versteht Atchinson zwar wieder nur bruchstückhaft, aber der exzellente Lotse hat die Situation dennoch voll unter Kontrolle und macht den Weg frei für die angeschlagene Maschine. Obwohl er Lancaster für tot hält, bittet er routinemäßig um Bereitstellung eines Krankenwagens. Merkwürdigerweise spürt Rogers in exakt demselben Moment, wie Lancaster mit den Beinen zappelt. Ist das denn die Möglichkeit? Dann lebt der Kapitän ja doch noch!

Um 8:55 Uhr, 23 Minuten nach Verlust der Cockpitscheibe, setzt das Flugzeug sanft auf, obwohl die Maschine noch mehr als eine Tonne über dem zulässigen maximalen Landegewicht wiegt, und rollt auf der Landebahn aus. Im Nu sind Feuerwehren um das Flugzeug herum, und vom Dach eines dieser Fahrzeuge aus wird Lancaster vorsichtig aus seiner Lage befreit. Da erwacht er aus der Bewusstlosigkeit und fragt noch halb benommen, wie hoch sie derzeit noch seien. „Am Boden" antwortet der Feuerwehrmann. Das scheint eine beruhigende Nachricht zu sein, denn er wird augenblicklich wieder ohnmächtig. Lancaster hat einen Arm, sein Handgelenk und einen Daumen gebrochen, ist völlig unterkühlt, hat sogar einige Erfrierungen. Aber der zähe Flugkapitän erholt sich nach wenigen Monaten von den Strapazen und fliegt bald darauf wieder seine geliebten Jets. Die Besatzung der Maschine wird derweil von allen Seiten mit Lob und Auszeichnungen überschüttet. Ein besseres Team hätte es in dieser Situation schlechthin nicht geben können, darüber sind sich alle einig. Die 81 Passagiere mussten erst einmal aussteigen, denn mit dieser Maschine ging es nun wirklich nicht mehr weiter. Vier Stunden später bestiegen 73 von ihnen ein Ersatzflugzeug und flogen endlich in die nun wirklich verdienten Ferien in das sonnige Malaga. Die acht restlichen aber wollten nicht mehr mit. Ihnen erschienen Ferien in England mittlerweile auch ganz nett.

Die Untersuchung des Vorfalls ergab, dass in der Nacht vor dem Flug die Cockpitscheibe gewechselt worden war, weil sie nach und nach undicht geworden war. Dabei passierte ein verhängnisvoller Fehler: Die Scheibe war nämlich deshalb undicht geworden, weil bei einer zurückliegenden Reparatur an einigen Stellen zu kurze Schrauben eingesetzt worden waren. Weil der mit der Reparatur betraute Monteur besonders sorgfältig arbeiten wollte, beschloss er, die meisten Schrauben gegen neue auszuwechseln. Dabei nahm er als Maßstab zufällig eine der kurzen Schrauben mit in das Schraubenlager. Und dann verwechselte er im Halbdunkel und möglicherweise ziemlich müde diese Schraube auch noch mit einer ähnlichen, die nicht nur genauso zu kurz war, sondern darüber hinaus noch ein etwas dünneres Gewinde aufwies.

So fanden 84 zu dünne und zu kurze Schrauben ihren Weg in den Befestigungsrahmen der Scheibe. Da die Scheibe von außen aufgeschraubt wird, hielten die dünnen Schrauben dem von innen aufgebauten Druck in gut 5000 Meter Höhe nicht mehr stand, und die Scheibe flog davon.

Die in diesem Kapitel erwähnte BAC One-Eleven wechselte mehrfach den Eigentümer, gehörte zuletzt der rumänischen Jaro International S.A., wurde im September 2001 stillgelegt und zu guter Ltzt in Baneasa verschrottet.

Zehn Zentimeter 12 entscheiden über Leben und Tod

Dies ist die Boeing 747 mit der Kennung N747PA, die ihren 218 Insassen ein ungeplantes Horrorerlebnis bescherte
Foto: Konstantin von Wedelstädt

Die riesige Boeing 747, die am frühen Nachmittag des 30. Juli 1971 auf dem Flughafen von San Francisco steht, ist das Flaggschiff der Pan American World Airways (PAA) und trägt daher den stolzen Namen „Clipper America". Es ist kein Zufall, dass der Maschine das Kennzeichen N747PA gegeben wurde, denn es handelt sich um den ersten Jumbojet 747, der in den kommerziellen Einsatz geht. Dennoch ist sie zu diesem Zeitpunkt noch jung, denn Jumbos gibt es erst seit 1969, also seit zwei Jahren.

Flug PA845 ist bereit zum Langstreckenflug nach Tokio. Die fünfköpfige Cockpitcrew besteht aus Flugkapitän Calvin Dyer, einem außerordentlich erfahrenen, 57-jährigen Flugveteran,

seinem Copiloten Paul Oakes, dem 2. Offizier Wayne Sager und den beiden Flugingenieuren Winfried Horne sowie Roderic Procter. 14 Flugbegleiter sind für die Versorgung der 199 Passagiere in der Kabine eingesetzt. Man hat die Vorbereitungen für den gut zehnstündigen Flug just beendet. In der Maschine befinden sich somit 218 Menschen, und sie hat 134 Tonnen Kerosin an Bord genommen. Alles in allem wird

Schwere Kollision mit Lichtanlagen beim Start

PAA Flug PA845, 30. Juli 1971
San Francisco, Kalifornien, USA

sie mit 322 Tonnen Gesamtgewicht letztendlich nur eine Tonne unter der zulässigen Höchstgrenze für die vorgesehene Startbahn 28L wiegen, die mit 3230 Metern die längste in San Francisco ist. Um diesen unabänderlichen Wert keinesfalls zu überschreiten, ist der Treibstoff für die lange Strecke knapp bemessen. Für die Startbahn 28L errechnet man folgende Geschwindigkeiten bei einer Stellung der Startklappen von zehn Grad:

- V_1 (das ist die Geschwindigkeit, bei der der Start spätestens abgebrochen werden kann, ohne über das Bahnende hinauszugeraten) = 289 km/h
- V_R (das ist die Geschwindigkeit, bei der das Flugzeug frühestens abheben kann) = 304 km/h
- V_2 (das ist die Mindestgeschwindigkeit, die die Maschine für einen Steigflug benötigt) = 317 km/h

Notfalls wird man mit einer Klappenstellung von 20 Grad allerdings noch etwas mehr Auftrieb bewirken können. Diese ermittelten Geschwindigkeiten markiert Dyer mit roten Fähnchen auf dem Geschwindigkeitsmesser.

Die Maschine wird vom Flugsteig zurückgeschoben, und Copilot Oakes hört sich noch einmal die Wetterbedingungen an. Dabei erfährt er eine unangenehme Neuigkeit: Die Startbahn 28L ist geschlossen, stattdessen müsse von Bahn 01R gestartet werden. Noch eine schlechte Nachricht wird hinzugefügt: Die ersten circa 300 Meter dieser Bahn 01R sind derzeit nicht verfügbar. Diese Information ist zwar schon früher verteilt worden, der Cockpitcrew durch unglückliche Umstände aber nicht zugegangen. Wegen der ungünstigen Windrichtung auf der ohnehin verkürzten 01R bittet Oakes um Freigabe auf der eigentlich nur für Landungen vorgesehenen 28R, die er auch erhält. Auf dem Weg zur 28R teilt er dies dem PAA Dispatcher (Flugdienstberater) mit. Dieser schlägt jedoch wieder die 01R vor, deren Länge trotz der Verkürzung noch 2900 Meter betrage, was er für ausreichend hält. Nach dem Startbahnende gäbe es als Sicherheitszuschlag zudem noch eine sogenannte Freifläche.

Bei der nachträglichen Untersuchung des Unfalls wird sich herausstellen, dass die Frei-

Technische Daten Boeing 747-100	
Kennzeichen	N747PA
Flugnummer	PA845
Typ	Boeing 747-100 (747-121)
Seriennummer	19639
Fabrikationsnummer	2
Erstflug	11. April 1969
Außenmaße	Länge 70,51 m
	Spannweite 59,64 m
	Höhe 19,33 m
Triebwerke	4 x Pratt & Whitney JT9D-3A
Leistung	4 x 19.731 kp
Max. Startgewicht	323.000 kg
Tankvolumen	178.700 l
Anzahl Passagiere	355 bis 490
	(je nach Bestuhlung)
Dienstgipfelhöhe	13.715 m
Max. Reichweite	12.870 km
Max. Geschwindigkeit	965 km/h
Verbrauch	13.500 l/h
Anzahl gebaut	>1415
	(davon 206 Serie 747-100)
Unfallreport	NTSB PB71-211457
NTSB Identification	DCA72AZ002

fläche nicht so frei ist wie vermutet. Vielmehr stehen dort im Wasser der San Francisco Bay die Anflugbeleuchtungen auf äußerst massiven Stahlmasten, die bis zu dreieinhalb Meter über die Bahnoberfläche ragen. Hierüber hat die Cockpitcrew ebenso wenig eine Information wie der Dispatcher. Der ist davon überzeugt, dass die 747 von der 01R ohne Beschränkungen starten könne. Dazu müsse allerdings die vorgeschriebene Motorleistung aus der Tabelle im Handbuch für die Triebwerke des Typs 3A benutzt werden. Dort könne die Crew dann auch die korrekten Daten für die verschiedenen Geschwindigkeiten ablesen. Dieses Handbuch befindet sich aber nicht an Bord, obwohl die Maschine diese 3A-Triebwerke montiert hat. Kaum zu glauben: Die N747PA verfügt lediglich über ein veraltetes Handbuch für Triebwerke des Typs 3. Also muss die Crew sich auf die durchgegebenen Daten des Dispatchers verlassen:

- V_1 = 276 km/h
- V_R = 291 km/h
- V_2 = 300 km/h
- Startklappen 20 Grad
- Maximaler Schub und zusätzlich Wassereinspritzung

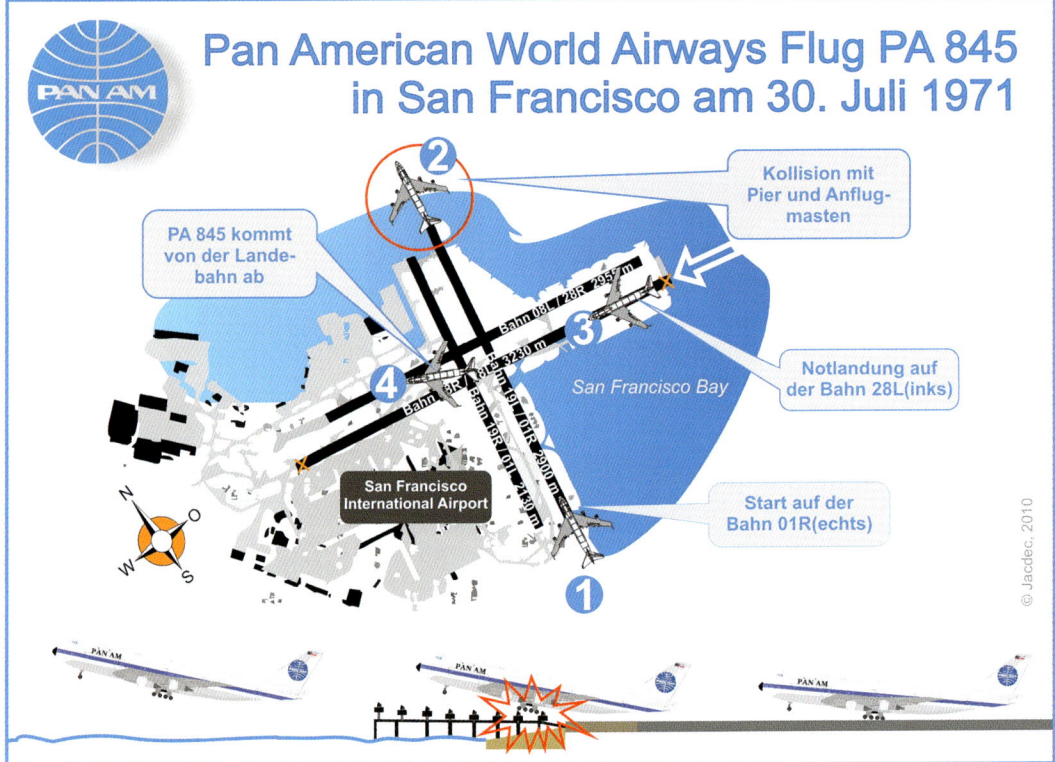

An die verhängnisvollen Stahlmasten der Anflugbefeuerung hatten weder Piloten noch Dispatcher gedacht

Eine Wassereinspritzung in die Turbinen wird
bei schwierigen Startverhältnissen benutzt, um
den Triebwerken kurzzeitig eine höhere Leistung abfordern zu können. Diese hält der Dispatcher wegen der verkürzten Bahn für zwin-
gend erforderlich.

Während des Hin und Her ist eine Viertelstunde vergangen. Inzwischen hat sich der Wind
gedreht und ist von 30 auf 40 km/h gestiegen.
Dies ergibt für die gewählte Startbahn einen rech-
nerischen Wert von ungefähr sechs km/h
Rückenwind. Ein zusätzlicher Nachteil in Form
einer längeren Startstrecke ist damit gegeben. Die
Männer im Cockpit erfahren davon jedoch nichts.
Das ist aber noch nicht das letzte Versäumnis. In
den Unterlagen des Dispatchers hatte sich ein
Fehler eingeschlichen: Die Verkürzung der Bahn
auf 2900 Meter war falsch angegeben. Tatsächlich
ist die Gesamtlänge 2900 Meter, von der die ge-
sperrten circa 300 Meter noch hätten abgezogen

werden müssen. Es stehen also nur knapp 2600
Meter zur Verfügung. Diesen Umstand konnten
Crew und Dispatcher zwar nicht wissen, aber die
bedauernswerten Insassen des Jumbos werden
die Fehlberechnung in Kürze nachdrücklich zu
spüren bekommen.

Während des Rollvorgangs zur Startposition
wird der Pre-Takeoff-Check beendet. Unter anderem müssen nun die roten Markierungen auf
dem Geschwindigkeitsmesser gemäß den geän-
derten Geschwindigkeiten versetzt werden,
was bei der allgemeinen Überbelastung vergessen wird. Harmlos? Alles andere: Denn dies bedeutet, dass der Startlauf etwa 400 Meter länger
werden wird als erforderlich. Dies ist der letzte,
verhängnisvolle Fehler in einer Kette von Fehl-
leistungen sowie unglücklichen Umständen.
Alle bleiben im Verborgenen, und niemand
ahnt somit etwas von dem Verhängnis, das sich
über PA845 zusammenbraut.

Der Cockpitcrew werden die Probleme aber
spätestens dann deutlich, als sich die Maschine
während des Startvorgangs nur noch wenige

Hundert Meter vor dem Bahnende befindet, die Abhebegeschwindigkeit V_R jedoch noch nicht erreicht ist. Gebannt starren beide auf das rasend schnell näher kommende Ende der Startbahn, denken: „Das schaffen wir nicht" und fragen sich, warum zum Teufel sie diese Erkenntnis so völlig unvorbereitet trifft.

In der letzten Sekunde, direkt am Ende der Startbahn, sind endlich 300 km/h erreicht und die Crew zwingt die Maschine förmlich nach oben. Zwar spüren die Männer anfangs noch kein Steigen, aber die schwere Maschine sackt wenigstens nicht durch. Man glaubt, die Seufzer der Erleichterung hören zu können. Zu früh gefreut! Denn in diesem Moment krachen Bug- und Rumpffahrwerk der 747 gegen die massive Anflugbefeuerung. Die Erleichterung der Crew schlägt jäh in Stress um. Durch den heftigen Stoß schlägt das Bugfahrwerk zurück und nach oben in das Frachtabteil, beschädigt einen Tragflächenholm und drückt den Kabinenboden derart vehement in die Höhe, dass sechs Passagiersitze aus der Verankerung gerissen werden.

Das linke Rumpffahrwerk hat drei hintereinanderstehende Lichtmasten mitgenommen und ist dabei so heftig aufgeprallt, dass zwei Reifen verloren gingen und die Reste der Konstruktion jetzt nur noch buchstäblich an einem Faden hängend unter der 747 im Fahrtwind hin- und herschaukeln. Das ist aber noch nicht alles: Auch das erste Hydrauliksystem ist dadurch beschädigt worden. Als wäre das nicht genug, rammt nun das noch etwas tiefer hängende Heck die Beleuchtungsbrücke. Die fünf Zentimeter dicken Stahlträger durchstoßen die Außenhülle des Jumbos, weitere Stahlrohre der Konstruktion zerstören einen Teil des hinteren Rumpfes der 747. Überall dringen Metallstreben, Geländerreste, Stahlpfosten in die Maschine ein, durchstoßen den Gepäckraum und fliegen wie Geschosse durch die Kabine.

Den Weg eines Teiles hat man später so rekonstruiert: durch die untere Außenhaut, den Frachtraum, durch mehrere Gepäckstücke, den Boden darüber, kommt unter einem Sitz heraus, durch die Trennwand, durch alle drei WCs hinten rechts, durch das Druckschott, bevor es am Seitenruder die 747 wieder verlässt. Ein Wunder, dass dabei nur wenige Verletzungen

unter den Passagieren verursacht werden. Die Menschen hatten Glück, weil im besonders betroffenen Heckteil zufällig viele Sitze unbelegt waren.

Ungezählte weitere Teile durchstoßen das gesamte Flugzeug oder hängen überall aus dem Rumpf der Maschine und erhöhen den Luftwiderstand. Die 747 verliert schlagartig an Vortrieb. Die Messgeräte zeigen an, dass die bereits erreichte Geschwindigkeit von 317 auf 296 km/h, also unter den kritischen Wert zum Steigen, gesunken ist.

Das Flugzeug ist schwer beschädigt. Rechte und linke Höhenflosse, innere Landeklappen, rechtes Höhenruder, zwei der drei Bremssysteme, drei der vier Hydrauliksysteme sind außer Funktion, um nur die schwerwiegendsten Schäden aufzuzählen.

Aber es gibt auch eine sehr gute Nachricht, eine, die den Insassen heute das Leben bewahren wird: Ein Stahlteil hat die vierte und letzte intakte Hydraulikleitung um nur zehn Zentimeter verfehlt. Das bedeutet großes Glück, denn ohne Hydraulik wäre diese schwer angeschlagene 747 nicht mehr zu manövrieren gewesen, ihr Schicksal und das ihrer Insassen wäre besiegelt. So fliegt das Flugzeug noch, lässt sich allerdings nur schwer und mit verzögerter Reaktion steuern. Aber es fliegt! Wenige Meter hinter der sechsten Befeuerungsplattform fallen einige mitgerissene Teile von der Maschine ab, und sie beginnt nun sogar zu steigen. Oakes schaltet die defekten Hydrauliksysteme ab, und Dyer bringt die Maschine langsam auf 300 Meter Höhe, als der Steward kommt und ihnen die Verwüstungen in der Passagierkabine schildert und von Verletzten berichtet.

Nach und nach erreicht die Maschine eine Höhe von etwa 850 Metern, die Geschwindigkeit erhöht sich auf gut 500 km/h, und man überlegt fieberhaft, was am besten zu tun sei. Natürlich will man einerseits schnellstmöglich nach San Francisco umkehren. Schon der Verletzten wegen ist das dringend erforderlich, denn die sind inzwischen nur notdürftig von mitreisenden Ärzten versorgt worden. Aber die waidwunde Maschine verlangt andererseits eine äußerst behutsame Hand. Der riesige Jumbo wiegt derzeit noch etwa 320 Tonnen, muss

Ans Meer gebaut: SFO – der Flughafen
von San Francisco. Gut erkennbar sind die beiden
unterschiedlich langen Startbahnen
Foto: Calbookaddict, lizenziert unter CC Namensnennung 3.0 unported

also um einiges leichter werden, um das höchst-
zulässige Landegewicht von 265 Tonnen nicht
zu überschreiten. Dieses Landegewicht ist allerdings für normale Landungen mit komplettem
Fahrwerk errechnet worden. Bedenkt man aber,
daß von den 16 Reifen des Hauptfahrwerks die
Hälfte abgerissen ist, gerät man ins Schwitzen.
Der Flugkapitän lässt die Maschine vorsichtig
zum Pazifik hin abdrehen, um über See 80 Tonnen Kerosin abzulassen. Inzwischen hat der
Flugingenieur sich den Schaden in der Kabine
angesehen und ist überzeugt, dass das Fahrwerk vollständig zerstört sein müsse. Ein Flugzeug der Küstenwache wird angefordert, und
deren Crew berichtet nach Unterfliegen der 747,
dass zwar die Ruder nicht mehr ganz scheinen
und die beiden Rumpffahrwerke zerstört seien,
aber die beiden Hauptfahrwerke unter den
Tragflächen intakt aussähen.

Die Cockpitcrew beginnt den Treibstoff abzulassen, und weil das etwa 30 Minuten in Anspruch nehmen wird, wendet sich Dyer erst einmal an seine Passagiere. Er beruhigt sie und
schätzt die verbleibende Zeit bis zur Notlandung auf eine Stunde. Glücklicherweise bleiben

die Passagiere ruhig. Umgehend beginnt das
Kabinenpersonal mit den Notfall-Anweisun-
gen. Man übt insbesondere das schnelle Öffnen
der Notausgänge und das ebenso schnelle Verlassen der Maschine, weil damit gerechnet werden muss, dass die 747 wegen des defekten
Fahrwerks nicht sicher landen wird und der
Ausbruch eines Brandes nicht unwahrscheinlich ist. Bei Feuer ist stets höchste Eile geboten.

Eineinhalb endlos erscheinende Stunden
nach dem verhängnisvollen Start nähert sich
die 747 mit ihren verängstigten Fluggästen wieder San Francisco, von denen die meisten inzwischen definitiv beschlossen haben, beim
nächsten Mal mit dem Schiff, dem Bus oder
dem Zug nach Tokio zu reisen. Die längste
Landebahn, die geschlossene 28L, wird wieder
geöffnet, da Dyer jeden Meter zur Verfügung

haben möchte. So langsam wie möglich schwebt die Maschine ein, doch der perfekt geplante Abfangversuch misslingt aufgrund der Beschädigung am Höhenruder. Die Maschine prallt 600 Meter hinter dem Anfang der Landebahn hart auf. Die verbliebenen beiden Hauptfahrwerke unter den Tragflächen jedoch halten!

Nun gibt Dyer Umkehrschub auf die Triebwerke. Entsetzt stellt er fest, dass lediglich Triebwerk vier reagiert! Asymmetrischer Schub ist das Letzte, was er in dieser Situation gebrauchen kann! Sofort nimmt er den Hebel wieder zurück und steigt in die Bremsen. Die sprechen voll an, und aufgrund der hohen Beanspruchung werden die noch vorhandenen acht Reifen des Hauptfahrwerks im Folgenden nacheinander bis auf die Felgen herunter zerfetzt. Das führt dazu, dass die Maschine nach 1200 Metern rechts von der Bahn abkommt und unaufhaltsam durch das Gras pflügt. 1600 Meter nach Beginn der Landebahn endlich kommt die Maschine tief eingesunken zur Ruhe. Ein kleines Feuer, das sich am Fahrwerk gebildet hat, wird durch das Einsinken in den Erdboden wie von Geisterhand gelöscht.

Alles überstanden? Nein, denn nun kommt ein weiteres chaotisches Kapitel dieses furchtbaren Fluges: die Evakuierung. Die vorderen beiden Notrutschen werden direkt nach dem automatischen Aufblasen durch den heftigen Wind angehoben und nach hinten gebogen – unbrauchbar. Von den beiden links über der Tragfläche ist eine durch den Startunfall defekt, die andere ist komplett verschwunden. So kann erst eine Dreiviertelminute später der erste Passagier die Boeing 747 rechts vorn über eine Notrutsche verlassen. Auch die Notrutsche daneben ist über den Rumpf geweht worden. Doch ein kräftiger Passagier hangelt sich an ihr hinab und drückt sie mit seinem Gewicht nach unten. Die ersten Passagiere, die hier entkommen, rennen nach vorn und drücken auch dort die flatternde Notrutsche nach unten, sodass diese nun ebenfalls benutzt werden kann. Die dritte Notrutsche rechts kann benutzt werden, die nächste, Nummer vier, hat den Aufprall beim Start ebenfalls nicht überstanden. Nun öffnen sich endlich auch im Heck die Türen, und die hinteren Notrutschen entfalten sich. Viele Passagiere laufen dorthin, und etwas noch nie Dagewesenes passiert: Die Maschine kippt wegen der fehlenden, etwas weiter hinten angebrachten Rumpffahrwerke und durch die Gewichtsverlagerung ganz langsam auf das Heck, so langsam, dass die Passagiere dies erst bemerken, als es ganz sachte „Rumms" macht. Nun hängen die vorderen Notrutschen aber so hoch in der Luft, dass sie nicht mehr benutzt werden können. Auch ist hinten eine Rutsche unter den Rumpf geweht und folglich dort eingeklemmt worden, also fällt diese ebenfalls aus. Dafür liegt die andere hinten flach und ermöglicht einen sehr schnellen Ausstieg. 27 der 218 Insassen verletzen sich bei dieser Evakuierung leicht. Aber da kein Feuer ausgebrochen ist, ist das Schlimmste verhindert worden. So haben sie alle das Glück, das 162 anderen Flugzeuginsassen an demselben Tag nicht beschieden war. Sie müssen sterben, weil ihre Boeing 727 versehentlich von einem Jagdflugzeug gerammt wird.

Die Piloten der N747PA haben eine Meisterleistung vollbracht, die allerdings gar nicht erforderlich gewesen wäre, wenn sie nicht substanzielle Fehler begangen hätten. So wurde ihnen im abschließenden NTSB-Bericht auch zusammen mit dem Dispatcher die Schuld an dem Unglück zugewiesen.

Die inzwischen zum Frachtflugzeug umgebaute 747 flog noch fast drei Jahrzehnte, zuletzt für die Linea Aeropostal Venezolana – LAV, die die Maschine von Pan Am geleast hatte. Sie wurde schließlich am 10. Dezember 1998 verschrottet, inzwischen mit dem Namen eines Pan-Am-Direktors, „Juan T. Trippe", versehen.

Folgende Quellen wurden ausgewertet:

- Paul Eddy u. a.: Destination Desaster
- Nicholas Faith: Black Box
- Ayram Goldstein. Flying out of Danger
- William Heller: Airline Safety
- Ulrich Klee: jp Airline Fleets International
- Fred McClement: Jet Roulette
- NTSB Unfallreport AAR 72-17 (24. Mai 1972)
- John M. Ramsden: The Safe Airline
- J. R. Roach: Jet Airliner Production List, Volume 1
- Stanley Stewart: Emergency
- Rodney Stich: Unfriendly Skies

Schönheit allein 13
ist nicht alles

Deutlich ist das riesige Loch zu erkennen, das auf beiden Seiten der Vickers Viking gerissen wurde
Foto: Capt. D. Arundel

Eines der schönsten Flugzeuge, da sind sich Laien wie Fachleute einig, war die Lockheed Super Constellation … aber ein zuverlässiges Flugzeug war sie nicht. Sie hatte zwar vier Triebwerke, wurde aber gern spöttisch „Die schöne Dreimotorige" genannt, weil auf Langstreckenflügen oft einer der vier Motoren ausfiel. Von einem dieser schrecklichen Flüge werde ich in einem späteren Buch berichten. Die Vickers Armstrong Ltd. in Großbritannien, bei älteren Fluggästen noch durch ihre bahnbrechende Viscount und die große, elegante Vanguard bekannt, feierte nur wenige Tage nach Kriegsende hingegen den erfolgreichen Erstflug einer der hässlichsten Kreationen überhaupt,

der Vickers Viking. Was die Leidensfähigkeit dieser Konstruktion anbetrifft, wies die Maschine jedoch erstaunliche Fähigkeiten auf, eine typische Kriegsentwicklung eben, auf der Basis des erfolgreichen Vickers-Wellington-Bombers.

Diese Robustheit war es dann auch, die entscheidend dazu beitrug, den 32 Menschen an Bord eines Fluges von London nach Paris das Leben zu erhalten. Schönheit hätte in diesem Fall rein gar nichts bewirkt. Die Maschine der

British European Airways Corporation (BEA) mit dem Namen „Lord Hawke" hatte diese Strecke schon ungezählte Male beflogen, und nach dem Start um 19:45 Uhr sieht für Flugkapitän Ian R. Harvey, seinen Copiloten Frank Miller, den Funker Mike Holmes und die Stewardess Sue Cramsie auch an diesem 13. April 1950 alles nach gewohnter Routine aus.

Das Wetter allerdings ist schlecht, ein Gewitter tobt über dem Kanal. Das Unwetter kann nicht überflogen werden, weil die Maschine nicht über ein System zum Druckausgleich verfügt. Dem ehemaligen Bomberpilot Harvey gefällt dies ganz und gar nicht, denn er ist schon zweimal beim Fliegen vom Blitz getroffen worden, und das war in beiden Fällen eben diese Maschine, die G-AIVL, mit der er heute fliegen soll. Zwar sind Blitze normalerweise nicht gefährlich für Flugzeuge, aber manchmal hinterlassen sie dennoch kaum feststellbare Schäden. Ein drittes Mal will er das Schicksal nicht herausfordern und beschließt, das Gewitter zu umfliegen, wenn es denn möglich sein wird. Einen unruhigen Flug erwartet er dennoch. Aber das, was ihn in wenigen Augenblicken überraschen wird, ist doch weit mehr als nur Unruhe … das ist lebensbedrohlich.

Als man über dem Kanal erwartungsgemäß auf die Schlechtwetterfront trifft und auch gerade Kaffee serviert wird, der die unangenehme Eigenschaft hat, dunkle Flecken auf der Kleidung der Passagiere zu hinterlassen, wenn es in Gewitterturbulenzen auf- und abwärts geht, steuert er um die Front herum.

Stewardess Cramsie setzt sich nach dem Service zum Ausruhen kurz in den Klappsitz im Heck der Maschine und nimmt dort Sekunden später plötzlich Brandgeruch wahr. Das ist ihr als erfahrener Flugbegleiterin zwar schon des Öfteren passiert, aber dieser hat keine Ähnlichkeit mit denen, die sie kennt: kein Kaffee, kein Tabak, kein Öl riecht so, wenn es brennt, auch eine überhitzte Heizung oder brennendes Petroleum riechen anders. Dies hier ist schärfer, irgendwie ähnlich dem Geruch von Säure … fremd jedenfalls.

Sie geht nach vorn durch die Reihen, schaut sich alles genau an, kann aber nichts feststellen, was auch nur annähernd nach Gefahr aussieht. Zudem wird der Geruch zum Bug hin schwächer. Also geht sie wieder in Richtung Heck. Man stört die Crew nicht mit jeder Kleinigkeit. Wie oft hat sie schon gehört: „Mädel, das ist doch ganz normal, geh wieder arbeiten." Gerade nähert sie sich dem im Heck befindlichen WC, als ein greller Blitz und ein gewaltiges Krachen die Maschine erschüttern. Sie kann zwar noch ihr Gesicht mit dem instinktiv hochgerissenen Arm schützen, aber durch die ungeheure Gewalt der Explosion losgerissene und im Flugzeug herumfliegende Teile verletzen sie. Sue Cramsie stürzt auf den Kabinenboden und wird augenblicklich ohnmächtig.

Sofort sind mehrere beherzte Passagiere zur Stelle, kümmern sich um sie und versuchen das Blut zu stillen. Andere, das sind die in jedem Flugzeug mitreisenden stabileren, kümmern sich um die nervösen Insassen und beruhigen diese, bevor sie hysterisch werden können. Es entsteht keine Panik.

Technische Daten Vickers 491 Viking 1	
Kennzeichen	G-AIVL
Flugnummer	unbekannt
Typ	Vickers 491 Viking 1 (610)
Seriennummer	225
Erstflug	21. Juni 1947
Außenmaße	Länge 19,86 m
	Spannweite 27,22 m
	Höhe 5,94 m
Triebwerke	2 x Bristol „Hercules" 634
Leistung	2 x 1260 kW
Max. Startgewicht	15.422 kg
Tankvolumen	3069 l
Anzahl Passagiere	24 bis 36 (je nach Bestuhlung)
Dienstgipfelhöhe	6000 m
Max. Reichweite	2200 km
Max. Geschwindigkeit	432 km/h
Verbrauch	400 l/h
Anzahl gebaut	ca. 570
Unfallbericht	C557 (Report of the Court of Inquiry)

Ein Riesenloch im Rumpf über dem Kanal

BEA, Flugnummer unbekannt, 13. April 1950
Southampton, Großbritannien

Dunkle Nacht liegt inzwischen über dem Kanal, und die Cockpitcrew vermutet, dass ein Blitz in die Maschine eingeschlagen hat. Heftig allerdings muss der Treffer gewesen sein, sehr heftig, denn die Steuersäule des Flugkapitäns wird mit gewaltiger Macht nach hinten gedrückt, sodass er all seine verfügbare Kraft benötigt, um die Nase der Viking unten zu behalten. Das helle Kabinenlicht blendet ihn, und er ruft seinen Männern zu, unbedingt sofort die Cockpittür wieder zu schließen. „Geht nicht, Ian", lautet die trockene Antwort von Mike, „die ist aus den Angeln gebrochen und mir gerade an den Kopf geflogen." Irgendetwas Schlimmes muss da hinten passiert sein. Harvey schickt Miller los, er solle mal nachschauen und ihm möglichst rasch Bericht erstatten.

Die Viking will immer noch die Nase heben, aber Harvey hat inzwischen eine Methode entdeckt, diese Tendenz mit weniger Kraftaufwand zu verhindern, indem er sein Knie zwischen Sitz und Steuersäule klemmt. So kann er schnell einmal die Ruder testen. Das Seitenruder ist verklemmt. Also tritt er ein paar Mal heftig in die Pedale und bekommt das Pedal auch urplötzlich frei. Damit ist jedoch offensichtlich die Verbindung unterbrochen, denn jetzt ist gar keine Reaktion mehr zu spüren. Das scheint schlimm zu sein.

Was Harvey derzeit noch nicht ahnt: Er hat dabei unglaubliches Glück, weil bei diesem harten Tritt die Seitenrudersteuerstange gebrochen ist. Wäre das nicht passiert, wäre das komplette Ruder vermutlich abgerissen, denn es hängt sozusagen nur noch an einem Faden. Die Trimmräder für Seiten- und Höhenruder drehen leer – keine Funktion mehr, alle Seile sind durchtrennt. Das Höhenruder ist durch einen Bruch im Kabinenboden blockiert, es lässt sich nur noch marginal bewegen. Aber es gibt auch gute Nachrichten: Sie fliegen noch, und die Klappen sowie beide Motoren funktionieren einwandfrei.

Fasst man das Wesentliche dieser Situation zusammen, wie dies später im abschließenden Untersuchungsbericht erfolgen wird, muss man feststellen, dass der Pilot nur noch minimal das Höhenruder beeinflussen kann, das Seitenruder überhaupt nicht mehr. Steuern ist damit zur Herkulesarbeit geworden, und Harvey schwitzt vor Anstrengung. Noch jedoch gelingt es ihm,

Schön ist sie wirklich nicht, die Vickers Viking. Aber bei dem hier geschilderten Vorfall über dem Kanal anno 1950 hat es dafür den ersten Preis für Durchhaltevermögen gegeben
Foto: Vickers

den Kurs zu halten, was einem Anfänger in derselben Situation kaum möglich gewesen wäre. Das Fahrwerk wird probeweise aus- und wieder eingefahren, ein Seufzer der Erleichterung: Auch das funktioniert noch einwandfrei. Da sie noch nicht in der Mitte des Kanals angelangt sind, beschließt Harvey zu wenden und den vertrauten Flughafen Northolt als Notlandeplatz anzusteuern.

Mithilfe der Querruder fliegt er eine langgezogene, sanfte Kurve, und Northolt wird gleichzeitig über den Notfall informiert. Natürlich wird zudem die Bereitschaft der Feuerwehr erbeten und ein Krankenwagen für die verletzte Stewardess angefordert. Miller kommt zurück und berichtet von einem 2,5 Quadratmeter großen Loch seitlich im Heck. Das Bord-WC ist spurlos verschwunden. Als Harvey das hört, nimmt er schnell die Geschwindigkeit zurück, denn der durch den Fahrtwind erzeugte Luftdruck soll nicht stärker werden als unbedingt notwendig, um die Schäden nicht zu vergrößern. Dann übergibt er die Steuerung an Miller, um sich selbst kurz ein Bild der Lage verschaffen zu können. Er war lange genug Bomberpilot, aber was er dort hinten erblickt, lässt ihn einigermaßen schaudern. Das ist schlimmer als die Flaktreffer, die er bei mehreren Flügen erhalten hat. Ein Wunder, dass sich die Kiste noch in der Luft hält.

Zwei Träger, die nun völlig offen liegen, halten die Maschine noch zusammen. Einer ist einst zusätzlich in den Boden eingezogen worden, damit dieser auch schwerere Fracht besser verkraften kann. „Mein Gott", denkt Harvey, „was gibt es nur für Zufälle! Ohne diese Verstärkung lägen wir nun schon alle tot im Kanal." Auf dem Weg zurück kommt er an Sue Cramsie vorbei und bemerkt, dass sie gerade das Bewusstsein wieder erlangt. Sie hat entsetzliche Schmerzen und bittet um Morphium. Das ist im Erste-Hilfe-Kasten, aber der hängt so unglücklich hinter dem Loch, dass sich Harvey nicht nach hinten traut. Tapfer schluckt Sue und nickt dem Flugkapitän zu, als der fragt, ob es auch ohne Schmerzmittel gehen wird. Ängstlich fragt sie ihn, wie es um das Flugzeug stehe. „Kein Problem", antwortet Harvey, „wir sind schon auf dem Rückweg und werden die Maschine in

Folgende Quellen wurden ausgewertet:
- Ralph Barker: Great Mysteries of the Air
- David Gero: Flüge des Schreckens
- John Godson: Papa India: The Trident Tragedy
- Ronan Hubert: Les Catastrophes Aeriennes de 1920 a 1996
- André Launey: Historic Air Disasters
- NN: Flugzeugkatastrophen
- Michael Prince: Crash Course
- J. R. Roach: Piston Engine Airliner Production List
- Robert J. Serling: The Probable Cause
- Bimal K. Srivastava: Avisation Terrorism
- Oliver Stewart: Danger in the Air
- Laurie Taylor: Air Travel – How Safe is it?
- Unfallbericht C557

Kürze heil herunterbringen." Im Cockpit angelangt, übernimmt Harvey wieder die Steuersäule und beginnt einen langen Sinkflug mit sehr flachem Anflugwinkel. Sie sind noch 750 Meter hoch, also darf er nur langsam sinken, denn das Ziel ist noch nicht in Sicht.

Holmes, dem die schwere Cockpittür glücklicherweise nur eine zwar spektakuläre, aber nicht gefährliche Beule verpasst hat, erklärt den Passagieren inzwischen die Notposition und hilft, wo er kann oder muss. Das verläuft komplikationslos, denn die Fluggäste sind immer noch ruhig, zumindest äußerlich. Jetzt kommt endlich Northolt in Sicht. Harvey fährt das Fahrwerk aus, nimmt die Motorleistung weiter zurück, um schneller zu sinken, und korrigiert die Richtung mit den Querrudern. Das ist nicht einfach, aber er hat häufig Gelegenheit gehabt, diese Art Anflug zu üben. Jedesmal nach Flaktreffern hatte er seine Situation verflucht. Nun ist er restlos zufrieden über die große Erfahrung, die er für die jetzige Situation in Kriegszeiten gesammelt hatte.

Aber plötzlich – das Flugzeug ist gerade noch knapp zehn Meter über dem Boden – senkt sich unaufhaltsam die Nase, als wolle die Maschine Kopfstand versuchen. Harveys Kräfte sind nahezu verbraucht, und er ruft Miller zu, ihm mit der Steuersäule zu helfen. Das funktioniert, und gemeinsam schaffen sie es, die Nase wieder anzuheben.

Nun allerdings war zu viel Kraft im Spiel, denn die Maschine geht in einen übernormalen Steigflug über. Harvey gibt wieder volle Motor-

Auch diese Vickers Viking VK500 war – genau wie die „durchlöcherte" Maschine – einst für die British European Airways Corporation (BEA) unterwegs. Später stand sie im Einsatz der Arab Legion Air Force. Fotografiert wurde sie auf dem Blackbushe Airport, westlich von London
Foto: RuthAS, lizenziert unter CC Attribution 3.0 unported

leistung, damit das Flugzeug nicht abkippt, aber die Viking wird dennoch langsamer. Jetzt, so kurz vor dem Ziel, droht unmittelbar ein Strömungsverlust, und das würde das Aus, den Absturz bedeuten. Die Maschine in dieser niedrigen Flughöhe abzufangen, nein, das wäre nicht mehr möglich. Aber der Schutzengel verlässt die 32 Menschen in der angeschlagenen Viking nicht: Die beiden Männer schaffen es mit vereinter Kraft im letzten Moment, die Nase wieder nach unten zu drücken und die Kontrolle zurückzugewinnen.

Es ist unter den herrschenden Bedingungen einfach nicht möglich, fein zu dosieren. Steil nach oben oder steil nach unten will die Maschine. Es muss doch noch einen Mittelweg geben! Also will Harvey einen zweiten Anflug versuchen. Das hätte er niemals getan, hätte er den Zustand der Viking gekannt. Aber den kennt er nicht genau. Gut so, denn es funktioniert! Mit der Erfahrung aus dem misslungenen ersten Anflug und der Hilfe seines Copiloten geht er diesen zweiten Versuch noch vorsichtiger an und landet das lädierte Flugzeug mit einer perfekten Dreipunktlandung sicher auf dem Flughafen von Northolt.

Sofort wird die Stewardess versorgt. Im Krankenhaus stellt man fest, dass der Arm zwar schwer verletzt ist, sie aber keine bleibenden Schäden davontragen wird. So ist sie einige Wochen später auch bereits wieder im Dienst, ebenso wie die brave Viking, die erst elf Jahre

nach dem Vorfall „plangemäß" verschrottet wird. Als sich die Männer den Schaden von außen betrachten, schweigen sie erst einmal voller Hochachtung. Kann ein Flugzeug tapfer sein? Naja, das ist wohl sehr menschlich gesehen. Aber diese Assoziation drängt sich auf, denn kaum eine andere Konstruktion wäre mit diesen schweren Schäden noch zu den geflogenen Manövern fähig gewesen. Die Crew bemerkt nun auch, dass es wohl kaum ein Blitz gewesen sein kann, der die Maschine traf, denn die Ränder des großen Lochs im Rumpf sind alle nach außen gebogen, was auf einen plötzlichen Druck von innen her hinweist. Da die Viking nicht über einen Druckluftausgleich für die Kabine verfügt, wird es eine Explosion gewesen sein müssen.

Die Untersuchung durch die zuständigen Behörden verläuft jedoch im Sande, keine sichere Ursache für den Vorfall wird entdeckt. Zwar findet man ein weit heruntergebranntes Streichholz im Heck und Aluminiumsplitter des Auffangkorbes für gebrauchte Handtücher überall in der Wand des Flugzeugs, deutliche Hinweise auf eine Explosion in dem Korb. Bombenreste aber sind nicht auffindbar. Alle Passagiere werden genauestens überprüft. Es ergibt sich jedoch kein Verdacht auf einen geplanten Selbstmord- oder Mordanschlag. Eine Explosion hat im Handtuchkorb stattgefunden. Das weiß man. Aber alles andere bleibt für immer im Dunkel der Geschichte.

Landen wir nun  **14** oder was?

Die HL7296 kurz nach dem Crash: Auch aus diesem Inferno konnten alle Insassen entkommen
Foto: AP

Die südkoreanische Fluggesellschaft Korean Airlines (KAL) hat es nicht leicht, wirklich nicht. In dreißig Jahren von 1971 bis 2000 starben bei 23 Unfällen oder Entführungen mehr als 700 Menschen in ihren Flugzeugen, die meisten davon allerdings ohne Verschulden der Airline.

Der Abschuss des vom Wege abgekommenen Jumbos über Russland 1983 zum Beispiel und auch die 1987 durch einen hinterhältigen Bombenanschlag Nordkoreas zum Absturz gebrachte Boeing 707 kosteten zusammen fast 400 Menschenleben. In beiden Fällen traf es die

Korean Airlines, die Verantwortlichen für den Tod dieser vielen Menschen waren aber kommunistische Regimes.

Das ändert jedoch nichts an der Tatsache, dass die arg gebeutelte Airline dadurch immer wieder in die Schlagzeilen der Weltpresse gerät. Und dort hinein gelangt man bekannterweise am sichersten, wenn über ein negatives Ereignis berichtet werden darf, denn für Zeitungen und Fernsehen sind nur schlechte Nachrichten gute Nachrichten.

Lassen Sie uns annehmen, dass ein Umdenken stattgefunden hat, denn seit zehn Jahren hat

---

Missratene Landung bei Taifun

Korean Airlines Flug KE2033, 9. August 1994
Cheju, Südkorea

man über KAL nichts Negatives mehr lesen müssen, sieht man einmal von der Kollision einer ihrer Boeing 777 mit einem Geier nahe Sao Paulo ab. Allerdings trifft hier KAL keine Schuld, denn der Vogel hätte ja auch ausweichen können ...

Von einem selbstverschuldeten Unfall, der glücklicherweise keine Menschenleben unter den 152 Passagieren und acht Mitgliedern der Besatzung forderte, handelt die folgende Geschichte, die die KAL an einem Taifuntag, dem 9. August 1994, erneut und unerwünscht auf die

Titelseiten der Tageszeitungen brachte, denn zweifellos haarsträubend war, was damals passierte. Hier muss ich zum besseren Verständnis vorausschicken, dass es stets nur einen Menschen im Cockpit gibt, der für die Führung des Flugzeuges verantwortlich zeichnet. Das kann der Pilot sein, es ist aber nicht zwangsläufig so. Er kann auch jederzeit dem Copiloten diese Aufgabe übergeben. Das passiert regelmäßig auf Langstrecken und ebenso häufig, wenn der Pilot den Copiloten trainieren will. Es ist also geübte Routine im Fliegeralltag. Hat der Pilot

Dieser bau-
gleiche Airbus
A300B4-600 der
Korean Airlines
hat gerade eine
saubere Lan-
dung hinter sich
– im Gegensatz
zum in diesem
Kapitel geschil-
derten Vorfall
Foto: JACDEC

der Crew vor, dass der Pilot die Maschine in einer Notlage sofort zu übernehmen hat.

Das Hin und Her der Führungsverantwortung muss stets unmissverständlich sein, und in
schwierigen Situationen darf es insbesondere
nicht zu Diskussionen kommen. Es hat jederzeit
klar zu sein, wer die Befehlsgewalt hat, und der
Untergebene hat den Anweisungen des Kom-
mandoinhabers stets unbedingt zu folgen. Der
zweite Mann kann zwar Einwände erheben, der
momentane Verantwortungsträger sollte diese
auch abwägen, hat jedoch immer die Entschei-
dungsgewalt. Kompetenzgerangel ist das Letzte, was man sich in einer Notsituation an Bord
eines Flugzeuges wünschen kann. Sonst können Dinge passieren, die man später am liebsten ungeschehen machen würde. Das war beispielsweise der Fall, als ein ziemlich teurer Airbus A300 an jenem 9. August 1994 ohne Grund
verschrottet wurde.

An diesem Tag wird der Airbus mit der Kennung HL7296 von dem Kanadier Barry Edward
Woods, einem mit 13.000 Flugstunden sehr erfahrenen, 52-jährigen Piloten geflogen. Er ist
der Ranghöchste an Bord, hat das Kommando,
die Befehlsgewalt. Neben ihm sitzt der 36 Jahre
junge koreanische Copilot Chung Chan Kuy. Er
ist beileibe kein Anfänger mehr, hat jedoch erst
4000 Flugstunden hinter sich. Er geht dem erfahrenen Flugkapitän zur Hand und hat nicht
das Kommando, nicht die Befehlsgewalt. Das
ist den beiden Männern klar, oder vielleicht
doch nicht so ganz? Zumindest zeichnet sich
weder beim sauberen, ereignislosen Start in
Seoul, der Hauptstadt Südkoreas, noch bei dem
sich anschließenden, relativ kurzen Flug in ir-
gendeiner Weise ab, dass es Differenzen zwischen den beiden gibt oder geben wird.

Nach unruhigem Sinkflug setzt der Airbus
mit Flugnummer KE2033 um kurz nach 11:00
Uhr auf der Landebahn der vorwiegend von
Südkoreanern gern zum Ausspannen angeflo-
genen Insel Cheju auf. Die Passagiere sind erst
einmal recht froh, denn der letzte Teil des Fluges war alles andere als angenehm. Die Ausläu-
fer des Taifuns „Doug" hatten die Insel erreicht,
und der Airbus wurde trotz seiner beträchtlichen Landemasse von gut über 100 Tonnen
hin und her gebeutelt. Die maximalen Windge-

dem Copiloten diese Führungsverantwortung
und damit Wohl und Wehe der Maschine und
ihrer Insassen übergeben, so kann er ihm diese
natürlich auch jederzeit wieder abnehmen. Im
Notfall tut er dies durch einen kurzen Hinweis,
der ihm in Sekundenschnelle wieder die Befehlsgewalt über das Flugzeug zurückgibt.

Das wird er zum Beispiel dann tun, wenn
die Maschine seiner Meinung nach in eine Situation gerät, die er – als der im Allgemeinen Er-
fahrenere – besser in den Griff bekommen kann.
Im Regelfall schreibt auch die Fluggesellschaft

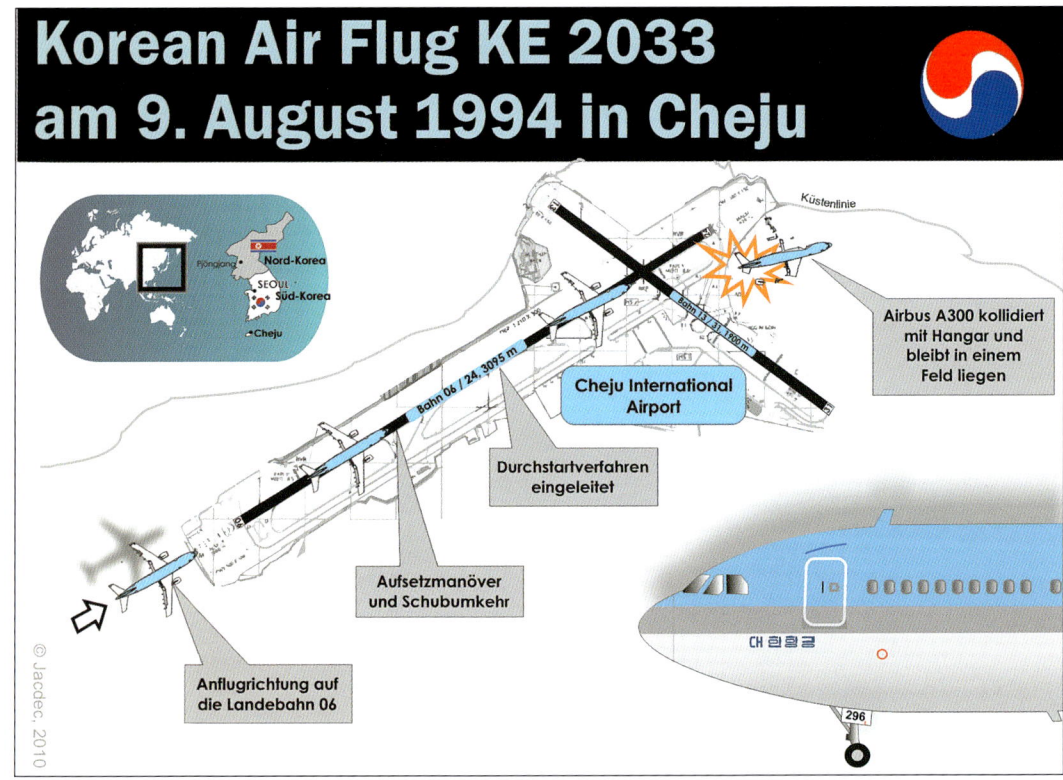

Korean Air Flug KE 2033
am 9. August 1994 in Cheju

Küstenlinie

Airbus A300 kollidiert
mit Hangar und
bleibt in einem
Feld liegen

Nord-Korea

Pjöngjang

SEOUL
Süd-Korea

Cheju

Cheju International
Airport

Durchstartverfahren
eingeleitet

Aufsetzmanöver
und Schubumkehr

Bahn 06 / 24, 3095 m

Bahn 17 / 31, 1900 m

Anflugrichtung auf
die Landebahn 06

© Jacdec, 2010

대한항공

296

Trotz Taifun begannen die Probleme von Korean Air Flug KE 2033 erst unmittelbar vor dem Aufsetzen – als sich der Copilot neun Meter über dem Boden zum Durchstarten entschied – ohne Rücksprache mit dem Captain

schwindigkeiten des Taifuns liegen bei 70 km/h, und heftiger Regen peitscht fast waagerecht über das Flugzeug hinweg.

Die Insassen, die später von der Presse interviewt werden, berichten dann auch von heftigem Schlingern. Sie wollen sogar bemerkt haben, dass der Airbus noch nach dem Aufsetzen vom Sturm hin- und hergerissen wurde. So zumindest haben einige Passagiere das Ganze wahrgenommen. Aber war das wirklich der Sturm?

Nun ja, in den Zeitungen zumindest steht am folgenden Tag die Geschichte mit dem Sturm, die so gar nicht den Tatsachen entspricht. Die Wirklichkeit sah vollkommen anders aus – sehr abenteuerlich und kaum zu glauben. Der Airbus hatte nämlich eine eini-

germaßen normale Landung gehabt, die Probleme ereigneten sich danach, was sich jedoch erst im späteren Verlauf der Untersuchungen herausstellte.

Darum soll im folgenden der wenige Tage nach dem Unglück aus dem Cockpit Voice Recorder (CVR) ausgelesene Dialog der beiden Piloten zitiert werden, um die schwer zu akzeptierende Wahrheit in aller Deutlichkeit und ohne mögliche Interpretationen schildern zu können. Die Aufzeichnungen sind zur besseren Unterscheidung in fetter Schrift wiedergegeben. Drei verschiedene Kürzel gibt es: „C" für den Copiloten, „P" für den Piloten, und hinter dem „H" schließlich verbergen sich die Höhenangaben des Höhenmessers, die von einer Computerstimme automatisch durchgegeben werden. Diese Werte sind für Ihr besseres Verständnis allerdings von Fuß in Meter umgerechnet worden.

Einige Worte wurden hinzugefügt, ohne den Sinn zu verändern. Das ist erforderlich, weil die Männer im Cockpit oft nur zwei, drei

Worte, sprechen, hinter denen sich ganze Sätze verbergen. Diese ökonomische Sprechweise ist bei fliegendem Personal gängig.

C „Landebahn in Sicht, Landebahn in Sicht."
P „Ich sehe sie, ich sehe sie."
C „Okay. Rechte Seite? Rechts?"
P „Ja, okay. Gib mir die …"
H „120 Meter, 90 Meter."
P „… Mindestsinkrate."
C „Sinkrate! Sinkrate!"
P „Okay, okay."
H „30 Meter."
C „Geschwindigkeit?"
P „Ja."
H „15 Meter."

Folgende Quellen wurden ausgewertet:

- Air International No. 47, Seite 140
- Terry Denham: World Directory of Airliner Crashes
- Hamburger Abendblatt vom 11., 12. und 13. August 1994
- Ronan Hubert: Les Catastrophes Aeriennes de 1920 a 1996
- Ulrich Klee: jp Airline Fleets International
- Malcolm MacPherson: The Black Box
- Jan-Arwed Richter: Jet-Airliner Unfälle
- Jan-Arwed Richter u. a.: Notlandung
- J. R. Roach: Jet Airliner Production List, Volume 2
- Der Spiegel, Ausgabe 4/1999
- Barry Strauch: Investigating Human Error in Incidents and Accidents
- James M. Walters u. a.: Aircraft Accident Analysis – Final Reports

In diesem Moment befindet der Copilot sehr subjektiv, dass der verbleibende Teil der Landebahn, nachdem sie aufgesetzt haben werden, nicht ausreichend sein wird und sie das Ende der Bahn überschießen werden. Nur neun Meter über dem Boden entscheidet er sich im Alleingang, ohne Rücksprache und ohne jede Kompetenz zum Durchstarten. Er zieht die Steuersäule zurück und verkündet:

C „Durchstarten."
H „12 Meter, 9 Meter."
P „Nimm deine Hände da weg! Hände weg! Hände weg! Gib mir die Höhe durch."
H „6 Meter."
P „Hände weg!"
C „Durchstarten?"
P „Nein, nein."
H „3 Meter, ein Meter fünfzig."

Jetzt setzt der Airbus auf, und der Umkehrschub sowie die Bremsen müssen vom Copiloten ausgelöst werden. Copilot Chung Kuy möchte aber immer noch am liebsten durchstarten. Ihm ist die Sache nicht geheuer. Er will nicht auf den wesentlich erfahreneren Piloten hören. Der befiehlt ihm:

P „Umkehrschub, bremsen."

Doch statt diesem Befehl Folge zu leisten, stößt der Copilot erneut die Schubhebel mit aller Kraft nach vorn und will ganz offensichtlich durchstarten.

P „Was machst du da? Tu das nicht! Was, Mann … du wirst uns umbringen."

Der Airbus beginnt langsam wieder zu beschleunigen, doch der Pilot reißt die Schubhebel wieder zurück, schaltet auf Umkehrschub und steigt selbst voll in die Bremsen. Dann ruft er dem nahezu paralysierten Copiloten zu:

P „Halte die Steuersäule."

Aber es ist zu spät. Zu viel Zeit ist verspielt worden, denn der Airbus setzte wetterbedingt und wegen der Aktion des Copiloten 1773 Meter nach Bahnbeginn auf, und von den verbliebenen 1127 Metern ist ebenfalls schon ein großer Teil hinter der Maschine verschwunden. Der Airbus ist aber noch immer fast 200 km/h schnell!

Der Pilot reißt die Maschine zwar von der Bahn weg und verhindert einen Sturz in das dahinterliegende Meer. Er kann aber den Crash nicht mehr abwenden. Exakt in diesem Moment hört man auf dem Band des CVR die ersten Unfallgeräusche. Die Maschine kollidiert anfangs mit einem Hangar, überrennt einen Zaun und pflügt dann durch das dahinterliegende Reisfeld. Am Ende des Feldes kommt sie inmitten einer zwar niedrigen, jedoch massiven Steinmauer zum Stehen.

Unmittelbar im Anschluss daran beginnt es zu brennen. Die Kabine hinter den beiden Helden dieser Geschichte füllt sich schon mit Rauch, aber im Cockpit wird erst einmal diskutiert, als hätte man alle Zeit der Welt und als seien andere für den Befehl zur Evakuierung der brennenden Maschine und der mit erster Priorität voranzutreibenden Rettung der ihnen anvertrauten Passagiere verantwortlich:

P „Uff! Okay. Bist du in Ordnung?"
C „In Ordnung."
P „Okay. Raus hier. Warum hast du die Maschine hochgezogen? Warum hast du die Maschine hochgezogen?"

Auf dem CVR ist ein Seufzer (des Copiloten) zu hören.

P „Okay."
C „Durchstarten, durchstarten."
P „Ja, aber wir waren doch schon ... wir waren doch schon auf der Landebahn. Warum hast du die Maschine hochgezogen?"

Man hört wiederum nur drei tiefe Seufzer des Copiloten auf dem Band des CVR.

P „Okay, okay. Wir müssen hier raus. Öffne das Fenster."

Man hört Geräusche, wie das Fenster geöffnet wird.

P „Nimm deine Notrutsche. Warum hast du die Maschine hochgezogen? Wir hatten volle Schubumkehr. Zieh die Feuerlöschgriffe. Zieh sie."

Technische Daten Airbus A300B4-600	
Kennzeichen	HL7296
Flugnummer	KE2033
Typ	Airbus A300B4-600 (622R)
Seriennummer	583
Erstflug	6. Dezember 1990
Außenmaße	Länge 54,08 m
	Spannweite 44,84 m
	Höhe 16,53 m
Triebwerke	2 x Pratt & Whitney PW4158
Leistung	2 x 26.309 kp
Max. Startgewicht	170.500 kg
Tankvolumen	59.000 l
Anzahl Passagiere	256
Dienstgipfelhöhe	12.200 m
Max. Reichweite	7690 km
Max. Geschwindigkeit	870 km/h
Anzahl gebaut	569 (davon 95 Serie A300B4-622R)
Unfallbericht	unbekannt

C „Feuerlöschgriffe."
P „Okay, raus hier. Raus hier."

In der Kabine ist man natürlich völlig überrascht von dem Crash, weil keine Ankündigung eines Notfalls aus dem Cockpit erfolgte. Aber da sich an verschiedenen Stellen der Maschine Feuer bemerkbar macht, wird ohne Anweisungen rasch evakuiert. Und obwohl die hinteren Notrutschen nicht benutzt werden können, gelingt es wie durch ein Wunder allen 160 Insassen, die Maschine zu verlassen. Nur acht Menschen verletzen sich dabei leicht, das ist aber relativ normal bei einer Evakuierung.

Den noch nicht einmal vier Jahre alten Airbus mit der Kennung HL7296 aber werden Sie nie mehr zu Gesicht bekommen. Er brannte vollständig aus.

Ein Jumbo hat eine 15 unheimliche Begegnung

Am 4. Dezember 1974 wurde eine antriebslose BAC VC10 der British Airways erst nach drei Kilometern Sturzflug abgefangen. Die Ursache für den Ausfall aller vier Motoren lädt im Nachhinein zum Schmunzeln ein: der Flugingenieur war beim Umpumpen derart abgelenkt von einer recht ansehnlichen Stewardess, dass er den Tank, der zu diesem Zeitpunkt alle vier Triebwerke mit Sprit versorgte, versehentlich trocken laufen ließ.

Ausfall aller Triebwerke ohne Vorwarnung

British Airways Flug BA009, 24. Juni 1982
Djakarta, Indonesien

Ab durch die Asche: Wirklich glimpflich ausgegangen ist der Flug dieser Boeing 747-200B der British Airways, Kennung G-BDXH, durch eine Vulkanasche-Wolke
Foto: Werner Fischdick

Acht Jahre darauf geriet erneut eine Maschine der British Airways ins Segeln, dieser Fall jedoch war weitaus dramatischer und bietet keinen Anlass zum Schmunzeln. Die gewaltige 747 der British Airways, Kennzeichen G-BDXH, die am 24. Juni 1982 gerade sanft in Kuala Lumpur aufsetzt, kommt direkt aus London und soll ihre lange Reise erst im neuseeländischen Auckland beenden, nachdem sie nach fünfstündigem Flug noch einmal in Perth, Australien, zwischengelandet sein wird. Einige Passagiere haben bereits ihr Ziel erreicht und steigen aus. Sie können noch nicht wissen, dass sie heute zu den Gewinnern gehören. Andere wiederum, es sind die weniger Glücklichen, gehen an Bord und machen es sich bequem. Es gibt kein Anzeichen dafür, dass dieser Flug nicht so angenehm weiter verlaufen wird, wie er begonnen hatte. Kurz darauf hebt die „City of Edinburgh" mit reichlichen 90 Tonnen Kerosin und ihren 16 Crewmitgliedern wieder ab. 247 Passagiere sind an Bord, insgesamt also 263 Personen. Sie werden in den nächsten Stunden einen abenteuerlichen Flug erleben, von dem sie noch ihren Enkeln berichten können … glücklicherweise, denn niemand wird verletzt oder verliert gar das Leben, obwohl der Tod in greifbarer Nähe ist. Die mit 304 Tonnen Startgewicht jetzt verhältnismäßig leichte Maschine steigt zügig auf ihre Reiseflughöhe, 12.300 Meter sind heute angewiesen. Dort, inzwischen über dem Indischen Ozean, fliegt sie ohne besondere Vorkommnisse eineinhalb Stunden lang ihren Zielen in Australien und Neuseeland entgegen.

Die Passagiere haben um ein baldiges Abendessen gebeten, weil die meisten nun schon mehr als einen halben Tag unterwegs sind und noch ein wenig schlafen möchten. Darum sind die Tabletts auch bereits wieder abgeräumt worden, und für den noch leidlich munteren Teil der Insassen beginnt der Film „Am goldenen See" mit Vater und Tochter Fonda sowie Katherine Hepburn in den Hauptrollen. Es ist ein wundervoller, sehr anrührender Film, und alle sind entspannt – noch! Flugkapitän Eric Moody hat seinem Ersten Offizier, Rogers Greaves, die Führung des Flugzeugs übergeben und befindet sich in der Passagierkabine, als der unangenehme Teil des Fluges beginnt.

Zuerst bemerkt Greaves, dass das Flugzeug durch eine Wolke kleiner weißer Partikel fliegt. Sieht hübsch aus, wie ein Schneesturm. Aber Greaves ist besorgt, denn so etwas hat er noch nie erlebt. Was ist das? Beim Aufprall auf den Rumpf glühen die Flocken kurz auf, als würden sie an der Hitze der Außenhaut verbrennen. Das kann aber nicht sein, denn hier oben ist es bitter kalt. Als Nächstes bemerkt Greaves, dass er den Himmel nicht mehr ausmachen kann.

Eben noch war er voller Sterne, nun ist kein einziger mehr zu erblicken. Er schaltet die Landelichter ein und hat schlagartig das Gefühl, durch dichtesten Nebel zu fliegen. Nebel? Hier oben? Das ist vollkommen unmöglich. Aber was ist es dann? Auch der erfahrene Purser Graham Skinner, den der Copilot in das Cockpit ruft, damit er sich das seltsame Schauspiel einmal ansieht, hat Derartiges noch nie erblickt. Er ist hin- und hergerissen zwischen Faszination und Furcht. Aber seine Gänsehaut spricht Bände, und er springt augenblicklich los, als Greaves ihn nach dem Flugkapitän schickt.

Skinner ist offenbar ein wenig bleich, als er Moody ereicht hat, und so macht der Flugkapitän sich ohne Verzug auf den Weg nach oben. Unterwegs bemerkt er leichte Rauchschwaden und einen Geruch, als wäre irgendwo eine elektrische Anlage am schmoren. Das Kabinenpersonal hat dies auch schon bemerkt, aber die unmittelbar anschließende Suche nach einer zu Boden gefallenen Zigarette hat kein Ergebnis gebracht. Das kommt nicht von innen, das kommt von draußen durch die Klimaanlage! Dennoch bittet Moody die Kabinencrew, alle unnötigen Stromverbraucher auszuschalten, damit das Restrisiko eines Schwelbrandes minimiert werden kann. Als Moody sich in seinen Sitz festgeschnallt und die Führung des Flugzeugs wieder übernommen hat, ist er gleichermaßen fasziniert von der Schönheit des Schauspiels, die aber auch der Pilot wegen der damit verbundenen Furcht vor dem Unbekannten nicht wirklich genießen kann.

Heftige elektrische Entladungen zaubern atemberaubend schöne Flammenmuster auf die Tragflächen und den Rumpf. Leuchtende Lichtspuren sind am Ende der Abgasrohre aller vier Triebwerke zu sehen. Das ist zwar wirklich wunderschön, aber vor allem macht sich Ratlosigkeit im Cockpit breit: Was zum Donnerwetter ist das da draußen eigentlich?

Das fragen sich auch einige Passagiere, die nicht schlafen können und zufällig aus den Fenstern blicken. Schaurig schön, was sie da sehen. Aber nicht gut für die Nerven. Den Rauch haben auch schon mehrere Insassen bemerkt. Doch leider war das noch nicht alles, denn nun geht es erst richtig los. Das Unheil kündigt sich

Man sieht, dass man nichts sieht: Das aus der G-BDXH ausgebaute Glas eines Landescheinwerfers – es ist milchig und regelrecht „sandgestrahlt"
Foto: British Airways

mit lautem Rumpeln und Fehlzündungen aus den Triebwerken an. Die laufen zunehmend rauer und haben Aussetzer. Dann fällt das äußere Steuerbordtriebwerk Nr. 4 ganz aus. Während die Cockpitcrew fieberhaft alle Maßnahmen ergreift, um den Neustart vorzubereiten, stellen kurz nacheinander auch die Triebwerke Nr. 2, Nr. 1 und zuletzt Nr. 3 den Dienst ein.

Ganz still ist es geworden in der Kabine. Wohl denen, die schon schlafen, denn plötzliche Stille in einem mit 900 Stundenkilometern in großer Höhe durch die Luft eilenden Jumbo ist nicht dazu angetan, den Durchschnitts-Passagier zu beruhigen. Die Nerven der meisten Nichtschläfer beginnen sich mehr und mehr zu spannen. Flugkapitän Moody funkt ein Notsignal. Aber wegen atmosphärischer Störungen kommt das Signal nicht nach Djakarta, dem nächstgelegenen Großflughafen, durch. Ein indonesisches Flugzeug in der Nähe hat den Notruf jedoch glücklicherweise aufgefangen und weitergegeben, sodass Djakarta umgehend darüber informiert ist, dass sich hoch droben Unheil anbahnt. Dann endlich steht eine Verbindung mit der Flugleitzentrale. Schwach ist sie und von massiven Störungen gekennzeichnet, aber nach einigen Missverständnissen begreift der Fluglotse, dass nicht Nr. 4 ausgefallen sei, sondern alle vier Triebwerke stillstehen.

Inzwischen ist es 20:45 Uhr und dunkel. Das Flugzeug ist sachte bis auf 9150 Meter hinuntergesegelt, und Moody entscheidet sich für eine Umkehr. Mit 450 bis 500 km/h gleitet die große 747 in eine sanfte Kurve. Langsamer dürfen sie nicht fliegen, weil das derzeitige Gewicht der Maschine sonst zu einem Strömungsabriss führen könnte. Die Turbinen drehen sich wegen der hohen Geschwindigkeit im Fahrtwind, sodass auch Generatorstrom zur Verfügung steht, ein Glücksfall, denn den braucht man, um den Druck in den Hydraulikleitungen einigermaßen stabil zu halten.

Die Rolls-Royce-Turbinen können am besten in 8500 Meter Höhe und bei circa 450 bis 500 km/h angelassen werden. Dort angelangt, zeigen die beiden Geschwindigkeitsmesser jedoch um fast 100 km/h abweichende Werte an. So versuchen die beiden Männer im Cockpit es nacheinander bei unterschiedlichen Geschwindigkeiten, aber vergeblich; die mächtigen, sonst so zuverlässigen Triebwerke schweigen. Das nimmt viel Zeit in Anspruch: Zündung ein, Starthebel in den Leerlauf und so weiter, aber nichts tut sich. Immer wieder ein neuer Versuch bei immer wieder neu gewählten Geschwindigkeiten. Das hat doch im Flugsimulator immer funktioniert, wieso ist dann hier oben auf einmal alles anders? Jeder Anlassversuch produziert einen langen Feuerschweif aus den Endrohren der Triebwerke, nicht dazu angetan, die Passagiere zu beruhigen. Die reagieren unterschiedlich. Von relativer Gelassenheit bis zur Hysterie ist je nach Dicke der individuellen Nervenstränge jedwede Nuance vertreten, und die Kabinencrew hat alle Hände voll zu tun, um die schwierigeren Fluggäste zu beruhigen.

Jetzt sinkt auch noch der Kabinendruck! Die Sauerstoffmasken im Cockpit werden aufgesetzt, dabei löst sich ein Schlauch an derjenigen von Greaves. Moody stellt die Maschine kurz entschlossen, wenn auch schweren Herzens, steiler, um schneller in sauerstoffreiche Luft zu kommen, damit ihm sein wichtigster Helfer nicht ohnmächtig wird. Auch die Sauerstoffmasken in der Passagierkabine fallen herunter, und nun merkt selbst der verschlafenste Passagier, dass die Lage des Flugzeuges ernst ist. Bald darauf hat Greaves seine Maske repariert, aber die Maschine ist bis auf 5500 Meter herunter, ein ärgerlicher Verlust an kostbarer Flughöhe, doch nicht zu

Sie haben den Höllen-Flug durch die Vulkanasche durchgestanden: Kommandant Eric Moody (Mitte) mit Copilot Roger Greaves (links) und Flugingenieur Barry Townly-Freeman. Im Hintergrund Triebwerk Nr. 1   Foto: Eric Moody

vermeiden … das kleinere Übel eben. Bei 4600 Metern sieht Moody keine andere Möglichkeit mehr, als die Mannschaft auf eine Notwasserung vorzubereiten, einen nächtlichen Albtraum, weil die Höhe über Wasser in so tiefer Dunkelheit nur äußerst schwer abzuschätzen ist. Aber die Berge auf Java, die er auf dem Weg nach Djakarta würde überfliegen müssen, sind bis zu 3500 Meter hoch. Zu hoch, zu riskant. Dies gibt man nach Djakarta durch, und der dortige Fluglotse ermahnt die Crew, nicht unter 3650 Meter zu gehen, als wenn das eine Sache des Wollens wäre. Aber der Mann muss sie schließlich daran erinnern, dass da einige hohe Berge im Weg sind, falls ihnen der Weiterflug über Land wider Erwartens doch noch gelingt … das ist sein Job.

Nun wendet sich Moody mit einer ersten Durchsage an die Fluggäste und teilt ihnen mit, dass die Triebwerke komplett ausgefallen seien, man aber hoffnungsvoll sei, die Situation in Kürze bereinigt zu haben. Bloß Zuversicht ausstrahlen! Das ist erste Pflicht eines Flugkapitäns in Notsituationen. Aber er hat Glück mit seiner Durchsage, denn plötzlich, 13 Minuten nach

dem Ausfall der Motoren, sind sie in 4000 Meter Höhe wieder in klarer Luft. Nachdem Moody und Greaves fast verzweifelt waren am Sinn ihres Notfalltrainings, meldet sich bei einem erneuten Startversuch dann unvermittelt Triebwerk Nr. 4 hustend wieder zu Wort und läuft langsam auf normale Umdrehungszahl hoch. Die Passagiere freuen sich, als sie mitbekommen, dass ein Motor wieder läuft.

Vorsichtig kann man nun den Sinkflug ein wenig reduzieren und hoffen. Eventuelle Gebete werden schnell mit einem vorläufig glücklichen Ende belohnt: Die drei anderen Triebwerke erwachen ebenfalls wieder zum Leben, Djakarta gibt 4600 Meter frei, und behutsam kann die 747 wieder höhergebracht werden. Moody gibt die freudige Botschaft umgehend an die Passagiere weiter, die sich entspannen. Das kann man hören: 247 Seufzer der Erleichterung, das klingt fast wie ein

Folgende Quellen wurden ausgewertet:

- Stephen Barley: The Final Call
- Andrew Brookes: Katastrophen am Himmel
- Allan Edwards: Flights to Hell
- Nicholas Faith: Black Box
- Patrick Forman: Flying into Danger
- McArthur Job: Air Disaster, Volume 4
- Ulrich Klee: jp Airline Fleets International
- David Owen: Air Accident Investigation
- Michael Prince: Crash Course
- Jan-Arwed Richter u. a.: Mayday
- Jan-Arwed Richter u. a.: Notlandung
- J. R. Roach: Jet Airliner Production List, Volume 1
- Stanley Stewart: Emergency
- Laurie Taylor: Air Travel – How Safe is it?
- Betty Tootell: All Four Engines Have Failed (Dieses Buch behandelt ausschließlich den Fall der BA009; sehr interessant und detailliert lesen sich die unterschiedlichen Gefühle der Insassen.)
- John Winslow: Mayday

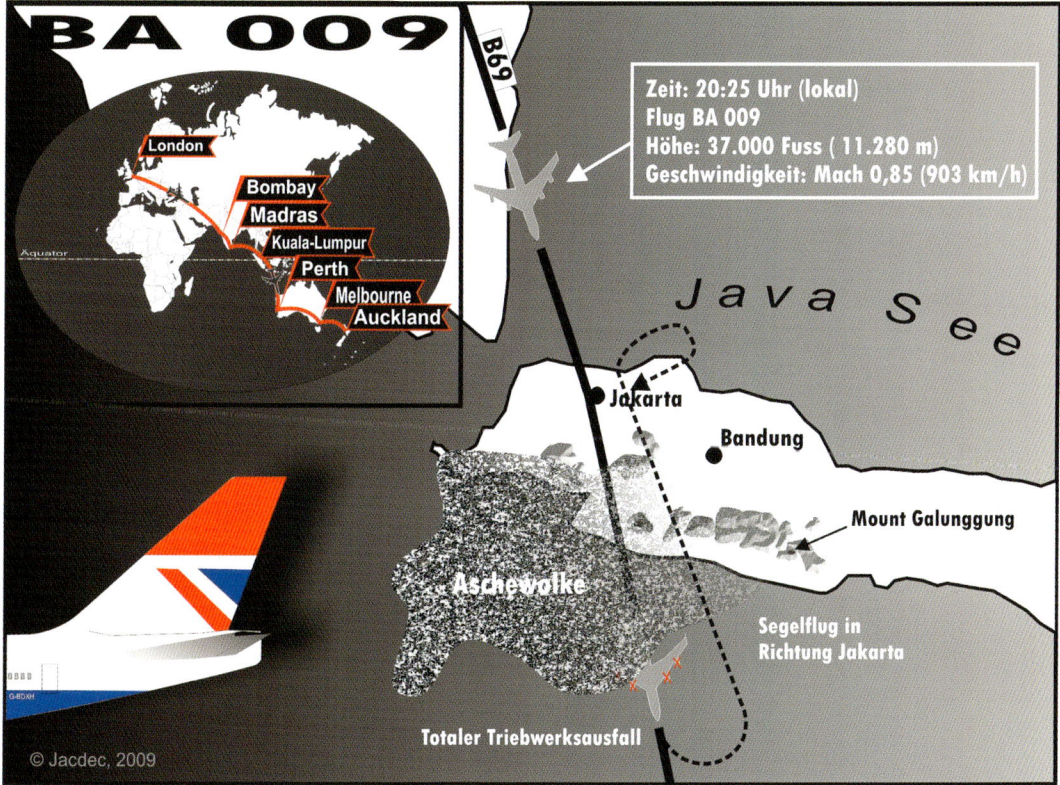

Bombay
Madras
Kuala-Lumpur
Perth
Melbourne
Auckland

London
Äquator

BA 009

B69

Zeit: 20:25 Uhr (lokal)
Flug BA 009
Höhe: 37.000 Fuss (11.280 m)
Geschwindigkeit: Mach 0,85 (903 km/h)

J a v a S e e

Jakarta
Bandung
Mount Galunggung

Aschewolke

Segelflug in
Richtung Jakarta

Totaler Triebwerksausfall

© Jacdec, 2009

mittlerer Windstoß. Die Armen! Sie haben sich leider etwas zu früh gefreut!

Denn unmittelbar darauf geht es wieder los, genau wie beim ersten Mal: Lichtblitze, Schneegestöber, diesmal ist es Triebwerk Nr. 2, das als Erstes rumpelt. Blitzschnell lässt Moody es stilllegen und geht wieder in den Sinkflug. Weiter unten, das scheint nun gewiss, treten die Probleme nicht auf. Djakarta gibt 3650 Meter frei, gerade genug, um die Berge mit Sicherheitsmarge zu überfliegen.

Jetzt geht erst einmal eine Zeit lang alles gut. Man schont die drei verbliebenen Triebwerke, und nach einer Flugplatzrunde lässt Moody die Maschine nur ganz sachte sinkend in einen langen Endanflug gehen. Er benutzt die Störklappen, um die Fahrt zu verringern. Das schont die offenbar recht angeschlagenen Turbinen.

Djakarta wird ersucht, die Landebahnbeleuchtung heller zu stellen, weil die beiden Männer im Cockpit nichts erkennen können. Heller? Das gehe nicht, antwortet der Fluglotse,

Der Flugweg des Jumbos führte in der Nähe des Vulkans Galunggung vorbei, der zuletzt 1918 ausgebrochen war und daher nicht als gefährlich aktiv geführt wurde

die seien bereits auf maximaler Helligkeit. Wieso können sie dann nichts sehen? Nebel vielleicht? Nein, es herrsche gute Sicht, antwortet der Mann in der Flugleitstelle. Des Rätsels Lösung: Die Scheiben im Cockpit sind milchig, der Wischer richtet nichts aus. Nur an den äußersten Rändern, dicht am Rahmen, kann man minimal klar erkennen, wo es hingeht. Nahezu blind fliegend wird die „City auf Edinburgh" mühsam und in tadelloser Teamarbeit von den beiden Piloten heruntergebracht. Zwei Stunden und eine Minute nach dem Start beklatschen die erleichterten Passagiere eine superweiche Landung. Die Erde hat sie wieder!

Moody wird später mit typisch britischem Understatement sagen: „Das war eine meiner besseren Landungen." Das schätzte man in Großbritannien gleichermaßen ein, und er erhielt nicht weniger als sechs Ehrungen und Auszeichnungen. Seine Mannschaft wurde ebenfalls ausgezeichnet.

Moody fordert ein „Follow Me Fahrzeug" an, denn er will sich nicht mit derart reduzierter Sicht zum Flugsteig tasten. Es bedarf jedoch einiger Überredungskunst, bis das Fahrzeug bewilligt wird, denn die Leute im Tower glauben immer noch nicht, dass ein glatt gelandeter Jumbo nicht allein zum Terminal rollen kann. Nach dem Aussteigen kratzt Flugingenieur Townley-Freeman etwas Schwarzes, Klebriges von der Außenhaut der Maschine und meint, das könne Vulkanasche sein, aber noch glaubt ihm das niemand. Es gab doch gar keine Meldung eines Ausbruches! Wo soll dann bitte sehr die Asche herkommen?

Erst nach Sonnenaufgang sieht man die ganze Bescherung:
• Die Scheiben wirken milchig, wie sandgestrahlt,
• ebenso die Glasabdeckungen der Landescheinwerfer.
• Die Staurohre für die Geschwindigkeitsmesser sind mit schwarzem Dreck verklebt, daher also die unterschiedlichen Anzeigen.
• Alle Teile an der Vorderseite des Flugzeuges sind blank, keinerlei Farbreste sind mehr auszumachen.
• Schwarze Ablagerungen finden sich überall an den Schaufelrädern, teilweise sind sie über einen Zentimeter dick.
• Staub hat auch in den Brennkammern die Flammen erstickt.
• In der Kabine ist ebenfalls alles von einer dünnen, schwarzen Staubschicht überzogen.
Als später der Rolls-Royce-Techniker die Motoren untersucht, erfahren die Männer der 747 auch, dass der Vulkan „Gunung Galunggung" tatsächlich eine sehr schwere Eruption hatte. Die Maschine war trotz einer Höhe von über zwölf Kilometern in eine Aschewolke geraten – das also war die Ursache der Triebwerkausfälle. Asche ist heiß und trocken, daher nicht auf dem Radar zu sehen. Die Lichteffekte und Blitze waren durch die enorme elektrische Aufladung entstanden. Erst unterhalb der Asche-

wolke bekamen die Triebwerke genügend Luft, um neu gestartet werden zu können. Die langen Feuerschwänze wurden durch das austretende Kerosin bei vergeblichen Startversuchen hervorgerufen, wenn sich dieses in der hochelektrischen Luft entzündete. Alles ließ sich nun erklären, im Nachhinein ganz harmlos erscheinend … und die Luftfahrt war um eine wichtige Erfahrung reicher. Man wusste nun, dass Vulkanasche auch in großen Höhen eine Gefahr für Flugzeuge ist.

Zwei Wochen später bewahrte diese Erkenntnis eine andere 747, diesmal von Singapore Airlines, vor dem Schlimmsten. Die Mannschaft hatte von dem Erlebnis der „City of Edinburgh" gelesen und konnte, vorgewarnt, viel schneller parieren, als die Maschine auf dem Weg von Melbourne nach Singapur in einen neuen Ausbruch geriet und drei Triebwerke stillstanden.

Am 15. Dezember 1989 widerfuhr einem Jumbo der KLM im Anflug auf Anchorage Gleiches. Unangekündigter Vulkanausbruch, alle vier

Technische Daten Boeing 747-200B	
Kennzeichen	G-BDXH
Flugnummer	BA009
Typ	Boeing 747-200B (747-236B)
Seriennummer	21635
Fabrikationsnummer	365
Erstflug	19. März 1979
Außenmaße	
Länge	70,51 m
	Spannweite 59,64 m
	Höhe 19,33 m
Triebwerke	4 x Rolls Royce RB.211-524B
Leistung	4 x 22.678 kp
Max. Startgewicht	362.874 (später erhöht auf 371.946)
Tankvolumen	›200.000 l
Anzahl Passagiere	370 (derzeit nur 200)
Dienstgipfelhöhe	13.715 m
Max. Reichweite	12.230 km
Max. Geschwindigkeit	978 km/h
Verbrauch	ca. 16.000 l/h
Anzahl gebaut	›1415 (davon 229 Serie 747-200) Zahlen bis September 2009 (wird noch gebaut)
Unfallbericht	unbekannt

Ein Foto der startenden G-BDXH vom September 1999, lange nach dem Vorfall, aber sie war trotzdem immer noch als „Der fliegende Aschenbecher" bekannt
Foto: Chris Sheldon

Triebwerke standen still. Aber auch hier half die Erfahrung, die man 1982 gesammelt und weitergegeben hatte. Eine völlig andere Auseinandersetzung mit einem Vulkan hatte ein Airbus A320 der Air Europe. Der Ätna bombardierte die Maschine am 27. April 2000 derart heftig mit Lavabrocken, dass die Cockpitscheibe barst. Aber auch hier gelang eine unproblematische Landung.

Bleibt noch nachzutragen, dass die „City of Edinburgh" nach längerem Überlegen repariert wurde. Kostenpunkt: 80 Millionen US-Dollar! Nicht ganz billig, so ein Abenteuerflug! Sie wird von späteren Crews nun halb liebevoll, halb spöttisch „Flying Ashtray" – also fliegender Aschenbecher – genannt. 1989 in „City of Elgin" umgetauft und dann verkauft, flog sie bis 2004, inzwischen namenlos, für die Gesellschaft European Aircharter. Vielleicht haben Sie ja schon immer auf die Gelegenheit gewartet, einen geschichtsträchtigen Jumbo zu erwerben, und glauben, hier sei nun Ihre Chance gekommen? Da muss ich Sie leider enttäuschen, denn im Juli 2009 wurde die 747 abgewrackt.

Das Weihnachts- 16 wunder von Stockholm

Schweden. Die meisten von Ihnen können sich das außerordentlich schöne Land gut vor Augen führen, weil Sie Filme gesehen oder vielleicht sogar einen Urlaub dort oben verlebt haben. Überall gibt es Berge oder Hügel, und Schweden hat auch viele große Seen sowie herrliche Wälder. In diesem Gelände jedoch ein großes Passagierflugzeug im Segelflug heil herunterbringen? Das geht nicht, denkt man. Doch, manchmal geht es schon. Aber dann braucht man einen Schutzengel. Deshalb nannte Schwedens Ministerpräsident die nachfolgende Begebenheit ohne Übertreibung auch „das Weihnachtswunder von Stockholm".

Die schlanke MD-81 „Dana Viking" der Scandinavian Airlines System (SAS) steht an diesem 27. Dezember 1991 bei Temperaturen um null Grad auf dem Stockholmer Flugplatz Arlanda. Es ist noch früher Morgen. Die Maschine mit dem Kennzeichen OY-KHO soll in Kürze nach Warschau fliegen, und zuvor ist eine Zwischenlandung in Kopenhagen geplant. Nach der langen, kalten Nacht, in der das Flugzeug draußen auf dem Vorfeld stand, muss es nun erst einmal enteist werden. Dazu wird eine spezielle Flüssigkeit, die vornehmlich aus Alkohol und heißem Wasser besteht, über das Flugzeug gesprüht.

Insbesondere die Tragflächen reagieren extrem empfindlich auf Vereisung, denn sie werden speziell für jeden Flugzeugtyp entworfen und weisen daher unterschiedliche Profile auf. Verändert sich das ausgeklügelte Profil, verändern sich auch die Flugeigenschaften der Maschine. Eis auf den Tragflächen hat schon zu zahllosen Abstürzen mit Tausenden von Toten geführt, weil durch die Profilveränderung die Flugeigenschaften der Maschine nachteilig be-

einflusst wurden. Das wissen die Männer am Boden natürlich genau und wollen sich daher jeden Quadratzentimeter der erst vor drei Monaten fabrikneu an die SAS übergebenen Maschine akribisch vornehmen. Dabei unterläuft ihnen jedoch ein Fehler, der katastrophale Folgen haben und nur durch einige glückliche Umstände nicht zu Todesfällen führen wird.

Um den genauen Unfallhergang verstehen zu können, müssen wir einen Tag zurückgehen und ein wenig Physik betreiben. Die Maschine war am Abend zuvor mit reichlich in den Tanks verbliebenem Treibstoff an Bord in Stockholm gelandet. In den durchflogenen Höhen herrschten Temperaturen von minus 55 Grad, wodurch der Treibstoff stark auf etwa minus 25 Grad abgekühlt wurde.

In der Nacht setzt leichter Regen ein. Weil die Tragflächentanks noch 2550 Kilogramm eiskaltes Kerosin beinhalten, wird der Regen auf den unterkühlten Flügeln der Maschine zu sogenanntem Klareis, einer Eisform, die nur bei genauester Beobachtung gesehen werden kann, weil sie durchsichtig ist wie Glas. Ungefähr 1400 Kilogramm „warmes" Kerosin werden später zwar noch nachgefüllt, aber dies genügt nicht, um die Kälte in den Tanks nachhaltig zu reduzieren. Die Maschine wird danach sorgfältig enteist, aber nicht sorgfältig genug, sodass an mehreren Stellen der Tragflächenhinterkanten große Mengen des Klareises unentdeckt bleiben.

Komplettausfall der Motoren nach dem Abheben

SAS Flug SK751, 27. Dezember 1991
Stockholm, Schweden

An der abgestürzten OY-KHO sind Helfer dabei, den Schriftzug der SAS zu übermalen. Man will dadurch verhindern, dass Fotos veröffentlicht werden, auf denen die Gesellschaft zu erkennen ist – das wäre schlecht fürs Geschäft
Foto: dpa

Die Enteisungsmannschaft meldet Vollzug und auf die routinemäßig besorgte Rückfrage des Flugkapitäns Stefan Rasmussen bestätigen die Männer, dass die Maschine wirklich vollständig enteist sei.

Mit 129 Menschen an Bord und lediglich elf unbesetzten Plätzen verläuft der Startvorgang des Flugzeugs anfänglich noch völlig normal. In den ersten Sekunden des beginnenden Steigfluges jedoch kündigt sich bereits das drohende Unheil an.

In dem Moment nämlich, in dem die Maschine vom Boden abhebt, biegen sich die Tragflächen unter dem Gewicht des an ihnen hängenden Rumpfes. Dadurch beziehungsweise durch die sich zusammenziehende Oberfläche der Tragflächen wird dort eventuell abgelagertes Eis abgesprengt. Einige Passagiere mit Fensterplätzen können diesen Vorgang beobachten. Sie sehen mit wachsender Unruhe, wie von den Flächen größere Eisstücke abplatzen und nach hinten verschwinden. Das wäre so schlimm nicht, würde es sich bei der Maschine um einen Airbus oder eine Boeing handeln. Bei einer McDonnell Douglas MD-81 jedoch befinden sich hinten die beiden Triebwerke.

Zwar können die Motoren dank ihrer robusten Konstruktion auch einige bis zu zwei Kilogramm schwere Eisbrocken „verdauen", indem die Schaufelblätter diese kleinhacken und durch die Turbine durchschleusen, aber was da in diesem Moment in die Lufteinlässe hereinkommt, ist dann doch zu viel. Das von den Schaufeln zerkleinerte Eis schmilzt in der Turbine, und die Brennkammern müssen sich mit einer rasant zunehmenden Wassermenge abplagen. Durch das viele Wasser werden die Luftströme durch die Turbinen zu den Brennkammern unterbrochen, und die Leistung geht zurück.

Das geht so auf und ab, denn einmal gibt das Wasser ein wenig mehr Luft durch, ein anderes Mal etwas weniger. In der Fachliteratur wird berichtet, man habe dadurch das Gefühl, dass die Triebwerke einen heftigen Schluckauf bekommen haben.

Zwar wissen die Männer im Cockpit noch nicht, was die Ursache für den Schluckauf ist, aber ihnen scheint klar, dass die Triebwerke das nicht lange aushalten werden. Das gequälte Flugzeug schüttelt sich bereits seit einigen Sekunden, aber nun wird dieses Vibrieren immer heftiger. Während die beiden noch fieberhaft überlegen, geht eine halbe Minute nach dem Abheben ein Ruck durch die Maschine, begleitet von einem Knall, der vom Heck herkommt. Die Cockpitcrew vermutet einen Strömungsabriss am rechten Triebwerk, und die beiden Männer beschließen, es zu drosseln. Der Schubhebel wird zurückgenommen, bewegt sich aber, wie von Geisterhand geführt, umgehend wieder nach vorn, um höhere Leistung bereitzustellen.

Die Cockpitcrew ist mit Alarmglocken, Warnleuchten, Vibrationen, damit verbunden schwerer Ablesbarkeit der Instrumente, ständig zunehmendem Lärm und allerlei anderen Dingen ausreichend beschäftigt, sodass keine Zeit bleibt, dieses Phänomen eingehend zu untersuchen. So gehen 20 Sekunden später die Turbinenschaufeln rechts zu Bruch, und das gequälte Steuerbordtriebwerk haucht unmittelbar darauf sein mechanisches Leben aus.

Als würde diese Situation nicht schon reichlich Stress beinhalten, stellt auch das Backbordtriebwerk nach weiteren 20 Sekunden seinen Dienst ein, ebenfalls Schaufelradbruch. Die Maschine ist gerade einmal 975 Meter hoch, wird aber durch den Schwung noch 35 Meter weiter in die Höhe katapultiert. Dann allerdings geht es antriebslos nur noch abwärts, schwedischem Boden mit den schönen Wäldern auf schneeverwehten Hügeln entgegen, die in diesem Fall aber alles andere als erwünscht sind.

Fieberhaft wird versucht, die Motoren wieder in Gang zu setzen. Keine Chance! Alle Bemühungen sind fruchtlos. Jetzt fängt der linke Motor auch noch an zu brennen, aber das ist ein kleineres Problem, denn nach einer halben Minute ist das Feuer durch die schleunigst in Gang gesetzte Feuerlöschanlage bereits wieder erstickt worden. Höchste Zeit, den Flughafen Stockholm-Arlanda mit einem Notruf über die verzweifelte Lage der Maschine in Kenntnis zu setzen!

Der Fluglotse räumt der Besatzung umgehend die günstigste Umkehrstrecke zum Flughafen ein, aber dorthin wird das angeschlagene Flugzeug nicht mehr zurückkehren. Es wird überhaupt nur noch einmal in seinem kurzen

Leben landen, wobei der Begriff „landen" in diesem Zusammenhang etwas geschönt ist.

Die dicht vor der Verzweiflung stehenden Piloten haben es wirklich nicht leicht. Sie müssen inzwischen auch noch mit Stromausfällen kämpfen, weil die Batterieumschaltung nicht sauber funktioniert. Dadurch werden die Monitore im Cockpit immer wieder dunkel, keine Fluginformationen mehr von dort. Jetzt könnte man gut einen dritten Mann gebrauchen …

… und da ist er auch schon: Der liebe Gott hat ihn geschickt, das Glück oder vielleicht ein Schutzengel? Egal, er ist da. Der Mann heißt Per Holmberg und ist Flugkapitän bei der SAS. Er hat durch die geöffnete Verbindungstür gesehen, dass die Männer da vorn verzweifelt gegen einen Absturz ankämpfen, und läuft ins Cockpit, um ihnen zu helfen. Und helfen, das kann er wie kein zweiter! Holmberg ist ehemaliger Jagdflieger und das, was man einen kaltblütigen Kerl nennt. In den folgenden Sekunden weist er immer dann, wenn die Cockpitcrew zögert, blitzschnell auf die richtigerweise zu treffenden Entscheidungen hin und hilft so nach-

haltig, den Menschen das Leben zu retten. Das Protokoll aus dem Cockpit spricht da eine beredte Sprache. Ohne Holmberg wäre eine Katastrophe vermutlich unabwendbar gewesen.

Die Maschine sinkt währenddessen natürlich weiter und ist inzwischen in 500 Meter Höhe angekommen. Entsetzlicherweise schwebt das Flugzeug aber immer noch in den tiefliegenden Wolken, sodass die Männer noch keine Möglichkeit haben, aus dieser relativ hohen Position in der Weite des Landes nach einem geeigneten Notlandeplatz zu suchen. Denn dass man Arlanda nicht mehr erreichen kann, ist allen schon längst klar geworden.

Das Bordtelefon ist stromlos. Deshalb brüllt Holmberg durch die geöffnete Cockpittür nach hinten in die Kabine, man solle sich schnellst-

Ganz kurz nach dem Absturz ist der Schriftzug „Scandinavian" auf der verunglückten „Dana Viking" noch nicht übermalt. Wenig später ist nicht mehr zu erkennen, zu welcher Fluggesellschaft die Maschine gehörte
Foto: dpa

möglich in die Notlandeposition begeben. Nun schlägt die Sternstunde eines kleinen Teils der Passagiere! Das sind – wie immer in einer Notsituation – die gut vorbereiteten, die sich die Instruktionen für diesen Fall im Netz vor ihrem Sitz schon einmal herausgekramt und angesehen haben, denn Zeit für Erklärungen bleibt nicht mehr.

120 Meter ist die Maschine inzwischen nur noch über dem gefrorenen Boden, aber immer noch in den Wolken. Die Männer beten darum, dass kein Hügel, kein Kirchturm, kein Hochhaus auf ihrem Gleitweg liegen möge. Und hoffentlich wird ihr Flehen auch bald erhört, denn wie soll man in der Kürze der Zeit noch einen geeigneten Platz zum Notlanden aussuchen?

Endlich, nur 75 Meter über dem winterlich verschneiten Boden, durchstößt die segelnde Maschine die Wolkenunterkante, und man kann die Erde sehen. Nun heißt es, blitzschnell zu entscheiden. Wieder ist es Holmberg, der als erster schreit: „Rechts, rechts, rechts ...", denn er hat ein kleines Feld zwischen den Wäldern erblickt.

Flugkapitän Stefan Rasmussen steuert das Feld an, während Holmberg insgesamt vierzehnmal brüllt, der Pilot solle nach vorn blicken

Technische Daten McDonnell Douglas MD-81	
Kennzeichen	OY-KHO
Flugnummer	SK751
Typ	McDonnell Douglas MD-81
Seriennummer	53003
Fabrikationsnummer	1844
Erstflug	29. März 1991
Außenmaße	Länge 45,06 m
	Spannweite 32,86 m
	Höhe 9,02 m
Triebwerke	2 x Pratt & Whitney JT8D-217C
Leistung	2 x 9100 kp
Max. Startgewicht	63.503 kg
Tankvolumen	22.100 l
Anzahl Passagiere	133
Dienstgipfelhöhe	10.670 m
Max. Reichweite	3241 km
Max. Geschwindigkeit	926 km/h
Verbrauch	ca. 5000 l/h
Anzahl gebaut	1193 (davon 134 Serie MD-81)
Unfallbericht	Statens haverikommision (SHK) report C 1993:57, L-124/91

und vor allen Dingen die Bäume meiden. Der Copilot Ulf Cedermark fragt, ob das Fahrwerk

ausgefahren werden solle. Ein letztes Mal ist es wieder Holmberg, der umgehend mit „ausfahren" antwortet.

30 Meter hoch und nur zehn Sekunden vor dem Aufprall bleibt Cedermark gerade noch Zeit, die unmittelbar bevorstehende Notlandung an Stockholm durchzugeben: „Stockholm SK751, wir havarieren jetzt." Rasmussen muss noch einigen Häusern ausweichen, und die MD-81 streift mehrere Baumwipfel. Holmberg wirft sich in letzter Sekunde hinter die Cockpittür, und schließlich geht die Maschine mit fast 200 km/h krachend und splitternd zu Boden.

Das Fahrwerk wird als Erstes abrasiert, dann bricht eine Fläche, und als die Maschine nach äußerst kurzen 110 Metern Rutschpartie direkt vor dem nächsten Wäldchen zur Ruhe kommt, ist sie in drei Teile zerbrochen und liegt dort fast wie ein großes „Z". Treibstoff fließt aus, aber kein Feuer entsteht. Das ist gleichermaßen selten wie lebensrettend. Der Flug war ereignisreich, aber kurz, denn seit dem Start sind gerade einmal vier Minuten vergangen.

Alle Passagiere leben und nur acht sind schwerer verletzt. Ein beherzter Passagier sprintet zum nächsten Haus, und von dort aus wird Alarm geschlagen. Bereits zehn Minuten nach dem Unfall ist der erste SAR-Helikopter vor Ort, und Sanitäter und Arzt beginnen mit der Betreuung der Verletzten. Als alle gerettet und versorgt sind, ist die Zeit gekommen sich zu fragen, warum verdammt noch einmal die Triebwerkhebel wieder nach vorn gegangen waren, obwohl der Copilot den für das rechte, defekt scheinende, zurückgenommen hatte.

Die Erklärung kann man im zwei Jahre später erschienenen Unfallbericht nachlesen. Auf das Wesentliche reduziert liest sich das so: Zunehmend gibt es sehr harte Lärmschutzvor-

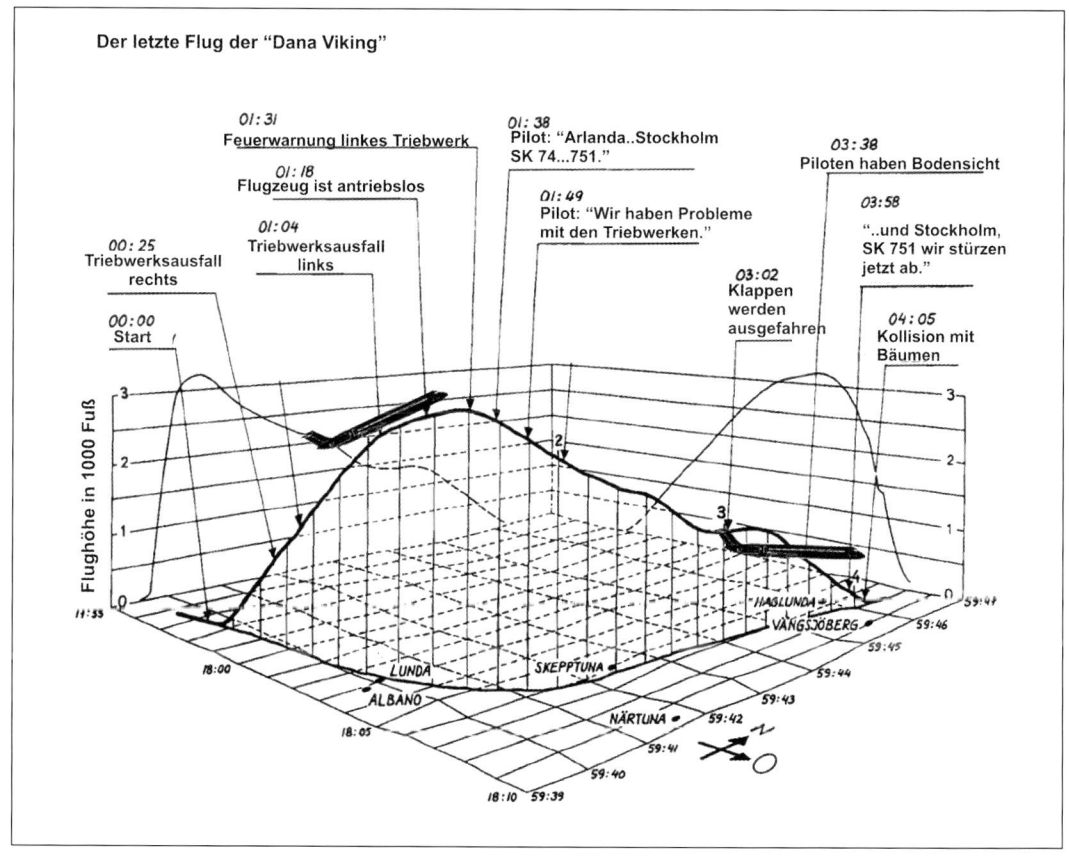

schriften. Aus diesem Grund nehmen Piloten die Leistung der Triebwerke direkt nach dem Abheben meist auf etwa 80 Prozent der möglichen Startleistung zurück, weil die Maschine in diesem Moment häufig noch über dicht besiedeltes Gebiet fliegt und man möglichst wenig stören möchte. Die so verminderte Leistung führt zu einem erheblich reduzierten Geräuschpegel.

McDonnell Douglas baut auf Wunsch einiger Kunden in die MD-81 eine Vorrichtung ein, die diese Zurücknahme überwacht. Wird die Leistung vom Piloten zu stark zurückgenommen, sodass folglich ein Absinken unter die Mindestgeschwindigkeit und damit ein „Abschmieren" droht, erhöht das System automatisch den Schub während des Steigvorgangs.

Diese Automatik war auch in der „Dana Viking" eingebaut, allerdings wusste davon niemand etwas, denn das System war gar nicht von der SAS bestellt worden! Es hatte somit auch nur am Rande Einzug in die Handbücher gefunden. Wie dem auch sei, die Piloten jedenfalls wussten nicht einmal, dass es eine derartige Automatik gibt, geschweige denn, dass sie diese in ihrer Maschine besaßen. Als Copilot Cedermark den Schub für das rechte Triebwerk zurücknahm, um es zu schonen, schob die Automatik die Schubhebel also folgerichtig wieder nach vorn, weil ja noch die Phase „Steigflug" vorlag und das System die Mindestgeschwindigkeit in greifbarer Nähe wähnte.

Außerdem gab es noch eine weitere Automatik, den beiden Piloten ebenfalls komplett unbekannt: Um asynchronen und damit gefährlichen unterschiedlichen Schub auf den beiden Triebwerken zu verhindern, sorgte eine Automatik für gleichmäßige Schubentfaltung beider Triebwerke.

Diese Automatik schob folgerichtig auch den Hebel für das linke, zu diesem Zeitpunkt noch intakte Triebwerk auf volle Leistung, da es ja mit dem rechten synchron laufen sollte. Das vertrug das Backbordtriebwerk wegen der vielen Eisbrocken aber nicht und ging auch zu Bruch. Da zwischen Beginn der Vibrationen und Ausfall

Folgende Quellen wurden ausgewertet:

- Aero International Nr. 10/2000 (enthält den ausführlichen Funkverkehr)
- Air International Nr. 42, SS.66+114
- Tim van Beveren: Runter kommen sie immer
- Terry Denham: World Directory of Airliner Crashes
- Hamburger Abendblatt, 28./30.Dezember 1991
- B. I. Hengi: Crash
- Ronan Hubert: Les Catastrophes Aeriennes de 1920 a 1996
- Ulrich Klee: jp Airline Fleets International
- Jan-Arwed Richter: Jet-Airliner Unfälle
- Jan-Arwed Richter u. a.: Feuer an Bord
- Roach, J. R., u. a.: Jet Airliner Production List Volume 2
- Statens haverikommision (SHK) report C 1993:57, L-124/91
- Der Stern vom 22. Dezember 1992
- Nicholas A. Veronico: Wreckchasing, Volume 2
- Andrew Weir: The Tombstone Imperative

beider Motoren nur eine Minute lag, war auch zu wenig Zeit für die Männer im Cockpit, die Ursache herauszufinden.

Findige Konstrukteure hatten hier eine Automatik ersonnen, die das Fliegen sicherer gestalten sollte. Sie waren absolut überzeugt davon, alles bedacht und eine für den Normalfall perfekte Technik ersonnen zu haben. In Stockholm jedoch lag ein Sonderfall vor, und den hatte man nicht ins Kalkül miteinbezogen. So kann man sich irren.

Erschwerend kam hinzu, dass die Piloten nie den Ausfall von beiden Triebwerken geübt hatten. Die SAS glaubte, einen solchen Fall könne es im echten Leben gar nicht geben, warum dann trainieren? Die Verantwortlichen wurden dafür im Untersuchungsbericht gerügt, aber das war kaum mehr notwendig, denn nach dem erlebten Absturz hat man dieses Training umgehend in den normalen Übungsalltag integriert.

Die Cockpitcrew wurde von der Presse sehr gelobt, was auch verständlich ist, denn die Notlandung war phantastisch gut gelaufen. Der Unfallbericht sprach sie später frei von aller Schuld. Rasmussen jedoch gab seine Lizenz zurück und fliegt inzwischen keine Passagiermaschinen mehr.

Das Desaster
mit der DC-10

346 Menschen mussten beim Absturz einer McDonnell Douglas DC-10 der Turkish Airlines am 3. März 1974 sterben, bis heute die Nummer drei in der traurigen Liste der zivilen Flugunfälle mit den meisten Toten. „Mussten", weil Betrug, Ignoranz und Inkompetenz dabei im Spiel waren, denn der auslösende Faktor für diesen Absturz war eine allen Verantwortlichen hinlänglich bekannte Konstruktionsschwäche. Nie wird man begreifen können, dass der Tod so vieler Menschen derart fahrlässig in Kauf genommen wurde. Bei dem nachstehend beschriebenen Unfall am 12. Juni 1972 nämlich hatte sich bereits erwiesen, dass die Frachttür der DC-10 nicht praxisgerecht konstruiert war und umgehend hätte geändert werden müssen.

Bereits vor diesem 12. Juni hatten die Betreiber der großen DC-10 ungezählte Beschwerden über den Verschlussmechanismus der hinteren Frachtraumtür an McDonnell gesandt und über 100 Fehlfunktionen innerhalb von zehn

Eine alte Aufnahme der verunglückten McDonnell Douglas DC-10 der American Airlines kurz nach dem Aufsetzen   Foto: George Hamlin

Monaten bemängelt. Das Ergebnis von Seiten McDonnells war lediglich ein unverbindliches Empfehlungsschreiben an die Fluggesellschaften. Ein grausames Beispiel dafür, dass die Verantwortlichen häufig erst einmal darauf warten, ob etwas passieren werde. Sie mussten sich nur wenige Monate gedulden.

An besagtem 12. Juni fliegt einer der erfahrensten Piloten der American Airlines (AA) eine DC-10 von Los Angeles über Detroit und Buffalo

> **Großraumjet verliert Steuerung**
>
> American Airlines Flug AA096, 12. Juni 1972
> Windsor, Michigan, USA

nach New York. Der 52-jährige Bryce McCormick ist seit 28 Jahren Pilot und hat bereits die außerordentlich hohe Anzahl von 24.000 Flugstunden gesammelt. Auch die beiden anderen Männer im Cockpit stehen ihm an Erfahrung kaum nach. Als Copilot befindet sich Peter Page Whitney an Bord, und unterstützt werden die beiden von Bordingenieur Clayton Burke. Acht Stewardessen verbreiten mit ihrem Lächeln gute Laune unter den Fluggästen, die ebenfalls sehr erfahrene Cydya Smith leitet die Kabinencrew.

In Detroit steigen einige Passagiere aus; sie werden zwar an dem bevorstehenden Abenteuer nicht teilnehmen, traurig über dieses Versäumnis jedoch sicher nicht sein! Andere kommen hinzu, und zusätzlich befindet sich kurz darauf eine besondere Fracht an Bord von Flug AA096: ein Toter, der überführt werden soll. Der Sarg wird im Heck der Maschine verstaut, und beim Schließen der Frachtraumtür macht deren Konstruktionsfehler sich wieder einmal bemerkbar. Aufgrund eines nicht ausreichend durchdachten Schließmechanismus lässt sich diese Luke nur von einem mit allen Wassern gewaschenen, sehr erfahrenen Belader korrekt schließen. Über den verfügt man aber nicht immer, und so macht die Tür auch heute wieder Probleme, was die Crew daran erkennt, dass die entsprechende Kontrollleuchte im Cockpit nicht erloschen ist. McCormick schickt seinen Bordingenieur nach hinten, ruft ihn aber gleich darauf zurück, als das Lämpchen plötzlich ausgeht. In diesem Moment nämlich hat der Belader einen Lademeister hinzugezogen, und der hat unter Zuhilfenahme seines Knies die Tür mit Gewalt versperrt. Dabei hat er unbemerkt das Führungsgestänge verbogen. Die Tür schließt zwar bündig mit dem Rumpf, ist aber dennoch nicht korrekt verriegelt und steht unter Spannung. Das ist schon mehrfach passiert, aber dieses Mal wird der Fehler schwerwiegende Folgen haben.

Um 19:20 Uhr hebt die DC-10 mit 56 Passagieren und elf Crewmitgliedern wieder ab und begibt sich auf die nur 280 Kilometer kurze Strecke nach Buffalo. Copilot Whitney ist Flying Pilot. 80 Prozent der Sitze im Großraumjet sind nicht belegt … das wird sich als vorteilhaft herausstellen.

Technische Daten McDonnell Douglas DC-10	
Kennzeichen	N103AA
Flugnummer	AA096
Typ	McDonnell Douglas DC-10-10
Seriennummer	46503
Fabrikationsnummer	5
Erstflug	11. Februar 1971
Außenmaße	Länge 55,30 m
	Spannweite 47,34 m
	Höhe 17,70 m
Triebwerke	3 x General Electric CF-6-6D
Leistung	3 x 18.150 kp
Max. Startgewicht	185.973 kg
Tankvolumen	83.280 l
Anzahl Passagiere	272
Dienstgipfelhöhe	10.670 m
Max. Reichweite	7225 km
Max. Geschwindigkeit	965 km/h
Anzahl gebaut	446 (davon 138 Serie DC-10-10)
Unfallbericht	NTSB AAR-73-2

Cleveland Control, die zuständige Flugleitstelle, gibt den Steigflug auf 6400 Meter frei, und die relativ leichte Maschine stürmt geradeswegs durch die verschiedenen Flugflächen. Um 19:24 Uhr kündigt sich über Windsor, Ontario, in 3650 Meter Höhe mit einem lauten Knall das Unheil an. Die nicht richtig verriegelte, kleine Frachtraumtür hat dem Innendruck von inzwischen rund fünf Tonnen nicht mehr standhalten können. Sie birst nach außen weg und beschädigt einen Teil des Hecks. Das wäre so schlimm noch nicht, aber da der Kabinenboden darüber keine Druckausgleichventile besitzt, bricht er schlagartig nach unten in den Frachtraum durch. Schlimm ist, dass er die kleine Bordbar teilweise mit nach unten durchsacken lässt und die beiden Stewardessen Bea Copeland und Sandra McConnell mit in die Tiefe des Frachtraumes reißt. Viel schreckerregender ist die Tatsache, dass hier unter dem Boden in mehreren Schächten lebenswichtige Steuerseile, Hydraulik- und Kraftstoffleitungen verlaufen. Einige dieser Leitungen werden durch die Wucht des herabbrechenden Kabinenbodens glatt durchschlagen, andere eingeklemmt. Hauptschäden durch diesen Bruch sind ein Ausfall des mittleren, Triebwerks, das im Leitwerk

American Airlines Flug AA 96 von Detroit nach Buffalo am 12. Juni 1972

AA 96

Buffalo
Detroit New York
Los Angeles

AA 96 kommt bei Notlandung von der Piste ab

Detroit-Metropolitan Airport

Seitenruder verklemmt

Kabinendruck entwichen

N103AA

Triebwerk 2 ausgefallen

Kabinenboden eingebrochen

© Jacdec, 2010

Eine nicht ausreichend gesicherte Frachtraumtür der DC-10 beschwörte eine fatale Verkettung herauf – sie setzte die lebenswichtige Systeme außer Gefecht

untergebracht ist, das Seitenruder steht wegen der durchtrennten Steuerung auf Vollausschlag.

Krach und Staub erfüllen schlagartig das Cockpit und elektrisieren die drei Männer dort, die eben noch bewundernd nach einer Boeing 747 ausgeschaut hatten, die in großer Höhe majestätisch über ihnen ihre Bahn zieht. Das Fußpedal schlägt explosionsartig zurück und reißt das Knie des Flugkapitäns bis zur Brust hoch. Noch weiß er nicht, dass dies den Bruch des Steuerseils bedeutet. Aber dass das Seitenruder voll nach links ausgeschlagen und dort festgeklemmt ist, merkt er unmittelbar am Verhalten der Maschine. Zusätzlich sind die drei Schubhebel in die Leerlaufstellung zurückgefahren und der für das mittlere Triebwerk ist mit lautem Knall gar bis zum Anschlag durchgeschnellt. Die akustischen Feuerwarn- und Kabinendrucksignale schrillen in ihren Ohren, rote

Warnlichter überall. Die Maschine dreht sich allmählich nach links und geht in den Sinkflug über. McCormick übernimmt die Führung des Flugzeugs und schaltet sofort den Autopiloten aus.

Ihm ist klar, dass der Kabinendruck schlagartig entwichen sein muss, er weiß aber noch nicht, welche Ursache dies hat. Die Männer vermuten, dass sie mit einem anderen Flugzeug kollidiert sind. Der Bordingenieur versorgt den Flugkapitän mit den wichtigsten Eckdaten: Triebwerk zwei ist ausgefallen, Hydraulik ist okay, Triebwerke eins und drei ebenfalls okay. Irgendwo scheint es zudem zu brennen. Alles in McCormick drängt ihn, schnellstmöglich abzusteigen, denn Feuer an Bord ist eines der schlimmsten Ereignisse im Leben eines Flugzeugführers.

Schweren Herzens entscheidet er sich dagegen, weil er nicht genau weiß, wie und wo die Maschine beschädigt ist und er sie möglicherweise durch heftige Manöver in ihrer Struktur gefährden könnte. Wie viele lädierte Flugzeuge zerbrachen schon beim Abfangversuch aus hoher Sturzgeschwindigkeit!

Stewardess Smith eilt wegen der Unruhe der Passagiere nach vorn und sieht dabei überrascht die drei Mützen der Cockpitcrew im Gang der Kabine liegen. Sie fragt den Kapitän betont cool: „Ist hier alles in Ordnung?", die gut gemeinte Frage einer erfahrenen Stewardess. Die Männer sind jedoch im äußersten Stress, und einer bellt zurück: „Nein, gehen Sie wieder in die Kabine zurück!" Das tut sie, wissend, dass im Moment nicht mehr an Information aus den Dreien da vorn herauszuholen ist. Sie beginnt die Passagiere zu beruhigen, die den Knall gehört haben und den seitdem durch die Kabine wabernden weißen Nebel überhaupt nicht entspannend finden. Sie erklärt jedem betont ruhig, dass dies eine ganz normale Folge des gesunkenen Kabinendrucks sei, und bittet darum, sicherheitshalber nicht mehr zu rauchen. Eine Zwischentür im Gang ist einer Passagierin, Mrs. Kaminsky, in der ersten Klasse an den Kopf geknallt. Die Folgen sind nicht schlimm … sie blutet ein wenig, aber sie und ihr Mann reagieren hysterisch. Cydya Smith gelingt es erst nach einiger Zeit, die beiden ein wenig gelassener zu stimmen. In diesem Moment wird sie von ihrer Kollegin nach hinten gerufen, eine Stewardess sei eingeklemmt.

Die Cockpitcrew hat mit Cleveland Control Kontakt aufgenommen und den Notfall deklariert. Cleveland fragt nach den Umständen, bekommt aber vorerst nur eine hinhaltende Antwort. Die Männer wissen selbst noch nicht, was im Heck passiert ist. Die Flugleitstelle schlägt Umkehr nach Detroit vor.

McCormick möchte alles andere lieber, als in die von Häusern umgebene Stadt und in die Wolken mit einer Sicht von nur 2,5 Kilometern zurückzukehren. Er fragt nach der nächsten Möglichkeit für eine Notlandung, aber willigt dann kurz entschlossen doch in die Rückkehr ein, weil er andererseits den Flughafen sehr gut kennt. Vor- und Nachteile halten sich die Waage. Die Maschine fliegt nur noch mit 400 km/h, obwohl McCormick auf den verbliebenen zwei Triebwerken unter den Tragflächen vollen Schub laufen hat. Der Flugkapitän will unbedingt vermeiden, dass sie wieder in die Wolken eintauchen. Die Maschine aber reagiert unwillig und „pomadig", also sehr träge, auf seine Steuerbefehle. Das liegt insbesondere daran, dass er das Seitenruder nicht verwenden kann. Er steuert die Maschine mit den beiden Triebwerken, indem er links und rechts abwechselnd Schub gibt und wegnimmt, um weite Radien zu fliegen. Aber er hat die große DC-10 wieder einigermaßen in den Griff bekommen, und es gelingt ihm tatsächlich, sie dicht über den Wolken zu halten.

Nicht nur seine äußerst vielfältige Erfahrung mit den unterschiedlichsten Maschinen, der DC-3, DC-4, DC-6 und DC-7 sowie der Convair und der Boeing 707 hilft ihm, das spezielle Flugverhalten der angeschlagenen DC-10 richtig einzuschätzen. Es ist insbesondere ein anderer Grund, der heute Menschenleben retten wird: McCormick hat den unwahrscheinlichen Ausfall der Hydraulik bis zum Geht-Nicht-Mehr im Simulator geübt. Der höchst versierte Pilot hatte nach Übernahme der ersten DC-10 sofort bemängelt, dass dieser Typ nicht mehr über die Notseilzüge verfügt, wie sie die 707 von Boeing für einen Fall von Hydraulikversagen beispielsweise noch aufweist. Er hatte angeprangert, dass das Vertrauen auf die Hydraulik blind sein könne, aber nur zur Antwort bekommen, dass die vielfach redundanten Systeme einen Komplettausfall völlig unmöglich machen würden. Dass dies ein furchtbarer Irrtum der Konstrukteure war, zeigte sich später, im März 1974, als fast 350 Menschen sterben mussten.

Wie dem auch sei – McCormick hatte geradezu verbissen geübt, wie man mit den an beiden Seiten unter den Flächen angebrachten Triebwerken das Flugzeug bei Totalausfall der Hydraulik dirigieren kann, und das tut er nun bravourös, denn Druck auf das arretierte Seitenruder kann er nicht mehr ausüben. Während dieser Manöver hat ein Farmer ein merkwürdiges Erlebnis. Er hat die Maschine im Unbewussten gehört und dann eine laute Explosion vernommen. Als er nach oben schaut, kommt ihm eine längliche Kiste entgegengeflogen, die den Bruchteil einer Sekunde später neben ihm auf den Boden kracht und zersplitternd ihren Inhalt freigibt: Es ist ein Sarg, der da vom Himmel ge-

Folgende Quellen wurden ausgewertet:

- Air International Volume 71, Nr. 3
- Francis Lee Bailey: Cleared for the Approach
- Stephen Barley: The Final Call
- David Beaty: The Naked Pilot
- Simon Bennett: Human Error – By Design?
- Inge Byhan: In 30 Sekunden Crash
- J. R. Chiles: Inviting Desaster
- Michael Dorman: Detectives of the Sky
- Paul Eddy u. a.: „Destination Desaster"
- Allan Edwards: Flights to Hell
- Nicholas Faith: Black Box
- John Godson: The Rise and Fall of the DC-10 (enthält den Funkverkehr für die kompletten 20 Minuten)
- David Grayson: Terror in the Skies
- William Heller: Airline Safety
- McArthur Job: Air Disaster, Volume 1
- Ulrich Klee: jp Airline Fleets International
- Fred McClement: Jet Roulette
- Sepp Moser: Wie sicher ist fliegen?
- Ralph Nader: Collision Course
- John J. Nance: Blind Trust
- NN: Flugzeug Katastrophen
- William Norris: The Unsafe Sky
- NTSB Unfallreport: AAR-73-02
- David Owen: Air Accident Investigation
- Michael Prince: Crash Course
- Jan-Arwed Richter: Jet-Airliner Unfälle
- J. R. Roach: Jet Airliner Production List, Volume 2
- Mike Sharpe: Air Disasters – The Truth Behind the Tragedies
- Stanley Stewart: Emergency
- Stanley Stewart: Flugkatastrophen
- Rodney Stich: Unfriendly Skies

fallen ist. Während der völlig verstörte Bauer noch überlegt, wie sich dieses Erlebnis erklären lässt, rennt Cydya Smith ihrer Kollegin hinterher, um der eingeklemmten Stewardess zu helfen. Auch hier im Heck ist die Luft noch dunstig, aber etwas lichter ist es schon als vorn.

Cydya Smith steht vor dem eingebrochenen Kabinenboden und sieht, wie sich die Stewardess Bea Copeland verzweifelt bemüht, aus dem Loch freizukommen. Sie wurde von Teilen der Maschine am Kopf getroffen, ihr Fuß ist eingeklemmt, und ein großflächiger Metallrest liegt auf ihrem Kopf. Sie ist einer Panik nahe und ruft laut um Hilfe. Cydya Smith schafft es nicht, Bea Copeland zu befreien, und sie ruft über das Bordtelefon den Flugingenieur zu Hilfe. Währenddessen gelingt es Bea Copeland aber ganz plötzlich, den Teil des Kabinenbodens, der auf ihr liegt, wegzudrücken. Den Schuh muss sie ausziehen, dann kommt sie frei und klettert, unterstützt von einem Passagier und Cydya Smith, über das Druckschott nach oben. Dort zeigt sich, dass ihre Verletzungen nur unbedeutende Schrammen sind. Sie hat unglaubliches Glück gehabt, denn wäre die Bar ganz nach unten durchgefallen, wäre sie vermutlich nicht so glimpflich davongekommen. Der Bordingenieur, der noch auf der Suche nach seiner Mütze ist, kann sich erst einmal wieder in seinem Sitz anschnallen.

Aber wo ist Sandra McConnell? Diese Stewardess hatte vor dem Knall noch direkt neben Bea Copeland gestanden. Die beiden Frauen rufen nach ihr, aber sie erhalten zunächst keine Antwort. Die junge Frau ist ebenfalls in den Gepäckraum gefallen und kann dort, mit dem Kopf nach unten hängend, ein großes Loch in der Bordwand der Maschine sehen und dadurch die Wolken, über die sie gerade hinwegfliegen. Sie hat unvorstellbare Angst, durch das Loch nach außen gesogen zu werden, aber es gelingt auch ihr nach einigem Bemühen, sich ganz ohne äußere Hilfe zu befreien. Zur Freude der anderen taucht sie plötzlich unverletzt wieder in der Kabine auf und beginnt sofort, sich ebenfalls um die Passagiere zu kümmern. Eine Frau mit starken Nerven!

McCormick versucht inzwischen erfolglos, die Trimmung elektrisch zu verändern. Auch der Notbetrieb per Hand zeigt keine Ergebnisse. Weiterhin verbleibt ihm nur die Steuerung mit den beiden Triebwerken. Das hat er inzwischen gut im Griff, also wendet er sich erst einmal an seine Passagiere. Er entschuldigt sich für die Unannehmlichkeiten und erzählt ihnen, sie hätten ein mechanisches Problem, das eine Umkehr nach Detroit angeraten erscheinen ließe. Ruhig und gelassen ist seine Stimme und hilft den Stewardessen ungemein dabei, eventuell aufkommende Panik weiterhin zu unterdrücken.

Cydya Smith hat der Cockpitcrew von den großen Zerstörungen berichtet, die sie im Heck gesehen hat, aber was dort genau passiert ist, weiß immer noch niemand. McCormick hat die Maschine mit einer sanften Linkskurve gewendet und fliegt inzwischen sehr ausgewogen. Mit Cleveland Control wird sicherheitshalber vereinbart, dass die volle Rettungsausrüstung bereitsteht, wenn die Maschine landet. Die Flugleitstelle wüsste gern, was denn nun eigentlich mit der Maschine nicht in Ordnung sei, aber trotz wiederholter Anfrage bekommt der Fluglotse stets die gleiche Antwort: Die Männer im Cockpit der angeschlagenen DC-10 wissen es nicht.

Einige Stewardessen haben den Service wieder aufgenommen, um ostentativ Normalität zu demonstrieren. Andere haben begonnen, die gröbsten Trümmer aus dem Gang und von den Sitzen zu entfernen. Alle Passagiere werden nach vorn gesetzt, der eingebrochene Boden im Heck ist den Mädels unheimlich und die Insassen sollen möglichst weit entfernt von ihm sein. McCormick informiert die Kabinencrew darüber, dass sie in zehn Minuten unten sein werden, und fordert die Vorbereitungen für eine Notlandung ab. Die Maschine ist jetzt noch 3400 Meter hoch, fliegt knapp 300 km/h schnell, aber die Sinkrate ist mit 100 Metern pro Minute viel zu niedrig. Das geht nicht schnell genug. So wird das nichts. Also lässt McCormick 15-Grad-Klappen setzen und gibt mehr Schub. Dadurch steigt die Sinkrate auf 250 Meter in der Minute, und damit ist der Flugkapitän zufrieden. Cleveland nervt schon wieder und fragt, ob es einen Zusammenstoß gegeben habe, aber die Antwort ist stereotyp: Wir wissen es immer noch nicht. Aber wir haben ein Problem, vermelden sie. Dadurch, dass das Seitenruder und das mittlere Triebwerk ausgefallen seien, könnten sie nur vorsichtig und langsam sinken, würden eine Menge Raum beanspruchen. „Ich habe nicht die geringste Kontrolle über das Ruder. Meine Kurven werden weit und langsam sein", teilt McCormick dem Fluglotsen mit.

Ein langer Anflug sei das Wichtigste, was sie nun als Hilfe von Cleveland Control benötigen würden. Dieser wird ihnen augenblicklich zugesagt, und die Flugleitstelle fordert sie auf, weiter auf 1500 Meter zu sinken. So würden sie einen breiten Raum für einen gestreckten Anflug erhalten. McCormick wendet sich erneut an die Passagiere, bittet noch einmal um Entschuldigung und teilt ihnen mit, dass die Mannschaft die Maschine voll im Griff habe. Und als säßen sie nicht in einem waidwunden Flugzeug, das jeden Moment auseinanderfallen kann, verspricht er ihnen, er würde alles in seiner Macht Stehende tun, damit sie in Kürze noch nach Buffalo weiterfliegen können. So vermittelt er einigen gläubigen Passagieren gekonnt das Gefühl, dies sei das größte Problem, das vor ihnen liege.

Auf 1000 Meter Höhe wird das Fahrwerk sauber ausgefahren, drei grüne Lämpchen signalisieren, dass damit alles in Ordnung ist. Vier Kilometer entfernt ist der Flugplatz, 280 km/h fliegen sie, und nun werden die Klappen voll auf 35 Grad gesetzt. Dadurch wird die Sinkrate höher – zu hoch. McCormick muss mehr Schub geben, erhöht folglich die Geschwindigkeit auf 305 km/h und lässt die Klappen auf 22 Grad zurückfahren. Der Bordingenieur hat ihr derzeitiges Gewicht mit etwa 132.500 Kilogramm berechnet, weil nur wenig Kerosin in den Tanks ist. Dennoch schweben sie nicht perfekt ein. Zu steil ist der Anstellwinkel; das würde ganz schön krachen, etwas, das McCormick mit dieser angeknacksten DC-10 unter allen Umständen verhindern will.

So ziehen die beiden Piloten vereint an der Steuersäule und fragen sich, was das wohl für eine entsetzliche Landung werden wird. Viel zu pessimistisch, die beiden Herren! Sanft setzt die Maschine um 19:44 Uhr, 24 Minuten nach dem Start, mit immer noch 305 km/h auf, also fast 60 km/h über der normalen Landegeschwindigkeit. Dann allerdings beginnen noch einmal bange Sekunden, denn sofort bricht die DC-10 wegen des arretierten Seitenruders nach rechts aus. McCormick gibt volles Querruder nach links und vollen Umkehrschub auf die beiden Triebwerke. Die Maschine zieht unbeirrt weiter nach rechts. Blitzschnell nimmt Copilot Whitney das rechte Triebwerk in den Leerlauf, während das linke weiterhin vollen Umkehrschub bereitstellt. Das bringt das gewünschte Ergebnis, die Maschine hält jetzt immerhin geradeaus Kurs. Das Bugrad und das rechte Hauptfahrwerk pflügen allerdings bereits seit einiger Zeit neben der Bahn durch das Gras. Dies hat weiter keine schlimmen Konsequenzen, wenn auch das Poltern beim Auftreffen des Bugrades auf

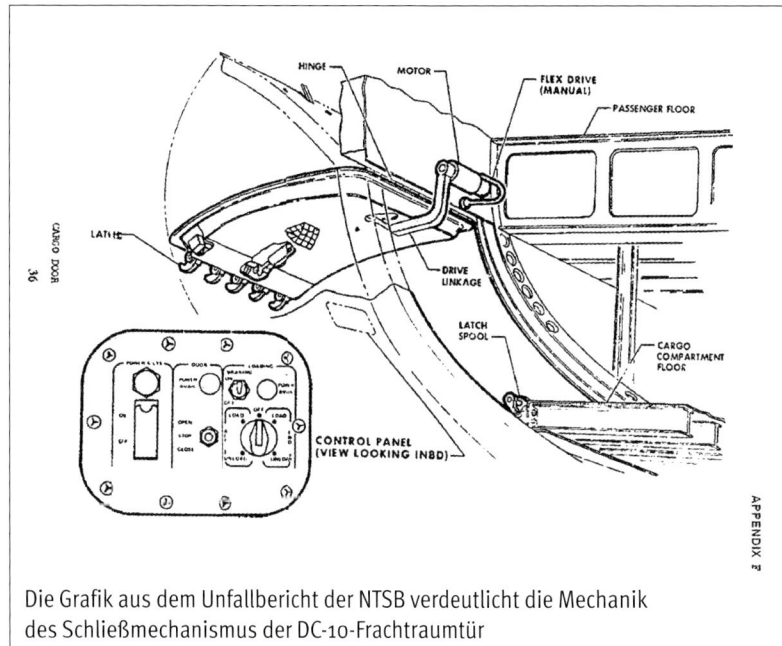

Die Grafik aus dem Unfallbericht der NTSB verdeutlicht die Mechanik des Schließmechanismus der DC-10-Frachtraumtür

zeigt deutlich, dass deren Riegel nicht eingerastet war. Die NTSB wollte entsprechende Änderungen der Konstruktion vorschreiben, eine starke Lobby verhinderte dies jedoch: „es wäre doch niemand zu Schaden gekommen". Die FAA begnügte sich so mit einer Minimalvorschrift, dem Einbau eines kleinen Sichtfensters, mit dessen Hilfe künftig von außen die Funktion des Schließmechanismus überprüft werden sollte. Ein Paradebeispiel für die Macht eines großen

die vielen betonierten Abzweigungen jedes Mal mächtig an den Nerven zerrt. Wie lange hält die Konstruktion das wohl noch aus?

Aber schließlich, 500 Meter vor dem Ende der 3200 Meter langen Landebahn, kommt die Maschine zum Stehen. Wegen möglichen Feuers wird über die Notrutschen evakuiert, und nach 30 Sekunden meldet Stewardess Smith bereits, dass alle ihr anvertrauten Menschen in Sicherheit sind. Und zwar richtig sicher! Denn zahllose Männer vom FBI begleiten die Passagiere und vernehmen sie, bis ausgeschlossen werden kann, dass der Vorfall durch eine Bombe ausgelöst wurde.

McCormick überprüft die Kabine und stellt fest, dass die Laderaumtür völlig zerknittert ist und eine große Öffnung im Rumpf klafft. Teile der Tür haben das Höhenruder beschädigt, aber dieser Schaden ist nicht sehr schwer. Die drei Männer sind zufrieden mit ihrer Arbeit, suchen ihre Mützen und verlassen in tadelloser Uniform die DC-10, als wäre es ein normaler Flug gewesen. McCormick erhält für seine fliegerische Meisterleistung mehrere Auszeichnungen. Die Untersuchung an den Resten des Türmechanismus und der 30 Kilometer entfernt wiedergefundenen Teile der Frachtraumklappe

Unternehmens, wenn es darum geht, eigene Interessen durchzusetzen. McDonnell Douglas informierte seine Kunden nur halbherzig und gab eine nicht verbindliche Richtlinie heraus. All dies ebnete den Weg für den Absturz der Turkish Airlines DC-10. Die Airline hatte vor Auslieferung eine Änderung des Schließmechanismus dieser schon länger eingelagerten DC-10 gefordert. Eine Zusage wurde gegeben.

In den sauber abgezeichneten Arbeitspapieren fand sich die geforderte Änderung auch als erledigt, sie wurde jedoch aus bis heute ungeklärten Gründen überhaupt nicht durchgeführt. Die Frachtraumtür wurde unter ähnlichen Bedingungen weggesprengt, der Boden brach durch, aber diesmal wurden sämtliche Leitungen zerstört. Das Schicksal der türkischen Maschine und ihrer insgesamt 346 Insassen war besiegelt.

Die DC-10 N103AA jedoch wurde repariert und flog insgesamt 22 Jahre für die American Airlines, bevor sie im Oktober 1993 eingelagert wurde. 1997 wurde sie von Federal Express gekauft, trug dann das neue Kennzeichen N532FE, ist meines Wissens jedoch im Jahre 2002 abgewrackt worden, ohne erneut in den Flugdienst gekommen zu sein.

Mitleid mit einem 18 Flugzeugentführer?

Dies ist eine weitere wahre Begebenheit, die von einer Flugzeugentführung handelt. Sie ereignete sich am 19. Dezember 1968, zu einem Zeitpunkt, an dem es gewissermaßen „üblich" war, Flugzeuge zu entführen, insbesondere nach Kuba. Um es korrekt auszudrücken: In den Jahren 1968/69 nahmen Hijackingfälle in Nord- und Südamerika sprunghaft zu. Menschen beispielsweise, die mit ihrem Leben in den Vereinigten Staaten von Amerika nicht zurecht kamen, kaperten einfach ein Flugzeug und flogen in ein anderes Land, vorzugsweise Kuba. Es ist kaum nachzuvollziehen, dass Menschen damals glaubten, alle erdenklichen Probleme in ihrer Ehe oder im beruflichen Bereich auf Kuba lösen zu können. Woran mag dies gelegen haben?

Diese baugleiche DC-8, N8762, der Eastern Airlines kann nicht unsere Maschine gewesen sein, denn sie hatte am 20. Dezember 1968 ihren Erstflug, genau einen Tag nach der Entführung nach Kuba
Foto: Werner Fischdick

Das lässt sich am besten mit den Worten damaliger Psychologen erklären: Die Menschen wählten Kuba als Zuflucht, weil es so ganz und gar nicht befreundet war mit den USA und innerhalb der drei Amerikas eine Insel der Andersartigkeit darstellte. Viele Unglückliche waren dorthin geflüchtet und nicht wiedergekommen. Was lag für einfach denkenden Menschen näher als die Annahme, sie hätten dort das Paradies gefunden? Der Fall des Afroamerikaners

Thomas George Washington ist alles andere als spektakulär. Er bietet auch keinen Raum zum Schmunzeln, nicht einmal ansatzweise, wie der Falkland-Fall zum Beispiel. Er ist nicht einmal spannend, wie die Fallschirmgeschichte. Eher ist er ein wenig traurig. Von den vielen Fällen, mit denen ich mich intensiver auseinandergesetzt habe, war es einer derjenigen, die mich besonders nachdenklich machten. Nicht, dass ich Hijacking, in welcher Form auch immer, befürworten oder auch nur gedanklich dulden würde. Es ist gegen das Gesetz, und stets wird das Leben Unschuldiger bei Entführungen gefährdet … wie auch im vorliegenden Fall. Was ich vielmehr schildern möchte, ist die aussichtslose Lage, in der ein Mensch sich wähnt und aus der er lediglich mit der gewaltsamen Entführung eines Flugzeuges und Umdirigierung in das gelobte Land Kuba, die Insel der Andersartigkeit, entfliehen zu können glaubt. Dass dieser vermeintlich letzte Ausweg jedoch ein Irrweg ist, zeigt das Beispiel des Hijackers Thomas George Washington besonders anschaulich.

Der Mann ist gerade einmal 29 Jahre alt und hat alle Anstrengungen unternommen, ein guter Amerikaner zu sein. Über einen langen Zeitraum hat er viel Mühsal ertragen, Entbehrungen auf sich genommen, Schikanen erduldet, aber nicht einmal ansatzweise den Platz in der Gesellschaft erlangt, den er sich gewünscht und für den er ununterbrochen hart gearbeitet hat. Regelmäßig werden ihm bei der Vergabe freier Jobs die anderen Bewerber vorgezogen, im Allgemeinen sind es Weiße. Als er diese Situation eines Tages nicht mehr ertragen kann, weil er für sich und sein Kind keine Zukunft mehr erkennen kann, beschließt er, ein Flugzeug zu entführen. Dies ist eine spontane und natürlich schrecklich dumme Entscheidung. Deshalb wird der intelligente Washington dies zu einem späteren Zeitpunkt konsequenterweise auch einsehen und seine Tat aufrichtig bereuen. Zuvor jedoch muss er schlechte Erfahrungen sammeln.

Hijacking mit Kind und Kegel

Eastern Airlines Flug EA47, 19. Dezember 1968
Havanna, Kuba

Technische Daten Douglas DC-8-61	
Kennzeichen	unbekannt
Flugnummer	EA47
Typ	Douglas DC-8-61
Seriennummer	unbekannt
Fabrikationsnummer	unbekannt
Erstflug	14. März 1966
Außenmaße	Länge 57,12 m
	Spannweite 43,41 m
	Höhe 12,92 m
Triebwerke	4 x Pratt & Whitney JT3D-1
Leistung	4 x 7945 kp
Max. Startgewicht	147.415 kg
Tankvolumen	88.552 l
Anzahl Passagiere	251
Dienstgipfelhöhe	9100 m
Max. Reichweite	11.860 km
Max. Geschwindigkeit	933 km/h
Anzahl gebaut	555 (davon 78 Serie DC-8-61)

Früh am Morgen dieses 19. Dezember 1968 ist Flugkapitän Firth mit den Vorbereitungen für Flug EA47 beschäftigt. Seine McDonnell Douglas DC-8 soll in Kürze mit 144 Passagieren von Philadelphia direkt in das sonnige Florida fliegen. Firth zur Seite stehen weitere sechs Crewmitglieder, sodass sich dann insgesamt 151 Menschen an Bord der Maschine befinden werden. Währenddessen holt der gelernte, aber immer noch arbeitslose Chemiker Washington die dreijährige Tochter bei seiner Exfrau ab. Letztere findet es selbstverständlich, dass der treu sorgende Vater sich Zeit nimmt, mit dem Kind spazieren zu gehen und etwas einzukaufen. Sie hat im Gegensatz zu ihm nämlich einen festen Job und will sich nicht ständig um das Mädchen sorgen müssen. Hätte sie auch nur geahnt, was Washington vorhat, sie wäre alles andere als erbaut gewesen. Warm zieht sie das Mädchen an, es ist recht kalt in Philadelphia. Woher soll sie auch ahnen, dass ihre Tochter in Kürze im sonnigen Kuba sein wird?

Dann nimmt Washington das niedliche kleine Kind mit sich und geht tatsächlich einkaufen. Nur sind es nicht die vermuteten Weihnachtsgeschenke, sondern es handelt sich um eine Spielzeugpistole, die er in einem Kaufhaus ersteht. Direkt nach dem Einkauf begeben Vater und Tochter sich an Bord der Eastern Airlines.

Für die eiligen Passagiere unter den Insassen wird die Reise unangenehm, denn der nonstop geplante Flug muss einen beträchtlichen Umweg auf sich nehmen. Es werden etliche Stunden vergehen, bis Besatzung und Fluggäste am Ende eines langen Tages in Florida eintreffen.

Im Flugzeugheck, wo Washington sich mit seiner Tochter in die letzte Reihe setzt, hat die deutschstämmige Stewardess Uta Risse Dienst. Sie ist noch nicht erfahren im Umgang mit plötzlichen Zwischenfällen. Wie sollte sie auch? Sie ist gerade einmal 23 Jahre jung und arbeitet noch nicht sehr lange bei der Fluggesellschaft.

So reagiert sie ziemlich erschrocken, als Washington ihr über dem Atlantik einen Zettel überreicht mit der Bemerkung, sie möge diesen dem Piloten geben und ihm mitteilen, er wolle nicht nach Miami, sondern ganz woanders hin. Uta Risse geht geschwind nach vorn, wo Flugkapitän Firth folgenden Satz entziffert: „Lieber Pilot, dieser Flug geht nach Havanna. Ich habe eine Schusswaffe und Nitroglycerin. Ich habe Chemie studiert." Insbesondere der merkwürdige letzte Satz macht ihn nachdenklich. Soll er der Drohung Nachdruck verleihen? Oder will da einer lediglich sein Wissen kundtun? Später wird man herausfinden, dass es ein wenig von beidem ist.

In jedem Fall ist Firth nur mäßig überrascht, denn – wie gesagt – Flugzeuge werden Ende der Sechzigerjahre regelmäßig nach Kuba umdirigiert. Fünf Wochen in Folge gab es nun schon Meldungen von Hijacking auf die kommunistische Zuckerrohrinsel, und heute ist er dann offensichtlich mit seiner DC-8 an der Reihe. Stewardess Risse berichtet, der Entführer habe seine Hand in einer Papiertüte versteckt, darin habe er eine Pistole, die sie gesehen habe. Daher zögert der Flugkapitän nicht einen Moment, die Forderung zu erfüllen, denn er will unter keinen Umständen das Leben eines der 151 Insassen gefährden.

Über Jacksonville berichtet er folglich der Flugkontrolle, dass er nicht in Miami landen, sondern direkt nach Kuba fliegen werde. Ein Zwischenstopp ist nicht erforderlich, denn der Sprit reicht bis Havanna. Die Stewardess hat sich wieder nach hinten begeben, setzt sich ebenfalls in die letzte Reihe und teilt Washing-

Folgende Quellen wurden ausgewertet:
- James Arey: The Sky Pirates
- David Gero: Flüge des Schreckens

ton mit, dass man den Kurs geändert habe. Washington nickt erleichtert, wirkt aber trotzdem immer noch nervös.

Bedrohlich findet Uta Risse den Mann jedoch nicht, obwohl es ein fast 1,90 Meter langer Kerl ist. Auch seine Nervosität macht ihr keine Angst, obwohl man gemeinhin sagt, nervöse Gangster seien am gefährlichsten. Im Fall des Entführers Washington jedoch vermutet die Stewardess, dass dieser möglicherweise seinen ersten Flug absolviere und deshalb so unruhig wirke. Sie fragt ihn danach: Sie hat richtig vermutet. Nach und nach offenbart sich Washington der jungen Frau. Es ist so, als hätte er nur darauf gewartet, einen Menschen zu treffen, der ihm endlich einmal zuhört. Und Stewardess Risse hört ihm zu – was bleibt ihr auch sonst übrig? Sie spürt, der Mann ist nicht wirklich gefährlich; sie möchte die Situation durch ihre Anteilnahme entschärfen.

Voll Bitterkeit erzählt der Mann von seinen zahllosen Bemühungen, überall in den USA einen Arbeitsplatz zu finden. Schließlich müsse es für einen qualifizierten Chemiker doch irgendwo einen Job geben! Aber alle Versuche seien fruchtlos geblieben, auch weil seine Frau sich weigere, ihren Job als Verkäuferin aufzugeben und zu Haus zu bleiben. Warum war sie ihm nicht entgegengekommen? „Ich will nun nicht mehr in einem Land bleiben", fährt er fort, „das mich nicht brauchen kann. Ein Land, das voller Hass auf die Schwarzen ist und in dem ich alle naslang auf Vorurteile stoße. Darum will ich nach Kuba, aber vor allen Dingen deshalb, weil meine kleine Tochter es eines Tages besser haben soll. Ihr zuliebe habe ich das Flugzeug entführt." Dann fängt der große Mann mitten beim Erzählen an zu weinen, und gleich darauf heult auch seine Tochter los. Selbst Uta Risse hat Mitleid mit ihm, fängt ebenfalls an zu schluchzen, und die drei helfen sich gegenseitig mit Taschentüchern aus. Ist das noch eine normale Entführung? Eher nicht … aber was ist schon normal bei einer Flugzeugentführung?

Kurz darauf landen sie auf dem Aeropuerto Internacional José Martí in Havanna. Washington hat immer noch Tränen in den Augen, entschuldigt sich nacheinander bei allen Passagieren und der Crew und beteuert glaubwürdig, er würde ganz bestimmt niemanden verletzt haben. Kurz darauf bringen sechs Soldaten der kubanischen Armee den Mann und das kleine Mädchen fort.

Wie üblich, beginnt dann der hinlänglich bekannte, bürokratische Kleinkrieg mit den kubanischen Behörden, den Flugkapitän Firth aber abkürzt, weil er durch die Erfahrung anderer Pilotenkollegen weiß, dass Bockigkeit und Beharren auf vermeintliche Rechte die Angelegenheit nur verlängern. Kuba behauptet nämlich einfach, eine volle DC-8 könne nicht vom Flughafen José Martí aus starten. Also ordert der Pilot zwei kleinere Maschinen der Eastern Airlines, zwei Lockheed Electra, zum gut 100 Kilometer entfernten Flughafen Varadero und startet kurz darauf mit seiner DC-8 ohne Passagiere, aber mit seiner Crew zurück in die USA. Die Passagiere werden mit mehreren Bussen nach Varadero gekarrt und fliegen von dort aus schlussendlich doch noch nach Miami. Während des Transportes diskutieren die Passagiere des Entführungsfluges miteinander über das Erlebte. Seltsamerweise gibt es fast keinen, der Washington so richtig böse ist. Sie hätten zwar gern auf den Umweg und ihre Ängste verzichtet. Aber jetzt, wo die Angelegenheit gut ausgegangen ist und man den jungen Mann in all seinem Kummer erlebt hat, ist die Mehrheit doch einigermaßen versöhnlich gestimmt.

Lassen Sie uns noch einige Zeit auf Kuba verweilen und den Hijacker beobachten. Thomas George Washington gefällt es dort nicht. Das Paradies hat er hier nicht gefunden, und mit dem Kommunismus kommt er schon gar nicht zurecht. Klar, einen Job hat man dem Mann kurzfristig gegeben, aber alles andere ist nicht so, wie er es sich erhofft hatte. Er bekommt Heimweh und nimmt schon nach acht Monaten Kontakt mit Associated Press (AP) auf. „Ich würde gern wieder zurück in die USA und in meine Heimatstadt Philadelphia gehen", sagt er, „aber nicht, wenn mich dort der elektrische Stuhl oder zwanzig Jahre Haft erwarten. Ich fühle mich nicht zu Hause hier auf Kuba. Meine Heimat sind die USA. Kommunist wollte ich nie werden, meine Gründe zur Flucht waren andere. Ich wollte lediglich meine Tochter aus diesem Teufelskreis und von diesem Hass befreien."

Kurz darauf wird ihm über Kanada eine Rückkehr ermöglicht, und später sitzt er 16 Monate im Gefängnis ab wegen Nötigung einer Flugzeugbesatzung. Diese außerordentlich milde Strafe wird verhängt, weil er glaubhaft versichern konnte, er habe keine richtige Waffe gehabt und weil niemand zu Schaden gekommen ist. Aber nicht zuletzt – so hat es im Nachhinein den Anschein – stand er auch vor einem Richter und vor Geschworenen, die sich konfrontiert sahen mit einem typischen Problem der damaligen Zeit. Sie sahen in Washington zwar in erster Linie den Täter, hatten darüber hinaus jedoch Mitleid mit einem Mann, den die Lebensumstände hart herangenommen hatten.

Feuer während 19 des Fluges

Vor dem Einsatz von Turbinen wurden Flugzeuge grundsätzlich mittels Kolbenmotoren und den dadurch angetriebenen Propellern vorwärts gebracht. Wie bereits in der Einleitung kurz erwähnt, waren diese Zeiten für Fluggäste wesentlich unsicherer, weil Kolbenmotoren nicht die gleiche Zuverlässigkeit aufweisen wie Turbinen. Das soll hier mit einfachsten Worten erklärt werden: In einem Kolbenmotor wird der Kolben durch die Explosionen im Zylinder ständig auf und ab bewegt. Diese heftigen und harten Bewegungen sind auf längere Sicht gesehen materialmordend. In einer Turbine hingegen bewegt sich nichts hin und her, sondern alles läuft schön rund im Kreis, materialscho-

Die DC-2 mit dem Kennzeichen VH-USY, eine recht seltene Maschine, die nur von Fachleuten von der in über 10.000 Exemplaren gebauten DC-3 unterschieden werden kann
Foto: Ed Coates Collection

nend. Wenn man sich vor Augen führt, dass es zur Blütezeit der Kolbenmotoren Exemplare mit 18 Zylindern gab, was die Anzahl von möglichen Kolbenproblemen bei einer Viermotorigen auf 72 brachte, ist leicht nachzuvollziehen, wie gefährlich damals das Fliegen sein konnte. Insbesondere gefürchtet waren die nach Schäden häufig auftretenden Motorbrände. Entzündete sich ein Kolbentriebwerk, so gab es vielfältige Möglichkeiten für den Exitus des Triebwerks durch Motorexplosionen beziehungsweise die Ausweitung des Brandes mit anschließender Zerstörung der Umgebung. Dabei waren die für den Auftrieb dringend erfor-

Motorexplosion und schwierige Notlandung

Australian National Airways, Flugnummer unbekannt, 8. Februar 1940; Dimboora, Australien

Technische Daten Douglas DC-2	
Kennzeichen	VH-USY
Flugnummer	unbekannt
Typ	Douglas DC-2
Seriennummer	1580
Erstflug	1936
Außenmaße	Länge 18,89 m
	Spannweite 25,91 m
	Höhe 4,97 m
Triebwerke	2 x Wright SGR-1820-F2
	Cyclone 9
Leistung	2 x 537 kW
Max. Startgewicht	8419 kg
Tankvolumen	2123 l
Anzahl Passagiere	18
Dienstgipfelhöhe	7193 m
Max. Reichweite	1368 km
Max. Geschwindigkeit	343 km/h
Verbrauch	360 l/h
Anzahl gebaut	218
Unfallbericht	Departmental Report
	(Nr. unbekannt)

dem Kennzeichen VH-USY übernimmt an diesem Tag den Vormittagsflug von Melbourne nach Adelaide. Kurz nach sieben Uhr startet die Maschine, das Wetter ist gut, und ein angenehmer Flug mit wunderschöner Weitsicht beginnt.

Flugkapitän Norman Croucher fliegt gemeinsam mit seinem Copiloten Arthur Lovell das Flugzeug. In der Kabine werden die elf Fluggäste verantwortungsvoll umsorgt von Stewardess Mavis Matters. Der Flug verläuft zunächst nach Plan. Über eine Stunde fliegt die Maschine in etwa 2000 Meter Höhe, und einige Passagiere denken schon an die bevorstehende Landung … etwas zu früh, wie sich im selben Moment zeigt, denn ein plötzlicher Stoß erschüttert das Flugzeug. Alle Insassen spüren dies, die Passagiere ebenso wie die Crew. Und ausnahmslos sind sie schlagartig beunruhigt.

Copilot Lovell geht nach hinten, um sich in der Kabine umzuschauen, denn die Instrumente zeigen nichts Außergewöhnliches an. Dort spricht er kurz mit einem anderen Piloten, Allan Chadwick, den er von früher her kennt. Dessen Frau und die kleine Tochter befinden sich mit ihm an Bord. Chadwick hat den heftigen Stoß ebenfalls verspürt, sich bereits umgeschaut, aber nichts bemerkt, was Lovell dabei helfen könnte, der Ursache auf die Spur zu kommen. Zurück auf dem Copilotensitz und gerade eben

derlichen Tragflächen besonders gefährdet, weil die Motoren meist in diese integriert waren. Begann ein Motor zu brennen, dann hieß es nach einem vergeblichen Löschversuch unverzüglich einen geeigneten Landeplatz zu erspähen. Unzählige Flugzeuge gingen dabei noch in der Luft verloren, explodierten, brachen auseinander. Die Glücklicheren schafften es noch nach unten, wobei die Landungen oft wegen der angeschlagenen Konstruktion oder unstabiler Flugbedingungen ebenfalls katastrophal endeten. Selten nur gelang es unter unglaublichen Mühen und mit dem immer erforderlichen Quentchen Glück, eine höher fliegende Maschine so rechtzeitig und so glücklich herunterzubringen, dass die Insassen überlebten. Im nachfolgenden Bericht stelle ich Ihnen so einen seltenen Fall vor, in dem buchstäblich niemandem ein Haar gekrümmt wurde.

Die „Bungana", eine Douglas DC-2 der „Australian National Airways Pty Ltd.", kurz ANA genannt, hat gerade eine größere Wartung hinter sich. Es ist früh am Morgen des 8. Februar 1940. Australien befindet sich im Krieg, aber die Inlandsflüge, denen allein die Australier es verdanken, dass das riesengroße Land kleiner erscheint als es in Wirklichkeit ist, werden weitgehend routinemäßig fortgeführt. Die DC-2 mit

Der Einstieg in eine DC-2 mutet uns heute einigermaßen wackelig an und würde dem TÜV auch nicht genügen. Damals aber war das Standard
Foto: Ed Coates Collection

angeschnallt, sieht Lovell auf den Instrumenten, dass der Steuerbordmotor deutlich an Leistung verliert. Eine Warnlampe zeigt an, dass der Druck in der Benzinleitung nicht mehr ausreichend hoch ist, um den Motor mit Treibstoff zu versorgen.

Die beiden Piloten vermuten, die Benzinpumpe müsse einen Defekt haben. Also versucht Lovell, mittels der Handpumpe Druck auf der Leitung aufzubauen. Auch das misslingt. Also wird das Steuerbordtriebwerk stillgelegt. Ein existenzielles Problem scheint dies den beiden erfahrenen Männern nicht zu sein, denn glücklicherweise ist der nächste Flugplatz in Nhill nur 60 Kilometer entfernt.

Das ist mit dem verbliebenen Backbordtriebwerk, aus dieser Höhe kommend, allemal zu schaffen. Also wird Nhill um 8:18 Uhr angefunkt und über das Motorproblem informiert. Gleichzeitig wird um Vorbereitung für eine Notlandung gebeten. Kurz darauf, um 8:27 Uhr, melden sich die Piloten der „Bungana" erneut, diesmal mit der Bitte um Durchgabe der Wind- und Wetterdaten. Die bekommen sie umgehend, aber eine Empfangsbestätigung der Crew geht nicht mehr durch den Äther. Das ist unüblich! Vergeblich versuchen alle umliegenden Stationen bis Melbourne hin, die Maschine zu erreichen. Niemandem gelingt der Kontakt, und die besorgten Männer am Boden befürchten das Schlimmste. Glücklicherweise zu unrecht, denn die „Bungana" fliegt noch, wenn man eine Art spiralförmigen Sturzflugs als Fliegen bezeichnen kann.

Zwischen den beiden Funksprüchen ist Stewardess Matters nach vorn gekommen und teilt mit, dass die Passagierkabine nach Benzin riecht. Lovell turnt wieder nach hinten und empfindet ebenfalls sofort den intensiven, stechenden Benzingeruch. Wieder erörtert er das Problem mit Allan Chadwick, aber beide Männer können sich nicht erklären, woher der Geruch kommt. Okay, da kann man erst einmal nichts machen, denkt Lovell und setzt sich alles andere als beruhigt wieder auf seinen (rechts befindlichen) Copiloten-Sitz, schnallt sich an und blickt routinemäßig aus dem Fenster auf den stillgelegten Motor. Sofort ist er wie elektrisiert: Das abgestorbene Triebwerk scheint wieder quicklebendig geworden, allerdings ist es Feuer, was dort so lebhaft zu sehen ist.

Er informiert den Kapitän, und der nimmt umgehend die Leistung des Backbordtriebwerks zurück, legt die Maschine in eine steile Linkskurve, drückt die Nase nach unten – und abwärts geht's, dass den Passagieren in der Kabine jäh die Schweißperlen auf der Stirn stehen. Croucher kennt sich aus mit Motorbränden. Er will mit diesem Manöver verhindern, wovor er am meisten Furcht hat: die Ausweitung des Brandes auf den Flächentank, möglicherweise gefolgt von einer heftigen Explosion. Gerade sind sie über Dimboola hinweggeflogen, 30 Kilometer von der Stadt Horsham im Bundesstaat Victoria entfernt. Dort bleibt die Notlage des Flugzeugs nicht unbemerkt. Die Einwohner sind bereits auf dem Weg zur Arbeit und sehen dicken schwarzen Rauch aus dem Flugzeug da oben kommen. Und als ob das nicht schrecklich genug wäre, wird der Rauch manchmal gar erhellt durch lange Feuerzungen.

Das sieht brenzlig aus, denken die Menschen dort unten auf dem sicheren Boden, setzen sich in ihre Autos und jagen dem sich kreisend nur langsam entfernenden Flugzeug hinterher. Einige denken schon weit im Voraus und haben schlauerweise die Feuerwehr angerufen. Nach nur zwei, drei Minuten schließt auch diese sich den anderen Autos an. Die Stewardess versucht inzwischen, die Passagiere zu beruhigen, was ihr nur teilweise gelingt. Insbesondere ein Fluggast, eine Dame, schreit ständig und beginnt, die anderen mit ihrer Furcht und Panik anzustecken. Auch die sehen ja schließlich das Feuer größer werden. Proportional wächst die Angst. „Das war's dann wohl", denken die meisten.

Zusätzlich ist der steile Kreiselflug nicht dazu angetan, die Passagiere zu beruhigen. Au-

Folgende Quellen wurden ausgewertet:

- McArthur Job: Air Crash, Volume 2 (auf diesem Buch basieren die wesentlichen Passagen der obigen Geschichte; es enthält eine ausführlichere Beschreibung mit weiteren Details und Fotos)
- Internet: users.chariot.net.au/~theburfs/dc2MAIN.html

ßer Allan Chadwick, der die zur Abwendung einer Explosion getroffene Maßnahme des Flukapitäns längst erkannt und innerlich für gut geheißen hat, denken die Passagiere, es habe irgendwie nicht den Anschein, als hätten die Piloten die DC-2 noch unter Kontrolle. Aber schließlich gelingt es der Stewardess doch noch, alle Fluggäste wenigstens zum Anlegen der Sitzgurte zu bewegen und ein wenig mehr Ruhe einkehren zu lassen. Dabei hat sie selbst ungeheure Angst. Sie glaubt, der Absturz sei unvermeidlich, denn sie hat natürlich keine Erfahrung mit einer derartigen Situation sammeln können. Und die Flammen aus dem Steuerbordmotor, die inzwischen die Länge des Flugzeugs erreicht haben, tragen auch nicht dazu bei, sie zuversichtlich zu stimmen.

Jahreszeitlich bedingt ist in Australien gerade die Zeit der Weizenernte, und Stoppelfelder sind überall zu sehen. Das ist ganz gut für eine Landung, denkt Croucher und beginnt sich während des Abwärtskreises nach einem möglichst großen Feld umzusehen. Bald hat er eines ausgemacht. Das Fahrwerk der DC-2 wird in eingezogener Position lediglich vom Druck der Hydraulik gehalten. Da die Hydraulikschläuche verbrannt sind, sind die beiden dicken Räder vor Kurzem von selbst aus den Schächten nach unten gefallen … wenigstens darum muss sich die Crew nun nicht mehr kümmern, denn die beiden Männer haben alle Hände voll zu tun. Plötzlich nimmt das Feuer stark an Intensität zu. Jetzt zählt jede Sekunde! Runter, nur runter muss es jetzt gehen, das ist lebenswichtig. Das schöne, große Feld ist zu weit entfernt, das nächstgelegene Feld muss es nun sein. Zäune umgeben es … egal. Während Croucher das Feld kreisend im Auge behält, macht es „Rumms": Die beiden oberen Halterungen des rechten Motors sind durchgebrannt. Also halten ihn nur noch die beiden unteren, aber er hängt so unglücklich vor dem rechten Hauptfahrwerk, dass eine Landung äußerst problematisch werden wird. Das sieht ganz nach einem asymmetrischen Kopfstand aus. Darauf kann und will Croucher keine Rücksicht nehmen. Die Priorität ist klar: nur nach unten und dann weg von diesem bedrohlichen Feuer, das sind die Gedanken, die ihn beherrschen.

Ein altes Foto der „Bungana", wahrscheinlich aufgenommen zum Zeitpunkt, als sich die Wiederherstellung der reichlich angeschlagenen Maschine dem Ende näherte   Foto: Ed Coates Collection

Endlich sind sie tief genug, und er kann die Maschine 30 Meter über dem Boden in eine horizontale Lage bringen. Da ist plötzlich eine Baumgruppe im Weg, wo kommt die denn her? Er hat sie während des Sturzfluges gar nicht gesehen, aber Gott sei Dank sind die Dinger nicht hoch genug, um die waidwunde Maschine zu gefährden. Es geht gerade noch einmal gut, als die „Bungana" darüber hinwegwischt.

Dann tut es noch einmal einen gewaltigen Schlag, und der Steuerbordmotor fällt komplett ab; die beiden unteren Halterungen sind ebenfalls durchgeschmort. Mit einer blitzschnellen Reaktion gleicht Croucher die plötzliche Seitenneigung aus. Reste des Motors streifen das Höhenruder, richten jedoch keinen nennenswerten Schaden an. Nun sollte tunlichst nichts mehr schief gehen, Crouchers Adrenalinvorrat ist zu Ende. Noch ein Baum! Verflucht noch einmal! Aber mit vollem Schub auf dem Backbordtriebwerk geht es über ihn hinweg. Dadurch jedoch sind sie viel zu schnell für das kurze Feld, denn Bremsen hat er nicht mehr, die Hydraulikflüssigkeit ist vollständig ausgelaufen, der Rest in den Leitungen verbrannt, kein Widerstand mehr auf dem Bremspedal.

Aber das Schicksal hat ein Einsehen, die Maschine stürmt zwar durch einige Zäune, deren singendes Reißgeräusch allen Insassen die letzten möglicherweise noch vorhandenen Nerven raubt, kommt jedoch alsbald zum Stehen. „Raus" brüllt Croucher. Das muss er nicht zweimal sagen, denn zügig leert sich die Maschine.

Die VH-USY wurde über die Straße abtransportiert, sorgfältig repariert … und hier fliegt sie bereits wieder, als wäre nichts gewesen
Foto: Ed Coates Collection

Typisch australisch aber wird das angegangen, denn die Herren lassen trotz der jeden beängstigenden Lage zuerst die Damen und das Kind aus der Maschine aussteigen. Als alle gerettet sind, versuchen die beiden Piloten sofort, das Flugzeug mit dem Bordlöscher zu retten. So eine DC-2 ist ganz schön teuer. Vergebliche Liebesmüh, der Brand ist zu stark. Doch nun zahlt sich aus, dass die Feuerwehr nicht erst gerufen werden muss, die steht gewissermaßen schon hinter ihnen und löscht in wenigen Minuten das brennende Wrack. Die Insassen der vielen Autos, die zu Hilfe geeilt sind, trösten derweil die aufgeregten Passagiere und fahren sie in die Stadt Dimboola. Niemand hat auch nur einen Kratzer abbekommen. Das ist in Anbetracht des Geschehenen nun wirklich sehr ungewöhnlich. Nur ein marginaler Spielraum und das Können des Piloten haben das Flugzeug vor dem Absturz und 14 Menschen vor dem Tod bewahrt. Wenige Sekunden später wäre die Tragfläche gebrochen. Das wäre das sichere Ende gewesen.

In der Stadt angekommen, werden die Leute weiter versorgt, und man gibt sich alle erdenkliche Mühe, ihnen jeden Wunsch von den Augen abzulesen. Dabei wird nicht vergessen, dass die Maschine der ANA als vermisst angesehen wird und eine Reihe Menschen sorgenvoll nach ihr fahndeten. Also wird ein Telegramm mit der guten Nachricht nach Melbourne gesandt, wo das große Aufatmen beginnt. Die Untersuchung des Unfalls ist bedingt durch die Kriegszeiten nur recht oberflächlich und bringt keine klaren Ergebnisse. Es werden darin nur Vermutungen angestellt. Beispielsweise heißt es, ein Adler könne eine Benzinleitung durchschlagen haben.

Das ist den Insassen aber alles relativ egal. Sie sind einem nahezu unvermeidlichen Flugzeugabsturz entkommen, dank eines hervorragend reagierenden Piloten und mit einer gehörigen Portion Glück. Mit Fug und Recht können sie künftig am 8. Februar ihren zweiten Geburtstag begehen.

Die „Bungana" hatte dieses Glück ebenfalls, denn man nahm sie auseinander und transportierte sie über die Landstraße nach Melbourne. Dort erlebte sie ebenfalls eine Art Wiedergeburt, und schon wenig später flog sie neuen Zielen entgegen. Erst 1948 wurde die Maschine verschrottet.

Ein mysteriöser 20 Funkausfall

Der 20. Dezember 1951 ist ein typischer Dezembertag. Die 47 Insassen der Curtiss C-46, einer wenig eleganten Maschine, die ungefähr so aussieht wie eine schwangere DC-3, haben soeben den Start von Chicago hinter sich gebracht, und schon taucht das Flugzeug in die niedrig hängenden Wolken ein. Die Wetteraussichten für

Packesel: Die Curtiss C-46 – hier eine Maschine der Pan Am – musste als weniger elegante Erscheinung immer hinter der bekannten DC-3 zurückstecken. Tatsächlich war sie zu ihrer Zeit aber das größte zweimotorige Flugzeug der Welt   Foto: Ed Coates Collection

New Jersey, wo sie auf dem Flughafen Newark landen sollen, sind auch nicht besser, aber das ist nun einmal nicht zu ändern. Schließlich ist im Norden Amerikas an einem der kürzesten Tage im Jahr nicht wirklich mit eitel Sonnenschein zu rechnen.

Verloren über den Großen Seen

North Continent Airlines, Flugnummer unbekannt
20. Dezember 1951; Cobourg, Ontario, Kanada

Die Maschine der North Continent Airlines wird von Flugkapitän B. E. Smelser geflogen, einem mit mehr als 10.000 Flugstunden erfahrenen Kriegsveteranen. Copilot E. T. O'Leary hat fast genauso viele Flugstunden gesammelt. Er hat diesen Flug noch gewissenhafter vorbereitet als gewöhnlich, denn er soll heute geprüft werden. Nachdem das Flugzeug mit der Kennung N59487 seine zugewiesene Flughöhe in 2750 Metern erreicht hat, fliegt es zuerst einmal ereignislos seinem Ziel im Osten entgegen. Die Strecke wird es über den Michigansee und die Küstenlinie des Eriesees führen.

Smelser meldet sich routinemäßig nacheinander bei den Flugleitstellen in South Bend (Indiana), Goshen und Toledo (Ohio). Nichts deutet bis zu diesem Zeitpunkt darauf hin, dass der Flug nicht normal verlaufen wird. Als nächste Station für eine Funkmeldung wäre Cleveland (Ohio) an der Reihe, aber jetzt ereignen sich seltsame Dinge. Die zwei Männer haben so etwas noch nie erlebt, und auch später wird die Ursache der Beinahe-Katastrophe nie gefunden

werden. Es beginnt damit, dass O'Leary Smelser berichtet, er habe Cleveland zwar für den Bruchteil einer Sekunde erreicht, dann aber wieder verloren. Er kann den Fluglotsen trotz aller Bemühungen nicht mehr erreichen.

Smelser vermutet, dass sein Copilot möglicherweise unbeabsichtigt die Frequenz gewechselt habe, aber O'Leary glaubt nicht daran. Er ist aufgrund des Prüfungsfluges besonders konzentriert bei der Sache und sich sicher, nicht am Frequenzschalter gedreht zu haben. Dennoch versucht er es auf allen Frequenzen, bekommt aber entweder gar nichts oder nur gestörte, unidentifizierbare Wortfetzen zu hören. Augenblicke später hat auch Smelser seine Begegnung der dritten Art: Er verliert das Funksignal des Drehfunkfeuers. Eben war es noch da, von einer Sekunde zur anderen ist es verschwunden! Von diesem Moment an bekommen sie von nirgendwo her mehr ein Funksignal. Wie abgeschnitten von der Welt fliegt die C-46 in der dicken Wolkensuppe. Eine sichere Orientierung ist nicht mehr möglich.

Auf dem Boden ist die Verblüffung in den Flugleitstellen von Toledo und Cleveland nicht geringer: Die Maschine verschwindet innerhalb eines Wimpernschlages vom Radarschirm und taucht nicht wieder auf. Unmittelbar danach wird Alarm ausgelöst. Davon bekommen die zwei Männer im Cockpit der Maschine allerdings nichts mit. Die beiden nämlich versuchen fieberhaft, dem mysteriösen Verschwinden der Funksignale auf die Spur zu kommen. Sie wissen, dass sie nahe bei Cleveland sind, aber wo genau, das kann nun nicht mehr herausgefunden werden. Also fliegen sie kurz nacheinander unterschiedliche Kurse, um wenigstens wieder ein Funksignal hereinzubekommen.

Als diese Manöver keinen Erfolg zeitigen, bringt Smelser die Maschine wieder auf den alten Kurs und ist sich einig mit O'Leary, dass es so nicht weitergehen könne. Sie würden nur unnötig Benzin verbrauchen, und der Zeitpunkt ist abzusehen, wann der Treibstoff zu Ende gehen und sie zu einem Notabstieg zwingen wird. Der Restbestand ist zwar noch gut für 45 Minuten Flugzeit, aber was dann? Mitten in den Wolken ohne Treibstoff zu sein und dann gezwungen, direkt aus den tiefhängenden Wol-

Technische Daten Curtiss-Wright C-46	
Kennzeichen	N59487
Flugnummer	unbekannt
Typ	Curtiss-Wright C-46E-1-CS Commando
Seriennummer	02934
Fabrikationsnummer	CK0456
Erstflug	Juli 1945
Außenmaße	Länge 23,26 m
	Spannweite 32,91 m
	Höhe 6,63 m
Triebwerke	2 x Pratt & Whitney R-2800-75 „Double Wasp"
Leistung	2 x 1493–1641 kW
Max. Startgewicht	22.498
Tankvolumen	5300 l
Anzahl Passagiere	40 bis 50 (je nach Bestuhlung)
Dienstgipfelhöhe	7620 m
Max. Reichweite	2574 km
Max. Geschwindigkeit	418 km/h
Verbrauch	680 l/h
Anzahl gebaut	3179 (davon 17 Serie C46E-1-CS)
Unfallbericht	Canada Air Svcs. Accident Report 51-F4

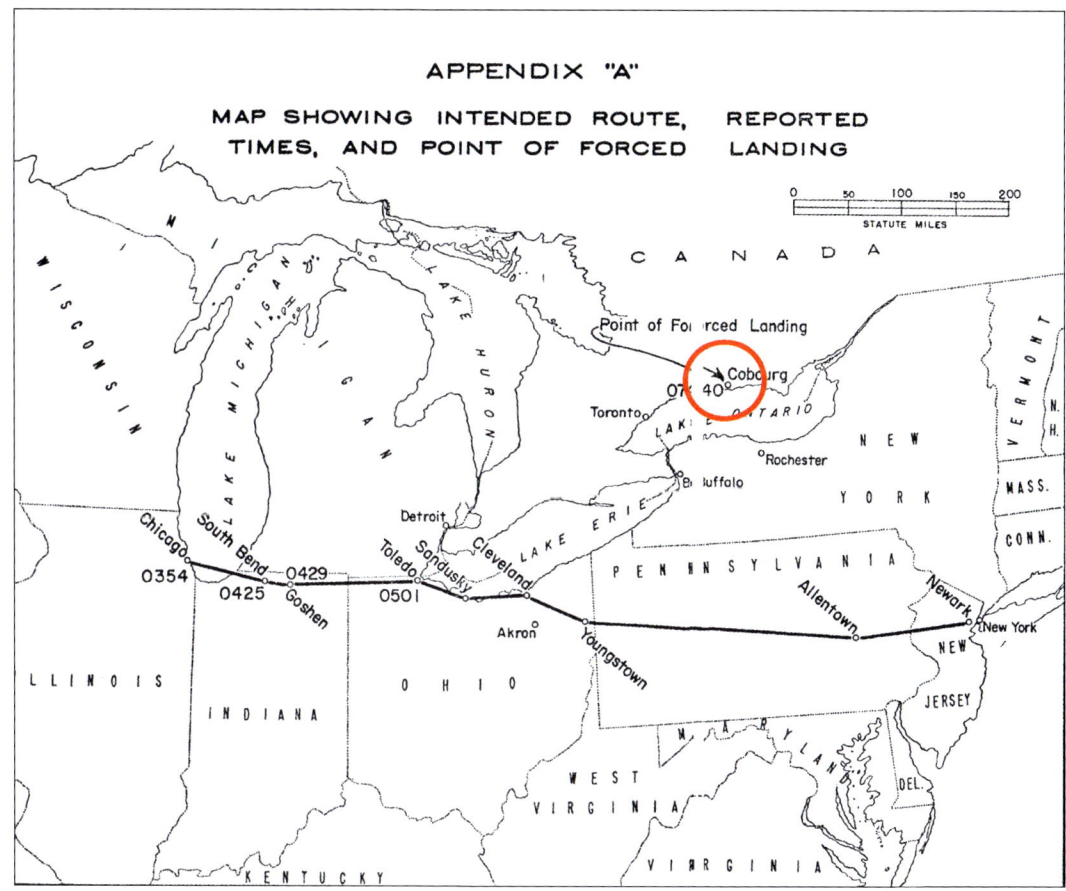

APPENDIX "A"

MAP SHOWING INTENDED ROUTE, REPORTED
TIMES, AND POINT OF FORCED LANDING

Diese Graphik vom geplanten und tatsächlichen Flugweg der C-46 ist insofern ein historisches Dokument, als sie eine der ersten Darstellungen dieser Art in einem offiziellen Untersuchungsbericht war

ken herauskommend unmittelbar einen geeigneten Notlandeplatz zu finden, das entspricht keineswegs den Vorstellungen der beiden Männer von Perfektion, weil so keine sichere Landung zu erwarten ist.

Irgendetwas ist ihnen fürchterlich aus dem Ruder gelaufen, und sie können nicht einmal mehr sicher sein, dass sie sich noch auf dem richtigen Kurs befinden. Das bedeutet, dass sie beim Abstieg mitten in den Wolken auch einen Berg oder einen Kirchturm treffen könnten, weiß Gott ein Horrorszenario! Andererseits verbraucht die Maschine umso weniger Treibstoff, je höher sie fliegt. Gehen sie jetzt runter, bedeutet dies zwangsläufig, dass sie wesentlich kürzer in der Luft würden bleiben können. Und es gäbe dadurch noch ein Problem: Jetzt sind sie immer noch in der zugewiesenen Höhe. Wenn sie diese verlassen, könnten sie auf ein tiefer

fliegendes Flugzeug stoßen, ebenfalls eine wenig erbauliche Vorstellung.

Smelser entscheidet sich für eine Zwischenlösung: erst einmal oben bleiben und dann runter mit einem Rest Treibstoff, der noch ein Minimum an Beweglichkeit bietet. Vielleicht hilft ihnen das Schicksal vorzeitig und gibt ihnen den Funkempfang zurück. Tut es aber leider nicht, die Geräte bleiben weiterhin stumm. Als Smelser den letztmöglichen Zeitpunkt für den Abstieg für gekommen hält, drückt er die Steuersäule nach vorn, und nun geht es unaufhaltsam abwärts, dem hoffentlich rettenden

Erdboden entgegen. Innerlich flehen beide Männer darum, dass sie über freiem Feld aus den Wolken kommen, bevor sie auf ein mögliches zerstörerisches Hindernis treffen. Wie der Frosch die Schlange, so starren die beiden Piloten abwechselnd den sich langsam drehenden Höhenmesser an oder mustern mit durchbohrenden Blicken die Wolken, die sie durchfliegen. Jeder Meter abwärts bringt sie entweder der Rettung näher oder dem furchtbaren Zusammenstoß mit einem Hindernis. Der Mund ist völlig ausgetrocknet, die Augen rot vor Anstrengung.

Nach endlos erscheinendem Abstieg durch schneesturmgepeitschte Wolken und von Turbulenzen durchgerüttelt kommt der heiß herbeigesehnte Moment: Plötzlich wird die Wolkenunterkante in ungefähr 1000 Meter Höhe durchstoßen und vor ihnen liegt … Wasser! Wasser, so weit man sehen kann! Ringsum und bis zum Horizont nur Wasser. Smelser lässt die Maschine in den Horizontalflug übergehen. Wohin, Himmelkreuzdonnerwetter, sind sie denn nur geflogen? „Sieht aus wie der Atlantische Ozean", witzelt Smelser. Aber sie wissen natürlich, dass die sturmgepeitschte, endlos weite Wasserfläche da unten einer der fünf großen Seen sein muss – aber welcher?

In diesem Moment naht ebenso plötzlich wie unverhofft Rettung in Form einer Stimme aus dem so lange stumm gebliebenen Funkapparat. Da redet sie jemand an, als hätte es nie eine Sendepause gegeben. Es ist die Flugleitstelle Rochester (New York), die die C-46 auf ihren Radarschirmen ausgemacht hat und nun die Crew aufklärt, dass sie sich über der kanadischen Hälfte des Ontariosees befinden, wo sie gar nicht sein dürften. Die überraschten Piloten schildern so knapp wie möglich, was ihnen widerfahren ist, und hören nun beiläufig, dass alles im Umkreis von vielen Kilometern östlich von Toledo nach ihnen, der abgestürzten Curtiss-Wright, sucht. Die Erleichterung ist somit auf beiden Seiten groß, und der Funker gibt der Crew den kürzesten Weg zum rettenden Flughafen Rochester durch.

Smelser legt die Curtiss-Wright sachte in die Kurve und steuert den angegebenen Kurs. Seufzer der Erleichterung allerorten, in der C-46 ebenso, wie auf dem Boden … aber zu früh gefreut! Denn im selben Moment fängt der Backbordmotor an zu stottern und stellt dann seinen Dienst ein. Kein Sprit mehr, der linke Tank ist leer geflogen! Der nun nutzlos bremsende Propeller wird flugs in Segelstellung gebracht. Jetzt wird es noch einmal richtig ernst, denn die beiden Piloten wissen, dass sie in dieser Höhe nur eine minimale Restchance haben, nachdem der eine Motor ausgefallen ist. Denn ihnen ist klar, dass der andere in wenigen Augenblicken folgen wird und dann sollten sie bitte über Land sein, so Gott will. O'Leary informiert die Flugleitstelle Rochester über die neue Notlage, und Smelser wendet die Maschine etwas mehr in nördliche Richtung, weil er weiß, dass die Küste dort wesentlich näher ist. Stoßgebete werden gedacht, die Steuerbordmaschine möge bis zum Erreichen der rettenden Küste weiter laufen. Jede Sekunde zählt nun.

Endlich sehen sie in der Ferne schneebedecktes Land auftauchen, dem sie sich allerdings nur quälend langsam zu nähern scheinen. Die Nerven der beiden Männer sind nun schon seit einigen Minuten bis zum Zerreißen gespannt, und es hätte nicht viel gefehlt und das abrupt einsetzende Stottern des Steuerbordtriebwerks hätte ihnen einen Herzinfarkt beschert. Gut, dann eben nicht! Nun müssen sie also doch noch segeln. „Nun sind wir ein ziemlich schweres Segelflugzeug", meint O'Leary trocken. Langsam tiefer gehend, gleitet die Maschine der Felsenküste entgegen, wo man nun glücklicherweise schon ausmachen kann, wie einzelne Wellen sich brechen. Aber sie sind inzwischen nur noch 300 Meter hoch, wie sollen sie über die Felsen dort hinten hinwegkommen? Unmöglich erscheint dies den beiden nicht, aber recht knapp sieht es aus.

Ein wenig Zeit zum Verschnaufen ist nun, der Flugkapitän informiert seine Passagiere

---

Folgende Quellen wurden ausgewertet:

- Air Services Accident Report 51-F4 (Kanada)
- Jay Gourley: The Great Lakes Triangle
- Joseph P. Juptner: U.S. Civil Aircraft, Volume 8
- K. S. Knight: Plane Crash
- J. R. Roach: Piston Engine Airliner Production List
- US-Untersuchungsbericht CAB 1-0105-51

und bittet sie, sich auf eine Notlandung vorzubereiten. Die Sicherheitsgurte werden stramm gezogen, Kissen verteilt und somit alles getan, um Verletzungen zu vermeiden. Smelser sieht nur eine Chance, die Felsen an der Küste zu überspringen: Er braucht mehr Fahrt. Dazu allerdings muss er die Nase des Flugzeugs senken und wertvolle Höhe aufgeben. Egal, es scheint der einzige Weg zur sicheren Notlandung an Land. Bei diesem Wellengang und dieser beißenden Kälte will er unter keinen Umständen eine Notwasserung riskieren. Der Höhenmesser dreht sich unerbittlich der Null entgegen, aber jetzt kann man ja auch bereits einzelne Bäume an Land erkennen. Bäume? Bäume sind nicht gerade das, was die beiden Männer im Cockpit sich beim Anflug auf die dahinter liegenden, freien Schneefelder gewünscht haben, aber so ist die Landschaft nun einmal, schön zwar, aber im Moment aus der Sicht der beiden gestressten Piloten eher unpraktisch.

Jetzt überfliegen sie den Küstenstreifen. Das wird knapp! Einige der Insassen hören tatsächlich das Kratzen der Wipfel an der Unterseite der lautlos einschwebenden C-46, als diese über die Bäume hinweghuscht. Das ging allerdings noch einmal gut. Klappen werden gesetzt, aber das Fahrwerk wird nicht ausfahren. Bei dem dicken Schnee würden sie sofort einsinken und ein Kopfstand wäre kaum vermeidbar. Das will Smelser natürlich nicht riskieren. Mit dem Heck zuerst den Schnee berührend, bekommt die Maschine endlich den gewünschten Kontakt mit der rettenden Erde. Dann senkt sich auch der Rest des Rumpfes, und gewaltige weiße Wolken aufwirbelnd pflügt die Maschine über das Feld. Kurz vor dessen Ende bleibt das Flugzeug nahe dem Begrenzungszaun liegen.

Die Maschine hat eine 1500 Meter lange Furche in den Schnee gezogen, dabei ihren Unterboden und die Motorgondeln von Farbe befreit, die Propeller unwiederbringlich zerstört, aber sonst alles heil gelassen, insbesondere die 47

glücklichen Menschen innen drin. Die nämlich sind nach der langen, unfreiwilligen Schlittenfahrt noch genauso unversehrt, wie sie es Stunden zuvor beim Einstieg waren. Jetzt fällt der ganze Stress ab von den beiden Männern im Cockpit, sie haben schlagartig wieder Oberwasser. Lachend sagt O'Leary zu Smelser: „Vielen Dank, dass sie mit unserer Gesellschaft geflogen sind." Und der Flugkapitän antwortet ebenso schnell und schlagfertig: „Ich bin nur froh, dass dies dein Prüfungsflug war und nicht meiner."

Die für die Untersuchung von Flugunfällen verantwortliche kanadische Behörde, das ist die Zivilflugabteilung im Canadian Department of Transport, hat den Unfall genauestens untersucht. Es konnte jedoch nie herausgefunden werden, was dazu geführt hatte, dass alle Funksignale stumm wurden und die Maschine vom Radar verschwand. Für immer wird also rätselhaft bleiben, was insbesondere zum Funkausfall führte, aber möglicherweise waren es ganz einfach atmosphärische Störungen. Es wurde abschließend recht lapidar festgestellt, dass die Piloten nach Verlust des Funkkontaktes im Sturm gewissermaßen „verloren gingen".

Das Flugzeug war jedenfalls vom Kurs abgekommen und nicht, wie geplant, in südöstlicher Richtung geflogen, sondern nordöstlich, wodurch es über den Ontariosee geriet. Auch diesbezüglich ließen die Experten im Untersuchungsbericht offen, was es genau war, das diese Kursabweichung verursachte, mag es nun der Schneesturm gewesen sein oder die verschiedenen Manöver, die Smelser geflogen war. Offizieller Grund für die Bruchlandung, das war so schwer dann wieder nicht herauszufinden, war Treibstoffmangel.

Die Curtiss-Wright C-46, von der hier berichtet wurde, hat nach der Reparatur noch viele Eigentümer gehabt. Irgendwann Ende der Siebzigerjahre wurde das Flugzeug aus dem Betrieb genommen und auf den Philippinen eingelagert. Dort soll sie angeblich auch noch heute stehen.

Ein Airbus stürzt 21 in den Urwald

Wenn ein großes Flugzeug als Totalschaden deklariert wird, sind im Allgemeinen auch viele Menschenleben zu beklagen. Vielfach sind sogar sämtliche Insassen bei derartigen Unglücken umgekommen. Bringt man die Totalschäden, bei denen alle Insassen überlebten, in eine Reihenfolge nach der Anzahl der Überlebenden, dann steht der hier geschilderte Fall zwar nur an zehnter Stelle. Er ist aber deshalb so bemerkenswert, weil es sich bei den anderen neun Ereignissen eher um leichtere Unfälle mit schwerwiegenden Folgen handelte, wie zum Beispiel Abkommen von der Bahn mit anschließendem Feuer. Flug MH684 hingegen ist unter spektakulären Umständen abgestürzt, richtig abgestürzt ... und alle haben überlebt.

Am 18. Dezember 1983 fliegt der mit einem Maximalgewicht von über 150 Tonnen relativ schwere Airbus A300 mit dem Kennzeichen OY-KAA im Kreis. Nein, nicht was Sie denken, es ist nur eine bei den Piloten der Malaysian Airline System Behad (MAS) besonders unbeliebte Strecke, die von Kuala Lumpur über Singapur, Kuching auf Sarawak, zurück nach

Pilot in Ausbildung versucht bei Unwetter zu landen

MAS Flug MH684, 18. Dezember 1983
Kuala Lumpur, Malaysia

Singapur und schließlich wieder nach Kuala Lumpur führt. Das ist fast wie Fliegen im Kreis.

Die heute mit 247 Insassen, davon 14 Besatzungsmitgliedern, nahezu voll besetzte Maschine wird von einem erfahrenen Kommandanten und einem noch besonders jungen, erst 23-jährigen Copiloten durchgeführt. Zusätzlich befindet sich ein Bordingenieur im Cockpit, sodass die Arbeit sich auf drei Verantwortliche verteilen lässt. Der Pilot hat dem jungen Copiloten die Führung der Maschine übergeben, und das Flugzeug befindet sich nach nunmehr acht Stunden „Rundflug" im Holding über Kuala

Die Unglücksmaschine, für die lediglich die spezielle Installation eines kleinen Hebels zum Schicksal wurde
Foto: Peter Tancred

Lumpur. Vor ihnen dürfen noch zwei andere Maschinen, eine kleinere Fokker F-27 Friendship und eine größere McDonnell Douglas DC-10, einschweben. Die Helden unserer Geschichte müssen mit ihrem Airbus dort oben also erst einmal ein wenig im Kreis fliegen, aber das haben sie ja auch den ganzen Tag über schon getan … also was soll's.

Nach so langer Zeit im Dienst und den besonders großen Anstrengungen dieses Fluges sind die beiden sicher nicht mehr so frisch wie bei Dienstantritt. Richtig müde sind sie zwar auch nicht, denn ein heftiges Monsungewitter tobt über Kuala Lumpur und sorgt mit kräftigem Schütteln der Maschine dafür, dass sie munter bleiben, aber die einhundertprozentige Leistungskraft steht nach diesem langen, schweren Arbeitstag wohl kaum mehr zur Verfügung. Die beiden hören den Funkverkehr mit und erfahren auf diese Weise, dass die mit 20 Tonnen Gesamtgewicht vergleichsweise winzige Fokker F-27, eine Propellermaschine, zwar glücklich auf dem Boden angekommen ist.

Deren Besatzung aber warnt davor, dass die Bedingungen alles andere als angenehm seien. Eine große Regenfront ziehe gerade über den Flugplatz, und die Piloten der F-27 mutmaßen, es ginge jetzt erst richtig los mit dem schlechten Wetter. Der Flugkapitän der nachfolgenden DC-10, einem Großraumflugzeug mit etwa 250 Tonnen Maximalgewicht, übernimmt folgerichtig die Führung der Maschine, obwohl er die DC-10 ursprünglich von seinem Copiloten hatte runterbringen lassen wollen. Trotz des gegenüber der F-27 zehnfach höheren „Kampfgewichtes" will er bei einer so unangenehmen Situation sein Mehr an Erfahrung zugunsten eines Mehr an Sicherheit für Maschine und Insassen in die Waagschale werfen.

Ganz anders der Pilot unseres Airbus A300. Monsun hin oder her, den gibt es in diesem Land immerhin regelmäßig, also soll sein junger Copilot auch beizeiten lernen, was es heißt, eine Maschine unter diesen Bedingungen zu landen. Wenn's dicke kommt, ist er ja immer noch da und kann übernehmen. Eine durchaus nachvollziehbare Einstellung.

Die Crew der DC-10 meldet inzwischen, dass sie beim Endanflug zwar die Landebefeue-

Technische Daten Airbus A300B4-120	
Kennzeichen	OY-KAA
Flugnummer	MH684
Typ	Airbus A300B4-120 (B2-320 umgebaut)
Seriennummer	122
Erstflug	7. Oktober 1980
Außenmaße	Länge 53,62 m
	Spannweite 44,84 m
	Höhe 16,53 m
Triebwerke	2 x Pratt & Whitney JT9D-59A
Leistung	2 x 24.064 kp
Max. Startgewicht	157.500 kg
Tankvolumen	58.000 ö
Anzahl Passagiere	238
Dienstgipfelhöhe	10.000 m
Max. Reichweite	6428 km
Max. Geschwindigkeit	930 km/h
Anzahl gebaut	569 (davon 6 Serie A300B4-120)
Unfallbericht	Department of Civil Aviation, Malaysia, und ICAO-Summary 1984-2

rung sehen konnte, jedoch nicht die Landebahn. Der Pilot ist ein sehr vorsichtiger, verantwortungsvoller Mann, der sich an die klaren Vorschriften seiner Gesellschaft hält. Er ist durchgestartet, um sich für einen neuen Anflug wieder „anzustellen". Seine Beobachtung wird in diesem Moment vom Fluglotsen bestätigt, der die Sicht mit nur 450 Metern angibt. Zusätzlich gewarnt durch den Abbruch des Anfluges der fast doppelt so schweren DC-10, müsste unser Airbus-Pilot eigentlich einen Ausweichflughafen ansteuern. Die MAS schreibt dies auch vor: Bei einer Sicht unter 800 Metern darf nicht gelandet werden. Aber der Gedanke an das anschließende Affentheater mit 233 schlecht gelaunten Fluggästen ist ihm höchst unangenehm, das möchte er lieber vermeiden, das kennt er zur Genüge. Außerdem ist die Crew nun schon sehr lange unterwegs. Noch einmal zwei oder drei Stunden kreisen und dann vielleicht zu einem Ausweichflughafen fliegen, der dann auch gerade wieder geschlossen wird, nein, das alles gefällt dem Piloten nicht. Er entschließt sich, den Landeanflug nicht abbrechen zu lassen. Sein Leben lang wird er diesen Entschluss bereuen und immer wieder denken: „Ach, hätte ich mich doch lieber dem Theater mit den Fluggästen gestellt!"

Die Maschine darf nun ihre Warteschleife aufgeben und beginnt einen denkwürdigen Landeanflug, bei dem so einiges recht unglücklich läuft und zusätzlich haarsträubende Fehler unterlaufen. Der schlimmste, der eigentliche Hauptgrund für den bevorstehenden Absturz, unterläuft dem Kommandanten.

Um diesen Fehler zu beschreiben, muss etwas ausgeholt und ein wenig ins Technische gegangen werden. An der Registrierung der Maschine kann man erkennen, dass dieses Flugzeug den Malaysiern nicht gehört. OY ist die Länderkennung für Dänemark, und von dort, genauer gesagt vom Eigentümer Scandinavian Airlines System (SAS), ist der Airbus A300 ausgeliehen worden. Die MAS fliegt selbst einige A300, aber die Maschinen der SAS sind im Cockpit minimal anders ausgestattet. Diese Unterschiede wurden in einem ausführlichen Kurs dem malaiischen Flugpersonal nahegebracht, aber der Pilot handelt im entscheidenden Moment leider nicht nach dem von der SAS Erlernten, sondern instinktiv so, wie er das schon immer auf den etwas anders ausgestatteten A300 der MAS tat. Der Schalter für das Instrumentenlandesystem (ILS) hat in den Maschinen der MAS zwei Positionen, muss also nur einfach gekippt werden, wenn man auf ILS von „OFF" auf „ON" umschaltet. In der SAS-Maschine jedoch gibt es drei Positionen, und beim Umschalten auf ILS muss man die mittlere treffen. Die hat der Pilot jedoch nach dem vertrauten MAS-Schema einfach übersprungen, sodass das ILS nicht eingeschaltet ist.

Darüber hinaus gibt es noch einen zweiten und einen dritten Unterschied. Der zweite ist einfach erklärt: Die Frequenz für das ILS wird bei den SAS-Maschinen auf einer besonderen Skala eingestellt, über die die MAS-Airbusse nicht verfügen. Auch dies hat der Pilot vergessen. Auf den dritten Punkt, Abweichungen im GPWS (Warnsystem bei Bodenannäherung), kommen wir weiter unten zurück. Derweil müht sich der junge Copilot mit dem Flugzeug ab. Monsunregen beinhalten regelmäßig Turbulenzen, die äußerst heftig sein können. So ist das

auch heute, und der junge Mann hat seine liebe Not damit, das trotz seiner über 100 Tonnen Gewicht heftig bockende Flugzeug einigermaßen auf Kurs zu halten. Diesem Umstand wird auch im späteren Abschlussbericht Rechnung getragen. Dennoch lässt der Pilot ihn weiterfliegen, er soll schließlich auch mit Unpässlichkeiten umzugehen lernen. Der junge Mann hat aber noch weitere Schwierigkeiten, weil er nichts auf dem ILS-Bildschirm sieht, rein gar nichts, denn der ist komplett dunkel.

Er kommt jedoch nicht dazu, dies zu bemängeln, denn bei jedem Hopser, den das Flugzeug macht, ruft ihm der Ältere zu: „Flieg das Flugzeug, flieg das Flugzeug!" Der junge Copilot möchte gern ein Lob vom Piloten erhalten und traut sich möglicherweise nicht, den Bildschirmausfall zur Diskussion zu stellen. Dieses Verhalten ist nicht so selten, wird aber immer wieder von Fachleuten bemängelt. Auch bei dem Absturz der Birgen-Air-Maschine in der Dominikanischen Republik war eine Ursache, dass der junge Copilot sich vor lauter Respekt nicht traute, dem 62-jährigen Piloten, der darüber hinaus auch noch als autoritär bekannt war, seine (richtigen!) Beobachtungen nachdrücklicher zu vermitteln.

Zurück zum Landeanflug der OY-KAA. Der verläuft immer noch heftig schlingernd, aber immerhin hat der Flugkapitän inzwischen gemerkt, dass der ILS-Bildschirm nicht anzeigt. Er ruft die Flugleitstelle und erfährt, dass dies nicht am ILS-Sender des Flughafens liege, der arbeitet nämlich einwandfrei. Also muss die Ur-

Folgende Quellen wurden ausgewertet:

- David Beaty: The Naked Pilot
- Terry Denham: World Directory of Airliner Crashes
- B. I. Hengi: Crash
- Frank H. Hawkins: Human Factors in Flight
- ICAO Summery 1984-2
- B. I. Hengi: Crash – Flugzeugunfälle 1945 bis heute
- Ronan Hubert: Les Catastrophes Aeriennes de 1920 a 1996
- Ulrich Klee: jp Airline Fleets International
- Sepp Moser: Wie sicher ist fliegen?
- J. R. Roach: Jet Airliner Production List, Volume 2
- Jan-Arwed Richter: Jet-Airliner Unfälle
- Nicholas A. Veronico: Wreckchasing, Volume 2

MAS Flug MH 684 am 13. Dezember 1983 bei Kuala Lumpur, Malaysia

Kuala Lumpur
Singapur
Kuching
Singapur
Kuala Lumpur

OY-KAA   A300

Flugzeug gerät unter die Anfluglinie

Flugzeug prallt 2 km vor dem Flughafen auf den Boden

ILS-Gleitweg
Turbulenzen   Starkregen

19:38 Uhr

© Jacdec, 2010

Kuala Lumpur Subang International Airport

Landebahn 15

Sichtweite 450 m

Die Piloten des Airbus A300 möchten um jeden Preis in Kuala Lumpur landen – obwohl sie das ILS zu spät richtig einstellten und viel zu schnell sinken

sache im Airbus gesucht werden. Immer wieder während dieses Landeanfluges gibt es Momente, wo der Anflug hätte abgebrochen werden sollen. Dies ist so einer, aber die Piloten haben sich selbst unter Zeitdruck gebracht. Die beiden vorausfliegenden Maschinen hatten durchgegeben, dass sich das Wetter verschlechtere. Also wollen die beiden nicht durchstarten, sondern schnellstmöglich landen. Nach mehreren stressbedingten Fehlversuchen findet der Pilot schließlich den Grund für den dunklen Bildschirm und setzt den Schalter endlich auf die richtige Position. Schon leuchtet der Bildschirm auf, und die beiden Männer sehen, dass die Maschine zu weit rechts und zu hoch hereinzukommen droht. Der Copilot beginnt augenblicklich mit den Korrekturen und leitet die erforderlichen Flugmanöver ein, um die Ma-

schine auf den richtigen Gleitwinkel zu bringen und sie in die Mitte zu führen. Um das Flugzeug tiefer zu bringen, reduziert er den Schub. Als dann aber neun Kilometer vor der Landebahn das Fahrwerk ausgeklappt und die Landeklappen ausgefahren werden, sinkt die Geschwindigkeit durch den erhöhten Luftwiderstand weiter ab und die Maschine gerät kurz darauf unter den Gleitpfad, das heißt, sie ist zu tief für eine ordnungsgemäße Landung.

Die Piloten sind indes so intensiv mit dem Versuch beschäftigt, die Landebahn auszumachen, dass sie ihre Instrumente nicht ausreichend beobachten – die viel zu hohe Sinkrate bleibt vorerst unbemerkt. Jetzt müsste sich eigentlich das bereits erwähnte GPWS melden, ein System, das den Abstand zum Boden misst. Zuerst aktiviert es eine Warnlampe. Nähert sich die Maschine unverändert weiter dem Boden, werden die Piloten mit einem Sprachsystem darauf hingewiesen, die Maschine wieder hochzuziehen. Das GPWS in dieser Maschine gibt diese Meldung jedoch nicht durch, weil die Warnsysteme in den SAS-Airbussen anders konfiguriert sind als die der MAS. Die entsprechende skandinavische Vorschrift besagt nämlich, dass diese Funktion in SAS-Maschinen nicht aktiviert sein darf. Das jedoch wissen die beiden MAS-Männer nicht. Niemand hat es bei der Übergabe der Maschine bemerkt, und es wurde offenbar auch nicht besprochen.

Die Männer verlassen sich also instinktiv auf eine Warnung, die es nie geben wird. Das kann man mit der Situation in einem modernen Auto vergleichen, das beim Rückwärtsfahren den Abstand misst und Kollisionen verhindert. Hat man dieses System einmal über einen längeren Zeitraum benutzt, holt man sich bei einem plötzlichen Ausfall nahezu folgerichtig eine Beule.

Im Cockpit wird die Situation schließlich auch dem Piloten zu brenzlig, er übernimmt das Steuer und die Verantwortung für die Führung der Maschine. Im Nachhinein ist es leicht zu urteilen beziehungsweise zu verurteilen, aber nach Meinung der Unfallforscher hätte diese Übernahme unter den herrschenden Bedingungen viel früher geschehen sollen.

Um den bevorstehenden Absturz noch zu verhindern, müsste nun einer der beiden anderen Männer im Cockpit – wie allgemein üblich – den Höhenmesser ablesen und die schnell wechselnden Höhenangaben laut ausrufen, damit der mit der Konzentration auf den Endanflug gut ausgelastete Pilot dies nicht auch noch erledigen muss. Dieser Ausruf unterbleibt aus später nicht mehr nachvollziehbaren Gründen. So nähert sich das Verhängnis unaufhaltsam. Die Maschine gerät in einen besonders starken Schauer, die Sicht ist fast gänzlich unterbrochen. Deshalb bittet der Pilot den Bordingenieur, die Scheibenwischer einzuschalten. Der schnallt sich von seinem Sitz los, weil er sonst den Schalter nicht erreichen kann. In diesem Moment meldet sich akustisch der Radio-Höhenmesser mit einer Warnung. Blitzschnell setzt sich der Bordingenieur wieder auf seinen Sitz zurück, um nun die Höhenangaben durchzugeben, aber es ist schon zu spät. Zwei Kilometer vor dem Beginn der Landebahn berührt die Maschine die ersten Wipfel einer Gummi-

baumplantage, und dann geht alles rasend schnell. Die Bäume bremsen zwar den Absturz, aber danach steigt das Terrain leicht an. Hier trifft die Maschine mit großer Wucht auf. Die Triebwerke ebenso wie das Fahrwerk reißen augenblicklich ab. Die an den Flügelvorderkanten angebrachten Klappen brechen und verkeilen sich so unglücklich unter den Tragflächen, dass sie diese und die darunter befindlichen Tanks aufreißen. Nun zieht das Flugzeug eine breite Bahn auslaufenden Kerosins hinter sich her, das sich im Bruchteil einer Sekunde entzündet. Der schlimmste Fall, den man sich nach einer Bruchlandung vorstellen kann, ist somit eingetreten: Das Flugzeug brennt bereits, bevor es nach insgesamt 800 Metern Rutscherei endgültig zum Stillstand gekommen ist. Der Pilot gibt sofort den Evakuierungsbefehl, und Passagiere und Mannschaft beginnen das Flugzeug schnellstmöglich aus drei Notausgängen zu verlassen. Der Airbus A300 besitzt zwar wesentlich mehr Notausgänge, aber die restlichen sind entweder blockiert, die Türen haben sich verzogen oder sie befinden sich viel zu nah am Feuer.

Dennoch geht alles gut, sehr gut sogar, denn nach fünf Minuten sind sämtliche Insassen aus der inzwischen heftig brennenden Maschine entkommen. Der Flugkapitän hat schnell noch die Runde durch die Kabine gemacht, damit auch wirklich niemand zurückgelassen wird, und bringt sich nun selbst in Sicherheit. Lediglich sechs der Insassen haben unbedeutende, leichte Verletzungen, das Flugzeug aber ist nach einer Stunde ein Totalschaden. So lange braucht die Feuerwehr, um den Brand zu löschen, denn das Feuer war sehr stark, so stark, dass sogar der Flugdatenschreiber verbrannte, etwas, das eigentlich gar nicht passieren darf. Da es aber noch weitere Geräte in der Maschine gab, die den Flugzustand und andere technische Daten während des Endanfluges aufzeichneten, ließ sich der Unfallhergang recht genau rekonstruieren. Als Hauptgrund für das Desaster wurde der abweichend konfigurierbare ILS-Schalter festgestellt. Schon immer stand fest: Je größer die Ähnlichkeit zweier Schalter mit unterschiedlichen Funktionen ist, umso größer ist die Möglichkeit einer Fehlinterpretation. Hier haben wir ein klassisches Beispiel.

Zeitgewinn 22 vor Sicherheit?

N712PA „Clipper Washington", eine Schwestermaschine des Unglücksflugzeugs
Foto: Clive Dyball

Diese Frage ist natürlich nur rhetorisch gemeint, denn was sind schon Minuten, was sind
selbst Stunden oder gar Tage, wenn durch
deren vermeintlichen Gewinn das Leben von
Menschen aufs Spiel gesetzt wird? Dennoch
gab es in der zivilen Luftfahrt immer wieder
Situationen, in denen Piloten die Sicherheit bewusst vernachlässigten.

Sie kürzen eine vorgeschrieben Strecke ab
und fliegen gegen einen Berg oder werden
abgeschossen über einem Gebiet, über dem
sie nicht hätten sein dürfen. Sie versuchen bei
schlechtester Sicht zu landen, und es geht
schief. Sie stürzen sich raubvogelartig der Erde
entgegen, wenn der Flugplatz spät in Sicht
kommt, und können die Maschine nicht mehr
abfangen. Es ist ein solcher Fall, der am 7. April
1964 mit dem Totalverlust einer Boeing 707
endet. Die Maschine der Pan American World

Airways Inc. (PAA) mit dem Namen „Clipper
Southern Cross" steht seit gut zwei Stunden auf
dem Washingtoner Flughafen Dulles. Dorthin
wollten die inzwischen ziemlich ungeduldigen
136 Passagiere jedoch gar nicht, ihr Ziel war
vielmehr das gut 300 Kilometer entfernte New
York. Was war passiert?

> **Schief gegangene Landung unter
> ungünstigen Bedingungen**
>
> PAA Flug PA212, 7. April 1964
> New York, USA

Etwas Alltägliches: Das Flugzeug war, aus dem Urlaubsparadies Puerto Rico kommend, mit den gut gelaunten Passagieren bereits über New York gewesen. Dort jedoch herrschte schlechtes Wetter. Nebel und dichte Wolken plus Dunkelheit erzeugen nun einmal eine Kombination, die es schwer macht, die Sicherheit von Starts und Landungen restlos zu gewährleisten. Nachdem die 707 einige Zeit mit zig anderen Flugzeugen im Holding gekreist war, weil der Pilot immer noch hoffte, die Wetterlage werde sich bessern und eine Landung erlauben, empfing er um 18:38 Uhr schließlich die übelste aller möglichen Nachrichten: Das Wetter hatte sich derart verschlechtert, dass der Flughafen New York-John F. Kennedy (JFK) geschlossen wurde. Der Pilot wusste, dass damit eine baldige Landeerlaubnis auf einem der ringsum liegenden Flughäfen auch nicht zu erwarten sei, denn mit ihm würden schließlich auch die anderen Piloten alle möglichst bald runter wollen. Also entschließt er sich, nach Washington-Dulles auszuweichen und dort auf besseres Wetter zu warten. Der Pilot ist mit 14.629 Flugstunden außerordentlich erfahren und weiß aus ähnlichen Situationen, dass sich die Wetterlage in New York schnell ändern kann und dass dies sogar relativ häufig der Fall ist. Wenn er im nicht allzu weit entfernten Washington eine

Weile auf Besserung lauert, dann gibt es eine gute Chance, die Passagiere und die neunköpfige Crew doch noch an dem geplanten Bestimmungsort auszuladen.

Eine knappe Stunde nachdem sie aus dem Holding abgedreht war, ist die Boeing 707 um 19:37 Uhr auf dem Flughafen Dulles gelandet, wo sie nun schon eine Weile steht. Endlich, nach zweieinhalb Stunden, gegen 22:00 Uhr, kommt durch den Kopfhörer die heiß ersehnte Nachricht, dass JFK in Kürze wieder Landungen erlauben werde, da sich das Wetter gebessert habe. Flugs wird die Maschine nachgetankt, allzu viel ist für den kurzen Hopser nicht notwendig, aber eine besondere Sicherheitsmarge nimmt der Pilot dennoch mit an Bord. Er befürchtet, dass er, über New York angekommen, wiederum mit unzähligen anderen Flugzeugen um eine bevorzugte Landeerlaubnis wird buhlen müssen.

Dann kommen zu den umgeleiteten und verspäteten Flugzeugen diejenigen hinzu, die ohnehin gerade nach Plan eintreffen. Er weiß

Das Wrack der N779PA. Warum eigentlich befinden sich am Ende der Pisten Hunderter Flughäfen auch heutzutage noch überall Gräben und Wälle? Foto: Sammlung Jochen W. Braun

aus der Erfahrung vieler gleichgearteter Situationen in seinem langen Fliegerleben, dass es ein spektakuläres Gedrängel über der großen Stadt geben wird.

So wird das Nachtanken forciert, und um 22:21 Uhr startet die „Clipper Southern Cross" erneut, fliegt zügig nach New York und ist dadurch auch bereits eine halbe Stunde später unter den ersten Maschinen, die gerade einen erneuten Anflug durchführen oder jetzt plangemäß über dem Flughafen JFK eingetroffen sind. Der zuvor undurchdringliche Bodennebel hat sich zwar etwas aufgelockert, und die Wetterlage ist damit definitiv besser, jedoch immer noch weit entfernt von einer, die der Pilot als angenehm bezeichnen würde. In 400 Meter Höhe liegt eine dichte Wolkendecke. Aber damit nicht genug: Nur 100 Meter über dem Flugfeld liegt eine zweite, wenn auch durchbrochene Wolkendecke. Die schlechteste Nachricht jedoch ist diese: Auch der Nebel ist noch stellenweise vorhanden. Die Sicht beträgt zwar zweieinhalb Kilometer, aber das gilt natürlich nur dann, wenn man mit der Maschine nicht in eine Wolken- oder Nebelbank gerät. Rosige Aussichten sind das nicht gerade! Schneller als gedacht, nur fünf Minuten nach seinem Eintreffen am Himmel von New York, erreicht den hocherfreuten Piloten die gute Nachricht, da er sich in die letzte Warteschleife vor dem Endanflug begeben darf.

Um 22:56 Uhr bereits hat er die nun vorgeschriebene Flughöhe von 500 Metern erreicht und bekommt unerwartet zügig die Freigabe zur ILS-geführten Landung auf der 2560 Meter langen Bahn 4R. Er kann sich nicht erinnern, in vergleichbarer Situation so zügig durchgereicht worden zu sein. „Heute ist mein Glückstag", denkt er. Aber da irrt er sich gewaltig, was ihm in sechs Minuten sonnenklar sein wird.

Vor ihm ist noch eine recht langsam einschwebende Douglas DC-8 an der Reihe, und der Fluglotse fordert den Piloten der PAA Maschine auf, einen Mindestabstand von 3,5 Kilometern zu diesem vorausfliegenden Flugzeug einzuhalten. Dafür gibt es mehrere Gründe, die alle etwas mit der Sicherheit zu tun haben. Einer davon ist zum Beispiel die sogenannte Wirbelschleppe, die große Flugzeuge kilometer-weit hinter sich herziehen können. Gerät ein folgendes Flugzeug unglücklich in diese Schleppe hinein, kann es abstürzen. Das ist früher schon mehrfach vorgekommen. Dies alles weiß der Pilot der „Clipper Southern Cross" natürlich und versucht durch weitgehendes Drosseln der Geschwindigkeit und indem er – einfach ausgedrückt – so etwas wie „Schlangenlinien" fliegt, nicht zu dicht auf die vorausfliegende DC-8 aufzuschließen. Dabei hat er jedoch stets den Gleitpfad im Blick, den das ILS auf seinem Display sichtbar macht. Auch der Fluglotse in New York JFK überwacht den Anflug mit seinem Präzisionsradar und achtet darauf, dass das große, anfliegende Flugzeug nicht abweicht und sauber auf Kurs bleibt.

Es ist inzwischen 23:00 Uhr, und noch gibt es nicht das geringste Anzeichen dafür, dass in zwei Minuten eine schreckliche Katastrophe passieren wird. Der Pilot führt die Maschine inzwischen geradlinig auf dem Gleitpfad, da die vorausfliegende DC-8 sicher gelandet ist. Jetzt sehen die Männer im Cockpit auch schon die Landebahn 4R beziehungsweise deren Beleuchtung, denn es ist ja tiefe Nacht. Nur etwas Störendes hat sich zwischen die Maschine und die Landebahn geschoben: Es ist eine lästige Nebelbank. Der Pilot sieht an deren Position, dass er genau im letzten Teil des Endanfluges in sie eintauchen muss, wenn er den jetzigen Kurs auf dem Gleitpfad weiterfliegen will. Das würde bedeuten, dass die Sicht auf die Landebahn verloren gehen würde. Die Vorschrift besagt jedoch: Geht die Sicht verloren, muss der Endanflug abgebrochen und durchgestartet werden.

Die Folgen sind klar, er muss die Maschine nach den Anweisungen des Fluglotsen wieder in eine zugewiesene Flugfläche ziehen, sich dort erneut „hinten anstellen" und auf eine zweite Chance warten. Inzwischen sind sicher viele weitere Maschinen nach New York zurückgekehrt, er kann sich also ausmalen, dass dies eine erhebliche weitere Verzögerung bedeuten würde. Lediglich Treibstoffmangel könnte dann dazu führen, dass er bevorzugt landen kann. Aber er hat ja gerade wegen der zu erwartenden Verzögerungen reichlich betanken lassen, und einen Notfall wird er so bald nicht deklarieren können beziehungsweise müssen.

Technische Daten Boeing 707-120	
Kennzeichen	N779PA
Flugnummer	PA212
Typ	Boeing 707-120 (707-139)
Seriennummer	17904
Fabrikationsnummer	119
Erstflug	8. April 1960
Außenmaße	Länge 44,04 m
	Spannweite 39,88 m
	Höhe 12,80 m
Triebwerke	4 x Pratt & Whitney JT3C-6
Leistung	4 x 6123 kp
Max. Startgewicht	116.575
Tankvolumen	65.860 l
Anzahl Passagiere	121 bis 179
	(je nach Bestuhlung)
Dienstgipfelhöhe	11.430 m
Max. Reichweite	7485km
Max. Geschwindigkeit	950 km/h
Anzahl gebaut	1010
	(davon 63 Serie 707-120)
ICAO Unfallbericht	Aircraft Accident Digest
	No. 16, Circular 82-AN/69

Also wäre es dann sinnvoller, gleich nach dem Durchstarten nach Washington zurückzufliegen.

Bis zu diesem Zeitpunkt hat der Mann verantwortungsbewusst, überdurchschnittlich vorausschauend und sauber gearbeitet. So ist nicht nachvollziehbar, dass er von einer Sekunde auf die andere vergisst, dass Sicherheit vor Zeitgewinn und Bequemlichkeit kommt. Er entschließt sich zu einem gewagten Manöver, das dann auch das Ende zweier Karrieren bedeutet: der seinigen und der der unschuldigen Boeing 707. Kurz vor Erreichen der Landebahn lässt er die Maschine aus dem Sinkflug in den Horizontalflug übergehen. Damit verlässt er zwar unerlaubt den sicheren Gleitpfad, der ihn und seine 707 wie mit dem Faden der Ariadne herunterholen könnte, aber er handelt sich auch einen Vorteil ein, denn durch diesen Kunstgriff befindet er sich gleich darauf über und nicht in der Nebelbank. Damit vermag er weiterhin die Landebahn und ihre Lichter zu sehen und hält sich immerhin an diejenige Vorschrift, nach der er würde abbrechen müssen, wenn er in diesem Flugstadium den Sichtkontakt verlieren würde. Direkt nach der Nebelbank will er aufsetzen. Ein guter Plan? Eher nicht, denn die Nebelbank ist ziemlich lang und die verbleibende Lande-

bahn recht kurz. Zudem ist der aufmerksame Fluglotse ja auch noch da, und der hat mittels seines Präzisionsradars die Abweichung vom ILS-Gleitpfad bemerkt. Er ahnt zwar nicht, was der Hasardeur in der Boeing 707 plant, sondern denkt, die PAA-Maschine hätte gerade den Landeanflug unterbrochen und würde nun das Durchstartmanöver beginnen. Etwas anderes kann er sich in dieser Situation aufgrund seiner Erfahrung jedenfalls nicht vorstellen. Also bestärkt er den Piloten in seinem offensichtlichen Vorhaben, den Endanflug abzubrechen und durchzustarten, falls er die Landebahn nicht sehen könne. Das tut der Pilot der 707 jedoch nicht, er antwortet nicht einmal. Stattdessen hat er die Nebelbank überflogen und ist am Ende derselben gerade intensiv damit beschäftigt, die Boeing auf den Boden zu zwingen. Das ist im vorliegenden Fall gar nicht so einfach, denn die Maschine ist noch 120 Meter hoch und mit weit über 300 km/h viel zu schnell. Das stört den Flugkapitän aber nicht nachhaltig genug, oder er will nun nicht mehr von der einmal getroffenen Fehlentscheidung abweichen.

Wie dem auch sei, er prügelt die Maschine um 23:02 Uhr sehr weit hinten, nämlich 1000 Meter nach dem Beginn der Landebahn und mit 244 km/h immer noch um einiges zu schnell, auf den Boden hinunter. Ihm verbleiben somit nur gut 1500 Meter Landebahn. Daher wird unverzüglich und heftig in die Radbremsen getreten und der von den vier Triebwerken gelieferte volle Umkehrschub erfüllt die Umgebung des Flughafens mit lautem Getöse. Durch die Luftfeuchtigkeit ist die Bahn nicht so griffig, wie dies in dieser desperaten Situation wünschenswert gewesen wäre. Aber auch mit trockenem Belag, das erkennt die Crew alsbald, hätte es nicht gereicht, denn mit immer noch hoher Geschwindigkeit fegt die schwere Boeing zunächst einmal durch das Gras am Ende der Landebahn und stürzt anschließend in einen Wassergraben.

Drei von den vier Triebwerken reißen während der Höllenfahrt ab, und nach durchpflügtem Wassergraben bricht der Rumpf beim Aufprall auf die jenseitig ansteigende Seite kurz vor dem Ansatz der Tragflächen durch. 300 Meter nach dem Ende der Landebahn kommt die Maschine zur Ruhe, das Heck teilweise im und

Folgende Quellen wurden ausgewertet:

- ICAO Aircraft Accident Digest No. 16, Circular 82-AN/69
- Terry Denham: World Directory of Airliner Crashes
- John Godson: Clipper 806 – Anatomy of an Air Desaster
- B. I. Hengi: Crash
- Ronan Hubert: Les Catastrophes Aeriennes de 1920 a 1996
- André Launey: Historic Air Disasters
- Vernon Lowell: Airline Safety is a Myth
- Fred McClement: It doesn't matter where you sit
- Jan-Arwed Richter: Jet-Airliner Unfälle
- J. R. Roach: Jet Airliner Production List, Volume 1

121 Boeing 707 hat die Pan Am besessen – das ist mehr als jede zehnte Maschine dieses Typs. Hier befindet sich die N710PA, eine Schwestermaschine der N779PA, gerade im Schlepp
Foto: John F. Ciesla via Ed Coates Collection

unter Wasser, der abgebrochene vordere Teil aufwärts weisend auf der gegenüberliegenden Flanke des Wassergrabens.

Glück im Unglück: Das große Flugzeug fängt kein Feuer. So gelingt es auch, die Passagiere ohne Panik aus der Maschine herauszubringen. Das geschieht durch die Notausgänge über den Tragflächen, die anderen sind nicht zugänglich oder zu tief im Wasser. Die Geretteten werden durch die schnell herbeigeeilte Flughafenfeuerwehr nach kurzer Zeit bereits versorgt. Es gibt keine Toten, auch hier wieder Glück im Unglück. Dennoch ist der Unfall nicht rundum glimpflich abgelaufen, denn 16 Menschen wurden schwer verletzt, und ein teures, kaum vier Jahre altes Flugzeug ist zu einem Totalschaden geworden.

Im abschließenden Untersuchungsbericht wird die Schuld allein dem Piloten zugewiesen.

Er hatte ein nicht genehmigtes Flugmanöver geflogen und darüber hinaus vorsätzlich den Gleitpfad verlassen. Mögliche Einwände werden im Keim erstickt durch die Tatsache, dass die nur Minuten vorausfliegende DC-8 die Landung sauber durchgeführt hatte, ohne vorgeschriebene Prozeduren zu brechen. Der unglückselige Pilot zog die Konsequenzen und gab seine Lizenz zum Führen von Passagierflugzeugen freiwillig zurück. Er mochte aber nicht vollständig auf das Fliegen verzichten, denn den kleinen Schein für Privatflugzeuge behielt er und flog auch weiterhin.

Startabbruch 23
im Nebel

Captain S. R. „Mickey" Found kennt den Flughafen London-Heathrow sehr gut. Er hat ihn bei Schnee erlebt, eher selten bei schönem Wetter und schon des Öfteren bei Nebel. Aber das da heute, kann man das noch als Nebel bezeichnen? Der 46-jährige Pilot der Trans-Canada Airlines (TCA) schüttelt unmerklich den Kopf. Was da an diesem 6. November 1963 um das Flugzeug herumwabert, das ist die sprichwörtliche Erbsensuppe. Seine Maschine mit der Kennung CF-TJM ist eine erst elf Monate junge DC-8, eine elegante Düsenmaschine, von der wesentlich häufiger im Einsatz befindlichen Boeing 707 sehr einfach zu unterscheiden durch die zwei Lufteinlässe am Bug. An diesem Tag kommt eine Spezialversion zum Einsatz, eine DC-8-54F, in der Passagier- und Frachttransport durch Versetzen der Zwischenwände variabel

> **Passagierjet rast über das Bahnende hinaus**
>
> Trans-Canada Airlines Flug 861, 6. November 1963
> London, Großbritannien

kombiniert werden können. Copilot, Navigator und drei Stewardessen ergänzen die Crew auf sieben Personen. Meistens befindet sich mehr Personal an Bord, aber heute ist das Flugzeug nur zur Hälfte mit Passagieren besetzt, da reichen drei Damen für den Service. Es ist kurz vor 20:00 Uhr, seit Stunden bereits dunkel, und die neunzig Passagiere fragen sich schon seit geraumer Zeit, wann es denn nun endlich los geht. Nach Montreal wollen sie, und wenn es geht, dann bitte schön heute noch! Die Insassen werden immer unruhiger, und Found kennt das natürlich aus Erfahrung.

Aber was soll er tun? Nebel mit einer Sichtweite von teilweise unter 100 Metern lässt die Flugzeuge auf den Zubringern und auf dem Vorfeld in Schildkrötenmanier dahinkriechen,

Die CF-TJM am folgenden Morgen im Kohlfeld. Der Airline-Schriftzug ist schon übermalt. Kaum zu glauben, dass diese DC-8 wieder repariert wurde
Foto: Ken Wilkinson

Technische Daten Douglas DC-8-54F	
Kennzeichen	CF-TJM
Flugnummer	861
Typ	Douglas DC-8-54F
	Jet Trader
Seriennummer	45653
Fabrikationsnummer	178
Erstflug	14. Dezember 1962
Außenmaße	Länge 45,87 m
	Spannweite 43,41 m
	Höhe 12,92 m
Triebwerke	4 x Pratt & Whitney
	JT3D-3B
Leistung	4 x 8165 kp
Max. Startgewicht	148.780 kg
Tankvolumen	87.360 l
Anzahl Passagiere	0 bis 189
	(je nach Bestuhlung)
Dienstgipfelhöhe	10.700 m
Max. Reichweite	11.263 km
Max. Geschwindigkeit	933 km/h
Anzahl gebaut	555
	(davon 20 Serie DC-8-54F)
Unfallbericht	ICAO Accident Digest,
	No. 11, S. 47

als wären die Piloten allesamt kurzsichtig. Soll er es dennoch versuchen oder nicht doch lieber den ganzen Flug stornieren? Das Warten auf Besserung, diese Zeit der Entscheidungslosigkeit aber ist das Schlimmste. Deshalb beschließt der Flugkapitän um 20:00 Uhr, einen Startversuch zu wagen. Er bittet den Tower um Genehmigung zum Anlassen der Triebwerke und fragt gleichzeitig, wie die Sicht auf den beiden Startbahnen sei. Die Antwort ist nicht die, die er sich erhofft hat: Sichtweite auf der 28L schlecht, auf der 28R kann man etwas weiter sehen, bis zu 700 Meter.

Found jedoch braucht die 28L. Seine DC-8 ist für den mehr als 5000 Kilometer langen Flug mit über 60.000 Liter Treibstoff betankt worden, und im hinteren Teil des Flugzeugs befindet sich zudem schwere Fracht. Die Maschine muss heute mit dem maximalem Startgewicht von knapp unter 150 Tonnen abheben. Der Fluglotse fragt den Piloten, ob denn die Sicht auf der 28L, die zurzeit 150 Meter betrage, für ihn ausreichend sei, um einen Start zu wagen. Found überlegt, denn die Vorschriften der TCA besagen eindeutig, dass ein Start nur bei einer Sicht von mindestens 400 Metern gestattet ist. Nach kurzem Zögern antwortet er dennoch: „Ja, wir machen es."

Da sie nicht wissen, was sie gleich erwartet, atmen die Passagiere hörbar auf, als es um 20:39 Uhr endlich zum Start geht. Ganz behutsam schleicht der Flugkapitän mit der riesigen Maschine über die Rollwege. Ohne Hilfe ginge nichts mehr, aber mit dem Bodenradar wird die Maschine sicher geleitet. Während dieser quälend langsamen Fahrt meldet der Beobachter eine Verschlechterung der Sichtweite für die Bahn 28L auf unter 50 Meter.

Dieser Mann ist am Ende der Startbahn postiert und schätzt die übersehbare Entfernung dadurch, dass er die Anzahl der in die Startbahn eingelassenen Lampen zählt, die er gerade noch erkennen kann. Nun, gar so schlimm ist das in diesem Moment noch nicht, denn sie müssen sowieso noch auf hereinkommende Maschinen warten, und da kann sich noch einiges verbessern, beispielsweise durch deren Umkehrschubhitze. Am letzten Zubringer zur Startbahn angekommen, fragt der Flugkapitän

den Tower, ob denn die Lichter auch auf maximale Helligkeit geschaltet seien, denn viel kann er nicht erkennen. Nachdem dies bejaht wurde, fragt er anschließend, ob die in die Mittellinie der Startbahn eingelassenen Lampen auch bis zum Ende der Startbahn durchgehen. Heute will er es ganz genau wissen. Er ist immer noch unschlüssig, ob er es wagen soll, die voll beladene Maschine durch diese milchige Erbsensuppe zu zwingen.

Es ist 20:51 Uhr, und nun muss er sich entscheiden, denn er erhält die Freigabe zum Startlauf. Also los! Bremsen fest, voller Schub, Bremsen lösen und dann schießt die DC-8 ungestüm los in die Ungewissheit. Der Lotse im Tower hört das Röhren der vier Triebwerke … und dann schlagartig nichts mehr. Oh je, die Maschine ist doch hoffentlich nicht gecrasht?

Nein, glücklicherweise nicht, Found hat sich lediglich für einen Startabbruch entschieden. Dem Fluglotsen gibt er durch, er habe nicht genug Beleuchtung gehabt und den Start deshalb abgebrochen. Mehr Licht gibt es aber leider nicht, also lotst der Tower die DC-8 wieder in Schleichfahrt zum Bahnanfang zurück. Zwischendurch hören die Männer im Cockpit aus den Kopfhörern die Warnungen anderer Piloten. Dabei keimt fallweise Galgenhumor auf: „Mike, kannst du vorfahren, dann kann ich deinen Rücklichtern folgen!" – „Klar, mache ich, du Feigling."

Wieder am Bahnanfang angekommen, sagt Found zum Fluglotsen: „Wenn sich das hier nicht verbessert, dann werden wir das meiner Meinung nach nicht machen. Wir können nicht, äh … wir haben nicht genug Sicht." Der Fluglotse vermeint in diesen Worten die quälende Ungewissheit förmlich zu spüren. Kein Wunder, denn es baut sich immer mehr Stress auf. Wenig später meldet der Tower, die Sicht sei immer noch schlecht, 150 Meter zwar, aber schlecht allemal. Found antwortet, er wolle noch ein wenig warten. Immer noch hofft er auf ein Wunder, das jedoch heute nicht passieren will, zumindest nicht, was die Sicht anbetrifft. Ein anderes Wunder wird es etwas später aber noch geben, ein viel bedeutsameres sogar.

Die nächste Meldung bringt eine Vorentscheidung: Verschlechterung der Sicht auf der

Start der Trans Canada Airlines DC-8 CF-TJM in London-Heathrow am 6. November 1963

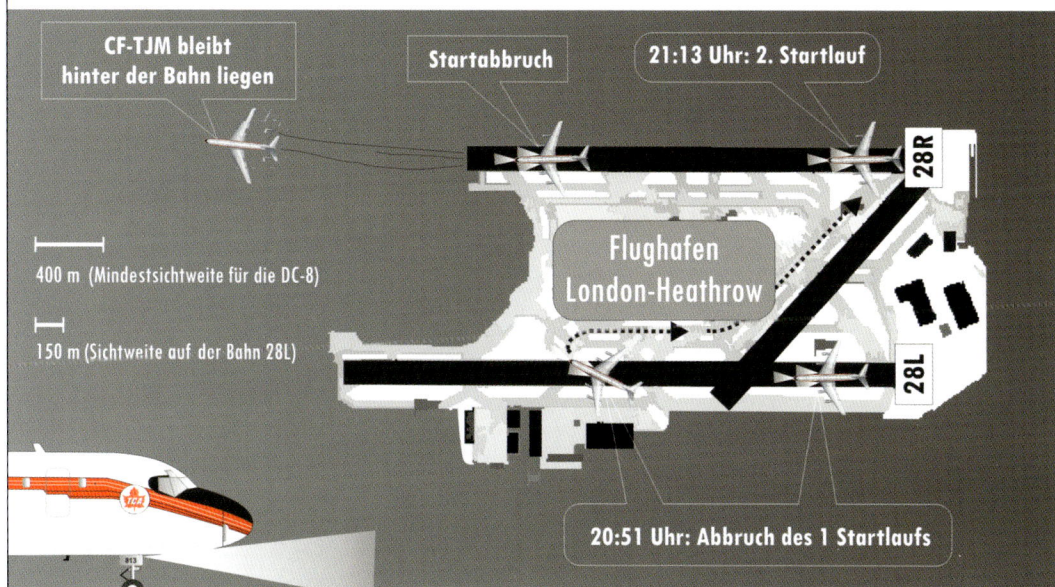

CF-TJM bleibt hinter der Bahn liegen

Startabbruch

21:13 Uhr: 2. Startlauf

28R

Flughafen London-Heathrow

400 m (Mindestsichtweite für die DC-8)

150 m (Sichtweite auf der Bahn 28L)

28L

20:51 Uhr: Abbruch des 1 Startlaufs

Weil die Sichtweite mit 150 Metern auf der Piste 28L zu gering war, wich die DC-8 auf die parallele Piste 28R aus. Hier lag die Sichtweite zwar bei 400 Metern, gleichzeitig ist diese Startbahn aber auch kürzer

28L auf unter 100 Meter, Verbesserung auf der 28R auf nunmehr 450 Meter. Noch einmal denkt Found über einen Wechsel der Startbahn trotz des hohen Gewichts nach. Immer wieder hat er dies in Erwägung gezogen und wieder verworfen, aber nun bittet er doch noch um Freigabe auf der kürzeren 28R, denn sie haben in der letzten Stunde Treibstoff verbrannt, sind ein wenig leichter geworden, und der Flugkapitän entscheidet, dass die 28R nun reichen wird.

Am Startanfang angekommen, stürmt gerade eine australische Maschine los und hebt plangemäß ab. Durch die Hitze der Abgase aus den Triebwerken ist auf der 28R ein „Tunnel" entstanden, in dem die Sicht schlagartig auf 750 Meter gestiegen ist.

Sollte man diese Chance nicht nutzen? 21:13 Uhr, der Fluglotse fragt Found, ob er jetzt starten will, denn in zehn Kilometer Entfernung schweben schon wieder Flugzeuge zur Landung auf der 28R ein. Die Passagiere hinter ihm, das weiß der Flugkapitän, sind nun nach über einer Stunde Nikotinentzugs am Rande einer Revolte, also nimmt er kurzentschlossen das Angebot an, und die DC-8 röhrt mit Vollschub dem relativ nahen Bahnende entgegen. Wieder hören die Männer in der Flugleitzentrale das Röhren ... und wieder der Schreck: Plötzlich setzt der Lärm schlagartig aus. War das wieder ein Startabbruch? Um 21:16 Uhr fragt der Lotse im Tower die Crew der DC-8, ob sie noch auf Empfang sei. Trotz wiederholter Nachfrage erhält er keine Antwort. Da könnte durchaus etwas passiert sein, die Feuerwehr wird alarmiert. Und es ist etwas passiert! Die Maschine hat auf der nassen Startbahn ziemlich spät die Abhebegeschwindigkeit erreicht. Found zieht die Steuersäule zu sich heran – keine Reaktion! Noch fester gezogen – wieder keine Reaktion!

Er zieht und zieht, aber die DC-8 will sich nicht lösen, klebt förmlich am Boden. So zumindest stellt sich die Situation für Found dar. Ist die Maschine falsch getrimmt? Gibt es da vielleicht ein Höhenruderproblem? Das wäre eine Katastrophe, wenn sie erst einmal in der Luft sein werden.

Andererseits nähert sich das Ende der Bahn mit rasender Geschwindigkeit, und die restliche zur Verfügung stehende Fläche wird nicht reichen, um die Maschine sicher zum Stehen zu bringen. Schon gar nicht heute, wo sie so glitschig ist, sie sind schon zu weit, das weiß Flugkapitän Found. Keine Zeit bleibt zum Nachdenken. Jetzt muss er blitzschnell entscheiden: weiter versuchen, die Maschine hochzuziehen, oder den Start abbrechen und volle Bremsmanöver einleiten.

Niemand kann hinterher sagen, was richtig gewesen wäre. Die meisten meinen, er hätte starten sollen, aber die saßen ja auch alle zu diesem Zeitpunkt nicht im Cockpit der Maschine. Found bricht ab, er ist sicher, dass dies das kleinere Übel ist. Er reißt die Schubhebel zurück auf vollen Umkehrschub, doch es dauert – wie immer – mehrere Sekunden, bis die Umkehr des Abgasstrahls von den auf maximalem Vorwärtsschub laufenden Triebwerken geliefert wird.

Die Bremsen allein schaffen es nicht, denn die Maschine ist immer noch sehr schwer! Mit hoher Geschwindigkeit stürmt sie über das Bahnende hinaus, tobt eine leicht erhöhte Ringstraße innerhalb des Flughafengeländes hinauf, bricht durch den Flughafenzaun und trifft dann hart auf den Betonrand einer Straße. Augenblicklich kollabiert das Bugrad durch die Gewalt des Aufpralls. Gleichzeitig knallt eine Tragfläche gegen den ILS-Sender.

Immer noch macht die Maschine erhebliche Fahrt, das weggebrochene Bugrad scheint bei diesem glitschigen Boden überhaupt nicht zu fehlen. Mit glücklichem Schwung geht es über einen 2,50 Meter breiten und immerhin 1,50 Meter tiefen Graben hinüber. Lediglich das Hauptfahrwerk sackt durch und bricht bei dieser Belastung ab.

Nach Überwindung des Grabens schließlich pflügt die DC-8 durch ein Rosenkohlfeld, und

Folgende Quellen wurden ausgewertet:
- Stephen Barley: Aircrash Detective
- David Beaty: The Human Factor in Aircraft Accidents
- John Godson: Unsafe at any Height
- ICAO Accident Digest: No. 11, S. 47
- Ulrich Klee: jp Airline Fleets International
- André Launey: Historic Air Desasters
- Fred McClement: It doesn't matter where you sit
- J. R. Roach: Jet Airliner Production List, Volume 2

jetzt – endlich – kommt sie kurz vor dem Beginn eines Dorfes zur Ruhe. Einer Strecke von immerhin 800 Metern hat es nach dem Ende der Startbahn noch bedurft, um die gewaltigen Fliehkräfte der über 140 Tonnen schweren Maschine abzubauen.

Die Triebwerke Nr. 1 und Nr. 2 brennen, allerdings nur leicht. Dennoch sollte nun die Evakuierung schnellstmöglich vonstatten gehen. Das ist aber nicht der Fall. Die üblichen Probleme: Die Notbeleuchtung ist so schlecht, dass einige Passagiere nicht einmal die Sicherheitsgurtschlösser sehen und öffnen können. Das Personal muss assistieren. Die ersten Fluggäste stehen zwar schon an den Notausgängen, können aber die Bedienungsanleitung im schummrigen Licht nicht lesen.

Fast jeder Notausgang in jedem Flugzeug ist anders zu handhaben. Geht die Tür nach innen oder nach außen auf? Hebel rauf oder runter? Muss man drehen oder drücken? Ein Passagier, ein kräftiger Kerl, versucht immer wieder mit Gewalt eine Tür nach außen zu drücken. Es ist jedoch leider ein Modell, das zuvor nach innen angehoben werden müsste.

Erstaunlicherweise bleiben die 90 Passagiere bei all dem ruhig. Einige wirken gar zu relaxed: Sie gehen zurück, suchen ihr Handgepäck, kramen nach Pässen oder sonstigen Habseligkeiten. Hätte es richtig gebrannt, diese Situation hätte sich zu einer schweren Katastrophe auswachsen können.

So aber verläuft die Evakuierung völlig gelassen. Nur fünf Insassen sind später leicht verletzt. Um dies festzustellen, vergehen jedoch bange Stunden, denn einige Passagiere haben sich auf den Weg gemacht, um Rettung zu finden, Hilfe zu holen oder einfach nur, weil sie leicht verwirrt und im Schockzustand sind. Was auch immer der Einzelne im Sinn hatte, die meisten haben sich im dichten Nebel verirrt, und es braucht so einige Zeit, bis feststeht, dass alle eingesammelt werden konnten und ausnahmslos überlebt haben. Das ist höchst erstaunlich, und Erleichterung macht sich breit.

Einige Crewmitglieder versuchen derweil vergeblich, die kleineren Brände in den beiden Triebwerken mit Handfeuerlöschern zu ersticken. Zwei Gründe lassen dieses Vorhaben scheitern: Erstens schließen die Zuflusshähne für den Treibstoff nicht mehr, sodass immer neue „Nahrung" nachkommt. Und zweitens funktioniert nur einer der drei Feuerlöscher. Die Rettung der Maschine bleibt dann also der Feuerwehr überlassen.

Feuerwehr? Ach so, ja, wo ist die denn überhaupt? Erst nach 23 Minuten treffen die Männer mit den Profigeräten ein, sie konnten das Flugzeug bei diesem Nebel zuerst nicht finden und hatten auch danach noch alle erdenkliche Mühe, über den Graben zu kommen und die schwere Ausrüstung in dem aufgeweichten Rosenkohlfeld näher heranzuschaffen. So belaufen sich die Reparaturkosten der ziemlich neuen Maschine nach spätem Löscherfolg auf stattliche vier Millionen Dollar.

Kurz nach dem Unfall sind bereits die ersten Experten vor Ort und untersuchen die DC-8. Bald konzentriert sich alles auf die Beantwortung einer wesentlichen Frage: Hat Found richtig entschieden oder hat er nicht? Man fand nämlich nicht den geringsten Hinweis auf die vom Flugkapitän beschriebene Fehlfunktion des Höhenruders. Möglicherweise war die Trimmung falsch, aber nachweisbar war dies ebenfalls nicht.

Und bald stand auch fest, dass die errechnete Geschwindigkeit zum Abheben ausreichend gewesen wäre. Aber nachstellen oder wiederholen konnte man die Situation ebenfalls nicht.

Experten und Kollegen konnten nachfühlen, was dieser Mann erlebt hatte, in ähnlichen Situationen war manch einer selbst schon gewesen. Immer wieder hatte er gezweifelt, ob er überhaupt starten oder den Flug lieber stornieren solle. Sicher war dieser Gedanke auch in der Sekunde präsent, in der es um Abheben oder Startabbruch ging. Vielleicht hatte er auch gedacht, wenn der Australier den Start problemlos schafft, dann muss es doch auch für ihn und seine DC-8 möglich sein. Aber die Maschine hatte nicht abheben wollen, so zumindest hatte er die Situation erlebt. Also hatte er doch richtig gehandelt, oder?

Zwei Jahrzehnte lang war er einer der besten Piloten der TCA gewesen, ein überaus erfahrener Mann mit unglaublichen 21.428 Flugstunden. Im Protokoll des Untersuchungsausschusses liest sich das so: „Selten zuvor haben wir einen derart versierten Mann vor unserem Ausschuss vernommen." Aber jetzt resignierte er.

Er begann an der Richtigkeit seiner Entscheidung zu zweifeln und gab schließlich zu Protokoll, dass er die Verantwortung für die Fehlinterpretation des Höhenruderausschlags übernehme. Im Abschlussbericht stand dementsprechend: „Der Pilot brach den Start ab in der fälschlichen Annahme, dass das Höhenruder nicht ordentlich reagierte. Dieser Startabbruch jedoch kam zu spät." Found schied danach auf eigenen Wunsch und „persönlichen Gründen" bei TCA aus. Was bleibt, ist der Zweifel, ob hier nicht ein tadelloser Pilot richtig entschieden, das Leben von 97 Menschen gerettet und dennoch seinen Job verloren hatte.

Auch die DC-8-54 ist sozusagen vorzeitig aus dem Dienst ausgeschieden. Wenn man das Foto betrachtet, sollte man meinen, dass die Verschrottung sofort vorgenommen werden musste. Das war jedoch nicht so. Die Maschine wurde in einen der großen Wartungshangars der BOAC geschleppt und dort in mühsamer Arbeit tatsächlich wieder vollständig repariert.

Später aber, am 19. Mai 1967, stürzte sie während eines Trainingsfluges ab, bei dem eine Landung mit dem Ausfall beider Backbordmotoren und gleichzeitiger manueller Rudersteuerung geübt werden sollte. Der Flugschüler war mit dieser außerordentlich schwierigen Situation überfordert, der Lehrer bemerkte dies zu spät, die Maschine geriet außer Kontrolle und schlug in Rückenlage auf. Besatzung und Maschine verbrannten.

Wer nicht aufgibt, 24
findet die Nadel
im Heuhaufen

Jay E. Prochnow ist 36 Jahre jung, jedoch bereits ein erfahrener Pilot. Es ist insofern nicht verwunderlich, dass er ohne Zögern einen im Nachhinein betrachtet ziemlich risikoreichen Auftrag der Trans Air anzunehmen bereit ist. Die Firma will zwei einsitzige landwirtschaftliche Spezialflugzeuge Cessna 188 von Los Angeles nach Sydney überführt haben. Es leuchtet ein, dass dies billiger ist, als die Maschinen per Schiffsfracht über den weiten Pazifik zu bringen. Dass dieser Direktweg jedoch auch weit gefährlicher ist, wird bald allen Beteiligten und auch einigen zunächst Unbeteiligten deutlich werden. Die beiden Flugzeuge werden für die weite Strecke mit großvolumigen Zusatztanks

Eine fast baugleiche Cessna 188A AgWagon aus der Familie der Landwirtschaftsflugzeuge des Herstellers Cessna. Bis zu 1060 Liter Insektizide fassen die Tanks dieser Maschinen
Foto: RuthAS, lizenziert unter CC Attribution 3.0 unported

> **Suche nach einem Kleinflugzeug mitten über dem Pazifik**
>
> Privater Überführungsflug, 21. Dezember 1978
> Pazifik, viele Hunderte Kilometer entfernt vom nächsten Land

ausgerüstet, denn in der Serienversion ist eine hohe Reichweite nicht erforderlich, dort kommt es vielmehr auf die Größe des Spezialtanks an, der die Insektizide zur Schädlingsbekämpfung enthält.

Ein Schädlingsbekämpfungsflugzeug benötigt auch keine hochspezifischen Navigationsinstrumente, das leuchtet ein, denn wer muss schon über einem Maisfeld komplizierte Kursprobleme lösen? Für die schwierige und gefährliche Navigation sind die beiden Flugzeuge insofern bemerkenswert schwach ausgerüstet: Kartenmaterial, Kompass und ein etwas veraltetes Navigationssystem mit dem Namen NDB befinden sich an Bord. Dieses System empfängt Wellen, die von Bodenstationen ausgesendet werden, funktionell ungefähr vergleichbar mit einem Radiosender. Die automatische Peilantenne der Cessna 188 sucht den gewünschten Sender, empfängt diese Wellen, und eine Nadel zeigt die zu fliegende Richtung an. Es ist allerdings bekannt, dass diese Zeiger ungenau stehen können und gern einmal unruhig hin- und herschwanken.

Bis Pago Pago auf den zu Amerika gehörenden Inseln Ost-Samoa allerdings geht es gut, beide Maschinen landen, man ruht sich aus, und frisch aufgetankt starten die Cessnas am 20. Dezember 1978 in Richtung Norfolk. Hier aber passiert ein erstes Malheur: Die N30581 des Kollegen hat einen Motorschaden und muss direkt nach dem Start notwassern. Prochnow kehrt um. Sein Freund wurde unverletzt geborgen. Prochnow ist beruhigt, will aber zunächst nichts von einem alleinigen Weiterflug wissen, als würde er ahnen, dass er die Hilfe der anderen Cessna braucht. Nach einer weiteren Ruhepause entschließt er sich dann aber doch noch und startet am 21. Dezember 1978 um 3:00 Uhr früh auf den 2750 Kilometer langen zweiten Abschnitt des Überführungsfluges.

Die zu Australien gehörige Norfolkinsel ist so etwas wie die Nadel im Heuhaufen. Zieht man einen Kreis um dieses winzige, noch nicht einmal zehn Kilometer lange Inselchen, so lässt sich im Umkreis von 750 Kilometern kein weiteres Stück Erde finden. Da ist nur der unendliche Pazifik. Man ist hin- und hergerissen: Soll man den Mut des Piloten bewundern, oder ist er

Technische Daten Cessna 188B AgWagon	
Kennzeichen	N30771
Flugnummer	ohne
Typ	Cessna 188B AgWagon
Seriennummer	unbekannt
Erstflug	1965 (die N30771 jedoch erst 1978)
Außenmaße	Länge 7,69 m
	Spannweite 12,70 m
	Höhe 2,25 m
Triebwerke	1 x Teledyne Continental TSIO-520-T
Leistung	1 x 231 kW
Max. Startgewicht	1725 kg
Tankvolumen (Liter)	normalerweise 170, hier ca. 1100
Anzahl Insassen	1
Dienstgipfelhöhe	4000 m
Max. Reichweite	Serie: ca. 750 km; hier: ca. 4000
Max. Geschwindigkeit	240 km/h
Verbrauch	50 l/h
Anzahl gebaut	3967 (davon 2909 Cessna 188B)
NTSB Identification	OAK79DJA05

eher tollkühn zu nennen? Wenn alles klappt, wird er Norfolk gegen 16:00 Uhr erreichen, also noch lange vor Sonnenuntergang. Er rechnet bei normaler Reisegeschwindigkeit, die etwa 200 km/h beträgt, mit 15 Stunden Flugzeit, da ein munterer Westwind weht. Geht etwas schief, dann hat er zusätzlich noch Benzinreserven für ungefähr sieben Stunden an Bord.

Die Maschine steigt gemächlich auf die Reiseflughöhe von 2500 Meter, und dort angekommen beginnt eine langweilige, sich über Stunden hinziehende Beobachtung der Anzeige für die Richtung. Über die Tonga-Tonga-Inseln und vorbei an den Fidschi-Inseln geht der Flug. Dann liegt die kleine Insel Ono-I-Lau unter ihm, und er weiß, dass er immer noch mehr als die Hälfte der Strecke vor sich hat. Nach längerer Zeit ohne Funkempfang, weil die Reichweite nicht groß genug ist, kann er endlich den Sender von Norfolk empfangen und meldet sich bei der zuständigen Luftleitstelle Auckland Control. Stunden später ist seine errechnete Ankunftszeit gekommen, und er beginnt, nach der Insel Ausschau zu halten. Bald schon ist es vorbei mit der Langeweile, denn er kann sie trotz guter Sicht nicht finden. Die Nadel seiner automatischen Peilantenne zeigt immer noch geradeaus. Er fliegt eine Zeit lang suchend weiter und müsste nun aber wirklich die Insel sehen, selbst wenn die Abweichung von seinen Berechnungen übergroß wäre. Aber weit und breit ist kein Land zu sehen.

Ist er vom Kurs abgekommen? Aber wie weit? Und wo ist er? Und wie konnte das passieren? Unsicherheit überall, nur eines ist sicher: Er hat sich offenbar heftig verflogen. Bald wird es dämmern, ihm graut vor einer nächtlichen Notwasserung in einer Gegend, in der Schiffe so selten sind wie ein Fünfer im Lotto. Immer wieder peilt er ergebnislos andere Sender an, aber als er zurück auf den Sender von Norfolk geht, zeigt die Nadel plötzlich in eine andere Richtung, obwohl er stur geradeaus geflogen ist. Dann beginnt sie wie wild im Kreis zu drehen. Jetzt weiß er, was schief gelaufen ist. Er hat der Nadel vertraut, ohne zu ahnen, dass sie einen Defekt hatte. Später wird er feststellen, dass sich die Nadel auf der Welle gelockert hat und nicht korrekt mitgezogen wurde.

Um 17:15 Uhr startet derweil eine DC-10 der Air New Zealand von Fidschi nach Auckland. Kapitän Gordon Vette hat die Maschine vollgetankt, nicht, weil er für die dreieinhalbstündige Reise viel Sprit benötigt, sondern weil der auf Fidschi so schön billig ist. Noch ahnt niemand die Bedeutung dieses Vorgangs, aber die vielen Tonnen „überflüssigen" Treibstoffs werden die Rettung von Prochnow sein. Mit an Bord der ZK-NZS sind der Copilot Arthur Dovey und der Navigator und Bordingenieur Gordon Brooks. Der empfängt nach 20 Minuten Flugzeit die Nachricht von der verlorenen Cessna. Den drei Männern ist sofort klar, dass die Situation des kleinen Flugzeugs so gut wie aussichtslos ist. Aber sie wollen nichts unversucht lassen, zögern keine Sekunde und ändern ihren Kurs Richtung Norfolk.

Minuten später hören die Passagiere Vettes lockere Ansage: „Ich hoffe, Sie haben heute keine unaufschiebbaren Verabredungen in Auckland, denn wir werden ein wenig später ankommen." Dann erklärt er seinen Fluggästen die Situation. Da gibt es niemanden, der nicht sofort

einverstanden wäre. Einige versuchen sich in den Piloten der einsamen Cessna hineinzuversetzen und bekommen prompt eine Gänsehaut. Zwar weiß die Crew bedingt durch moderne Technik genau, wo sie sind, aber sie verfügen über kein Gerät, um die Cessna zu finden. Improvisation ist gefragt. So wird zuerst Funkkontakt über Kurzwelle zu Prochnow hergestellt. Die ist zwar nicht störungsfrei, aber immerhin erfährt der einsame Mann in der kleinen Cessna auf diese Weise, dass er nicht mehr allein ist. Das ist ihm eine ganze Menge wert.

Vette informiert die 88 Passagiere über die Situation und bittet sie, zu einem späteren Zeitpunkt bei der Suche zu helfen. Gleich darauf kommt Malcolm Forsyth, ein erfahrener Navigator, der zufällig an Bord ist, ins Cockpit und bietet seine willkommene Hilfe an. Auch dies ist ein wichtiger Glücksfall, denn die Last der Navigation kann nun mit einem weiteren, gut ausgebildeten Mann besser aufgeteilt werden.

Eine Karte des Gebietes um Norfolk findet sich ebenfalls im Cockpit. Jetzt beginnt der Wettlauf mit der Zeit: Die Cessna muss gefunden werden, bevor ihr der Sprit ausgeht. Vette lässt Prochnow verschiedene Peilungen durchführen, die er überprüft, und schnell scheint festzustehen: Der Peilsender ist defekt! Kein Wunder, dass die Cessna nicht auf Kurs ist. Später wird man herausfinden: Zu diesem Zeitpunkt befindet sich Prochnow volle 350 Kilometer südöstlich von Norfolk. Vette bittet Prochnow, direkt in die Sonne zu drehen und ihm die Richtung durchzugeben, die sein Kompass anzeigt: 274 Grad liest Prochnow ab. Die DC-10 tut Gleiches, 270 Grad liegen an und mithilfe dieses simplen Tricks, auf den man aber erst einmal kommen muss, steht fest, dass sich die kleine Cessna südlich von der DC-10 befindet. Weitere gemeinsame Tests folgen, und danach ist ersichtlich, dass Prochnow ungefähr 350 Kilometer westlich von der Passagiermaschine fliegt. Das ist erfreulich, denn die DC-10 dreht nun auf die Cessna zu, und schon kurz darauf hat man UKW-Reichweite, wodurch die Verständigung klar und deutlich wird.

Vette gibt die erfreuliche Nachricht an die Passagiere weiter, und wie nach einem besonders gut gelungenen ersten Akt im Theater

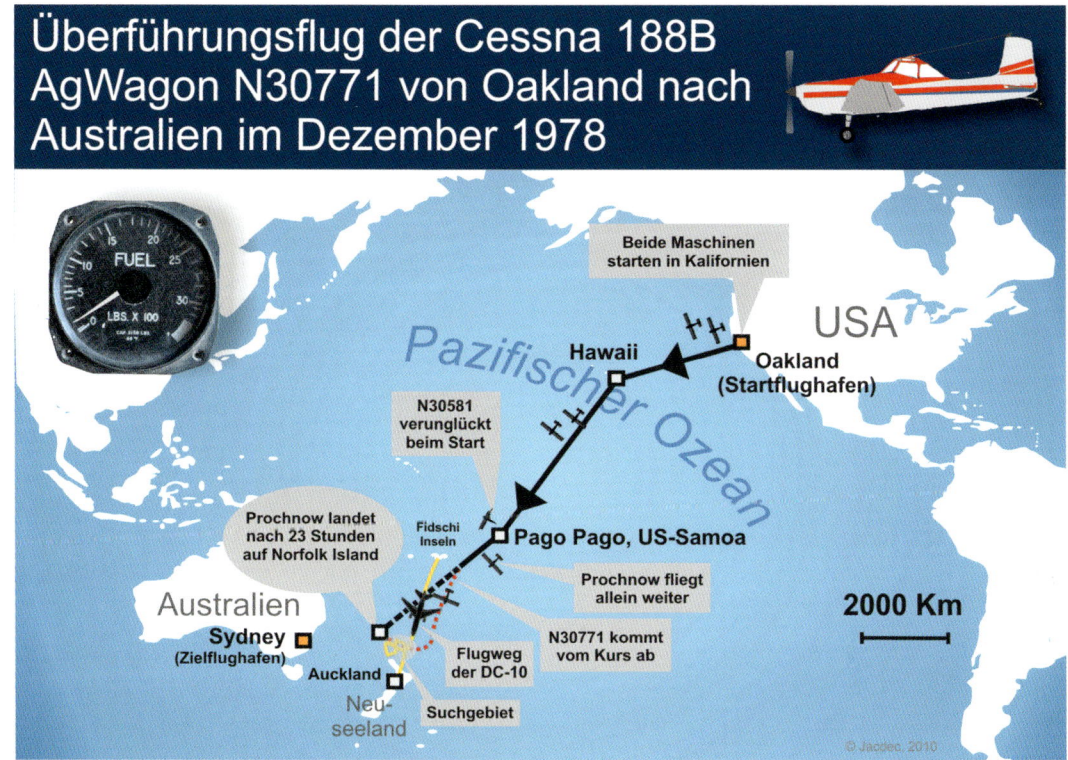

Überführungsflug der Cessna 188B AgWagon N30771 von Oakland nach Australien im Dezember 1978

Beide Maschinen starten in Kalifornien

Hawaii

USA

Oakland
(Startflughafen)

Pazifischer Ozean

N30581 verunglückt beim Start

Prochnow landet nach 23 Stunden auf Norfolk Island

Fidschi Inseln

Pago Pago, US-Samoa

Prochnow fliegt allein weiter

Australien

Sydney
(Zielflughafen)

Auckland

Flugweg der DC-10

N30771 kommt vom Kurs ab

2000 Km

Neuseeland

Suchgebiet

© Jacdec, 2010

Weil der Überführungsflug kostengünstiger als ein Schiffstransport ist, nimmt die Cessna 188B AgWagon den Luftweg Richtung Australien. Als ihr Peilsender verrückt spielt, tritt eine dreistrahlige DC-10 die Suche an

brandet Jubel auf. Auch die Cessna hat gedreht und fliegt nun, die Sonne im Rücken, der DC-10 entgegen. 18 Minuten später ist die DC-10 über der Cessna. Das heißt: sollte sie sein, aber die Passagiere drücken vergeblich ihre Nasen an den Fenstern platt. „Schade", denkt Vette, „die verwendeten Navigationsmethoden sind eben nur ein Notbehelf, alles andere als exakt." Es nimmt auch nicht Wunder, dass Prochnow die große Maschine ebenfalls nicht ausmachen kann. Zudem war das vorherrschende Wetter insofern ungünstig, als die DC-10 keine Kondensstreifen nachschleppt. Da hat Brooks eine Idee: Wir lassen Treibstoff ab, den kann man, das hat er schon einmal selbst beobachten können, weithin sehen. Zwei Minuten lang lässt Flugkapitän Vette fünf Tonnen Kerosin in die

Luft austreten, aber ohne Ergebnis. Also umdrehen und das Ganze noch einmal, aber diesmal über drei Minuten, das sind 48 Kilometer. Insgesamt 12,5 Tonnen Treibstoff werden abgepumpt, aber Prochnow sieht nichts, gar nichts, so sehr er sich auch anstrengt. Wie groß das Pech in diesem Moment war, erfahren sie später: Die DC-10 war exakt über der Cessna, so konnten sie einander nicht ausmachen.

Prochnow, den Vette inzwischen als äußerst coolen, professionellen Mann kennengelernt hat, dem man nicht die Spur anmerkt, dass er sich im Stress befindet, beginnt zu resignieren. 19 Stunden fliegt er nun, wird müde, und seine Hoffnung schwindet nach dem gescheiterten Versuch der Sichtaufnahme. Er prüft die Vorräte, bereitet seine Notwasserung vor. Gordon Vette und seine drei Helfer aber geben nicht so schnell auf. Prochnow wird gebeten, kurze Rufzeichen zu senden. Werden diese schwächer empfangen, entfernt sich die DC-10, werden sie stärker, nähert sie sich. Die Punkte werden durch Linien verbunden. Dort, wo sie sich

Eine McDonnell Douglas DC-10 der Air New Zealand im Jahre 1977 im Landeanflug. Ihre Schwestermaschine machte sich 1978 mit Navigator Gordon Brooks im Cockpit auf die Suche nach der kleinen Cessna. 1979 kollidierte diese DC-10 (Foto) in der Antarktis mit einem Berg und wurde zerstört – Brooks, der auch an Bord war, kam ums Leben.   Foto: Eduard Marmet, lizenziert unter CC Attribution ShareAlike 3.0

schneiden, muss die Cessna sein. Genau ist diese Messung zwar nicht, aber bald steht fest: Die Cessna muss im Nordwesten sein.

Die schwere DC-10 dreht ab und gibt gleichzeitig die errechnete Position an das schon länger bereitstehende Seeaufklärungsflugzeug Lockheed Orion der Royal New Zealand Air Force (RNZAF) weiter. Die Maschine hebt unverzüglich ab, wird aber noch zweieinhalb Stunden benötigen, um vor Ort zu sein und Beistand leisten zu können. Als die DC-10 die errechnete Position erreicht hat, beginnt sie zu kreisen. Prochnow wird aufgefordert nach oben Ausschau zu halten und auf die gleißend hell blitzenden Anti-Kollisions-Lichter des Großraumflugzeuges zu achten. Wieder nichts. Der Himmel über ihm ist zwar klar, aber da oben blitzen nur die Sterne. Auch die Passagiere haben kaum eine Chance, die mäßig beleuchtete, winzige Cessna auszumachen.

Für die ZK-NZS nähert sich unaufhaltsam der Moment, an dem der sinkende Treibstoffpegel eine Umkehr unumgänglich machen wird, da hören die Navigatoren in der DC-10 einen entzückten Schrei von Prochnow in ihren Kopfhörern: „Licht, ich sehe viele helle Lichter unten" ruft er. 20,5 Stunden ist er nun in der Luft, läuft jetzt doch noch alles zum Guten? Leider nicht, denn Auckland Control identifiziert die Lichtquelle als die Bohrinsel „Penrod", die sich derzeit im Schlepp 1100 Kilometer östlich von Norfolk befindet, das damit unerreichbar ist für die Cessna. Alle rätseln. Wieso so weit entfernt? Das ist – verglichen mit den bisherigen Positionen – schlichtweg unerklärlich. Die Männer auf der Bohrinsel aber reagieren schnell, als das Flugzeug sie umkreist wie ein Insekt die Glühbirne. Sie ahnen, dass die kleine Maschine in Not ist, und lassen eilig ein Boot zu Wasser. Auch die DC-10 schwenkt herum und fliegt mit leuchtenden Landescheinwerfern auf die Bohrinsel zu. Prochnow geht tiefer und sieht, dass die Wellen eine Höhe von vier bis sechs Metern haben. Aussichtslos, da kann ein winziges Agrarflugzeug niemals heil notwassern. Während er noch auf ein Wunder hofft, stellen die Männer in der DC-10 fest, dass der Funkkontakt leiser wird. Das würde ja bedeuten, dass sie sich entfernen! Noch einmal nachgefragt bei Auckland Control, die überprüfen die

Auskunft und – kaum zu glauben: Sie hatten sich bei der ersten Übermittlung vertan.

In Wirklichkeit ist die Cessna nur 80 Flugminuten von Norfolk entfernt. Prochnow freut sich über diese Nachricht aus der sich inzwischen wieder nähernden DC-10, aber er vermutet, dass sein Treibstoff nur noch für 75 Minuten reicht. Eine schwere Entscheidung: Wenn er es nicht schafft, ist niemand in der Nähe, hier hat er wenigstens Aussicht auf Hilfe, falls er die Notwasserung lebend übersteht.

Er entschließt sich dennoch für Norfolk, die hohen Wellen haben etwas Furchterregendes an sich. Flugkapitän Vette gibt ihm die Richtung durch. Die riesige DC-10 drosselt ihre Geschwindigkeit auf das Minimum von 370 km/h und fliegt gleichen Kurs über der kleinen Maschine. Prochnow erkennt jetzt die blitzenden Lichter und folgt tief unten dem rettenden Düsenriesen. Der zweite Akt war ebenfalls hervorragend, also werden die Passagiere in der Kabine erneut zum Jubeln gebracht, als Vette die gute Nachricht durchgibt, dass Sichtkontakt hergestellt ist. Sichtkontakt hat plötzlich auch die kleine Cessna, denn an ihrer Seite taucht mächtig und äußerst beruhigend der große Seeaufklärer Lockheed Orion der RNZAF auf und begleitet von nun an Prochnow und seine Cessna.

Bald darauf sieht der junge Mann die grellen Anti-Kollisions-Lichter der DC-10 Kreise ziehen. Alle Sorgen fallen von ihm ab, denn das bedeutet, dass der große Passagierjet Norfolk erreicht hat. Ein letzter Funkkontakt, und nach über dreistündiger Rolle als treuer Schäferhund der kleinen Cessna dreht die große Maschine ab, um ihren eigentlichen Bestimmungsort, Auckland, anzufliegen. Minuten später, er ist inzwischen über 23 Stunden ununterbrochen geflogen, setzt Prochnow die kleine Cessna auf der Landebahn von Norfolk auf, buchstäblich mit dem letzten Tropfen Benzin, wie sich später herausstellen wird.

Vette meldet sich erneut über die Bordsprechanlage und bittet die Passagiere um Entschuldigung für den Umweg und die Verspätung. „Aber", fährt er fort, „ich kann Ihnen die erfreuliche Nachricht geben, dass es sich gelohnt hat: Die Cessna ist soeben sicher gelandet."

In der DC-10 wird erneut lautstark gejubelt. Aber das ist ja auch voll gerechtfertigt, wenn nach dem letzten Akt der Vorhang fällt und alle ihre Rollen gut gespielt haben. Nicht zu vergessen: Wir Menschen lieben ein Happy End! Als die DC-10 mit einer Verspätung von fast vier Stunden in Auckland landet, entlässt sie eine Horde fröhlicher Fluggäste, und niemand stört sich daran, dass fast alle eine kleine Fahne haben.

Die Cockpitcrew erhält später die verdienten Ehrungen. Überall, wo die Männer die nächsten Monaten auftauchen, müssen sie die Geschichte von dieser im sprichwörtlichen Heuhaufen gefundenen Nadel erzählen. Gordon Brooks allerdings kann dies nur kurze Zeit tun, denn bei einem der schwersten Unfälle der Zivilluftfahrt verliert er zusammen mit 256 anderen Insassen am 28. November 1979 sein Leben. Gordon Vette hat seinem Freund in seinem Buch „Impact Erebus" ein bemerkenswertes Denkmal gesetzt.

Die ZK-NZS wechselte später wiederholt den Eigentümer und befindet sich derzeit – im reifen Alter von 34 Jahren – im Besitz der Societe Normande d'Entreprises und wartet in Havanna auf Kuba auf eine ungewisse Zukunft. Über den Verbleib der Cessna ist mir nichts bekannt, sie wird jedoch vermutlich immer noch ihren Dienst in Sachen Insektenbekämpfung in Australien verrichten, mit unterentwickeltem Navigationssystem zwar, aber das wird den neuen Besitzer wohl kaum stören.

Folgende Quellen wurden ausgewertet:

- Ulrich Klee: jp Airline Fleets International
- NN: Mayday in September (http://www.navworld.com/navcerebrations/mayday.htm)
- Sergio Ortega: The Rescue of Flight 771
- Portney's Corner: Mayday ... Mayday! (http://www.ion.org/newsletter/v11n2.html)
- Stanley Stewart: Emergency
- Gordon Vette: Impact Erebus
- John Winslow: Mayday

Diese Geschichte wurde verfilmt unter dem Titel „Mercy Mission – The Rescue of Flight 771". In einigen Ländern wurde sie unter dem Titel „The Flight from Hell" ausgestrahlt. Sie ist als Video erhältlich.

Eine sehr detaillierte Schilderung, die auch ausführlich auf die verwendeten technischen Maßnahmen bei Gordon Vettes Suche eingeht, können Sie in „Emergency" von Stanley Stewart nachlesen.

Müdigkeit, 25
der schreckliche Feind

Eine L1049E Super Constellation, auf dem die elegante Linie der Maschine voll zur Geltung kommt (N11SR, ex VH-EAB, SN 4581)   Foto: Caz Caswell

Flugkapitän Gary Andersons Dienst beginnt an diesem denkwürdigen 17. Dezember 1954 bereits in aller Herrgottsfrühe. Der Pilot der Trans-Canada Airlines (TCA, heute Air Canada) fliegt die Lockheed Super Constellation mit der Registrierung CF-TGG morgens von Toronto nach Tampa. Die liebevoll als „Super Connie" bezeichnete Maschine ist erst fünf Monate alt.

In Tampa nimmt die Mannschaft eine leichte Mahlzeit zu sich, und nachdem sich 16 neue Passagiere in der Maschine bequem eingerichtet haben, startet die Super Connie zurück nach Toronto. Ein Nonstopflug wird es werden, genau wie auf dem Hinweg, denn die Strecke ist nicht einmal 2000 Kilometer lang. Mit der Crew befinden sich 23 Menschen an Bord, die meisten ziemlich unglücklich, vom wohltemperierten Florida in das kalte Kanada zurück zu müssen. Der Copilot hat die Maschine als Flying Pilot übernommen, und man hat schon nach etwa einer halben Stunde die Reiseflughöhe erreicht. Dort oben, 6400 Meter hoch, brummt sie störungsfrei ihrem

Ziel entgegen. Man befindet sich über den Wolken, und auch den lebhaften inneramerikanischen Flugverkehr lässt die Maschine weit unter sich. Alles sehr beruhigend. Noch.

Schnell fliegt das für damalige Zeiten große Flugzeug mit 615 km/h über Grund, ein heftiger Rückenwind schiebt es voran. Das ist mehr, als die Super Constellation aus eigener Kraft fliegen könnte. So nähern sie sich auch zügig dem – was das Wetter anbelangt – wenig einladenden Toronto. Dort werden sie von dicken Wolken erwartet, die bis auf 180 Meter über den Boden herunterreichen. Eine ILS-geführte Blindlandung ist erforderlich. Der versiertere im Cockpit, Flugkapitän Anderson, übernimmt die Maschine bereits eine halbe Stunde vor der geplanten Ankunft.

> **Landeanflug misslingt**
>
> Trans-Canada Airlines Flug 661, 17. Dezember 1954
> Brampton, Ontario, Kanada

21:05 Uhr ist es … noch 27 Minuten werden vergehen, und danach wird das schöne, fast neue Flugzeug nach nur 763 Flugstunden vollständig zerstört werden. Über Erie am gleichnamigen See wird der Sinkflug eingeleitet. Die Maschine verlässt ihre Flughöhe. Über einen Zeitraum von gut zehn Minuten verläuft alles nach Plan.

21:16 Uhr … noch 16 Minuten bis zum Crash. Die Cockpitcrew meldet sich bei Toronto Control, der zuständigen Flugleitstelle, und berichtet, dass der Sinkflug bis auf die zugewiesene Flughöhe von 4000 Meter erfolgt sei. Toronto Control bestätigt den Empfang und erteilt weitere Anweisungen. Die Männer im Cockpit überprüfen die Flächen auf Eisbildung. Da zeigt sich nichts, glücklicherweise, aber die Heizungen an den Tragflächen und für den Vergaser werden nun aktiviert, um mit dem unterkühlten Flugzeug beim Eintauchen in die wasserführenden Wolken von vornherein kein Risiko einzugehen.

21:21 Uhr … noch elf Minuten trennen die Maschine vom bitteren Ende. Sie nähern sich Ash, einer der vielen Kontrollstellen, deren Namen im Wesentlichen nur Piloten bekannt ist. Wer kennt zum Beispiel schon den Ort Monschau in Deutschland? Sie nicht? Aber jeder Pilot kennt ihn. Von nun an ist der Lotse des Flughafens Toronto-Malton zuständig und die Männer im Cockpit stellen ihre Funkgeräte entsprechend der neuen Frequenz ein. Immer noch läuft alles nach Plan, nichts ist ungewöhnlich an diesem Anflug.

21:22 Uhr … noch zehn Minuten sind es bis zum Unfall. Jetzt erhält die Crew die Daten von Toronto, die zur korrekten Einstellung der bordeigenen Höhenmesser und damit für die sichere Bestimmung der Höhe über dem Boden unabdingbar sind. Beide Piloten stellen ihre Instrumente korrekt ein. Sie fliegen derzeit 2750 Meter hoch genau über Ash. Das Flugzeug ist wegen des flotten Rückenwinds noch sehr schnell.

21:25 Uhr … noch sind es sieben Minuten bis zum Absturz. Flugkapitän Anderson reduziert die Geschwindigkeit auf 390 km/h und legt die Super Constellation in eine Kurve in Richtung auf das sogenannte Voreinflugzeichen. Das ist der dem Flughafen am weitesten vorgelagerte Punkt, von dem aus erstmals ein ILS-Signal zu empfangen sein wird. Anderson senkt die Geschwindigkeit weiter und bittet seinen Copiloten,

Technische Daten Lockheed L-1049E	
Kennzeichen	CF-TGG
Flugnummer	661
Typ	Lockheed L-1049E Super Constellation
Seriennummer	4564
Erstflug	Juli 1954
Außenmaße	Länge 34,62 m
	Spannweite 37,49 m
	Höhe 7,54 m
Triebwerke	4 x Wright R-3350-872-TC18-DA1 „Double Cyclone 18"
Leistung	4 x 2425 kW
Max. Startgewicht	61.400 kg
Tankvolumen	24.760 l
Anzahl Passagiere	64 bis 86 (je nach Bestuhlung)
Dienstgipfelhöhe	7620 m
Max. Reichweite	7710 km
Max. Geschwindigkeit	590 km/h
Verbrauch	ca. 3000 l/h
Anzahl gebaut	25 (1049E); 854 (alle Typen)
Unfallbericht	ICAO Accident Digest, Circular 47-AN/42

die Zeichen zum Anlegen der Sicherheitsgurte einzuschalten. In diesem Moment gibt es erste Anzeichen für die nachlassende Konzentration des Piloten: Der Copilot bemerkt, dass Anderson die Maschine zu weit rechts vom Pfad fliegt. Er gibt ihm ein Zeichen, und der Flugkapitän korrigiert. Die Maschine ist noch 1650 Meter hoch.

21:27 Uhr … nur noch fünf Minuten entscheiden über das Schicksal der Super Connie und ihrer Insassen. In einer Höhe von 1200 Metern wird das Fahrwerk ausgefahren, das reduziert die immer noch zu hohe Geschwindigkeit ein wenig. Vom Fluglotsen kommt die Meldung, dass die dicken Wolken inzwischen auf unter 100 Meter abgesunken sind. Absolut keine erfreuliche Nachricht, aber sie haben ja das ILS, ihr automatisches Instrumenten-Landesystem, das sie schon unzählige Male sicher zu Boden geleitet hat.

21:29 Uhr … noch drei Minuten bis zum verhängnisvollen ersten Bodenkontakt. Jetzt bekommt Anderson die endgültige Landeerlaubnis. Der Copilot gibt ihm in diesem Moment die Höhenangabe durch, sie fliegen nur noch 900 Meter über Grund. Der Mann neben dem Flugkapitän fühlt sich zunehmend unwohl. Er ist sicher, dass sie den Gleitpfad noch nicht gekreuzt haben. Er hat keine entsprechende Anzeige auf seinem Instrument gesehen und glaubt, dass sie sich unterhalb der zulässigen Höhe befinden.

21:30 Uhr … in zwei Minuten wird es einen verheerenden Unfall geben, in dem das Leben der 23 Insassen verlöschen könnte. Jetzt müssten sie nach Meinung des Copiloten eigentlich 600 Meter hoch sein, aber 550 sind es nur nach Angabe des Höhenmessers. Er zeigt auf das Instrument. Flugkapitän Anderson nickt kommentarlos, hebt aber den Daumen zum Zeichen, dass er verstanden habe. Hat er wirklich? Er ist nun bereits volle 16 Stunden im Dienst. Darüber schütteln wir heute den Kopf, aber nach den damals geltenden, mit Gewerkschaften abgestimmten Regeln wurde das nicht für exzessiv gehalten.

21:31 Uhr … zu diesem Zeitpunkt stünden noch 60 Sekunden und damit ausreichend Zeit zur Verfügung, um den Absturz zu verhindern. Anderson bittet seinen Copiloten nun um den Landecheck, das ist die vorbereitende Kontrolle von Instrumenten und Funktionen direkt vor dem Aufsetzen. Bordingenieur und Erster Offizier sind mit dieser Prozedur etwa eine dreiviertel Minute beschäftigt. Diese Aufgabe muss mit höchster Konzentration durchgeführt werden, denn nur bei Stimmigkeit aller zu prüfenden Details darf der Endanflug fortgesetzt werden. Bei einer einzigen Abweichung muss der Anflug abgebrochen werden.

Kein Wunder, dass der Copilot in dieser Zeit nicht nach dem Höhenmesser blickt. Erst nach erfolgreicher Beendigung der anstrengenden Überprüfung tut er dies und ist sofort aufs Höchste alarmiert: Nur noch 275 Meter hoch sind sie. Es hat den Anschein, als ob der Flugkapitän sich schon nahe der Landebahn glaubt. Die ist in Wirklichkeit aber noch fast 20 Kilometer weit entfernt. Der Copilot zeigt auf das automatische Peilgerät, um seinem Kollegen am Steuer die Entfernung deutlich zu machen. Sekunden später ruft er Anderson zu, die Maschine müsse sofort hochgezogen werden. Aber es ist zu spät.

Um 21:32 Uhr schlägt die Super Constellation 18 Kilometer vor Erreichen des Flughafens auf dem Boden auf, wird durch die relativ hohe Geschwindigkeit noch einmal flugfähig und erhebt

sich kurz in die Luft. Zu niedrig, leider, denn da sind Bäume im Weg. Das Flugzeug bricht krachend hindurch und knallt erneut auf den Boden, der zu einer Farm gehört. 600 Meter weiter, nahe einer kleinen Kreuzung zweier Landstraßen, hat die Rutschpartie in der Nähe des Städtchens Brampton ein Ende. Die Tanks sind zerstört, Benzin ergießt sich über die heißen Triebwerke. Da nützt es auch nichts, dass Anderson die Stromversorgung blitzschnell unterbrochen hat, denn die Connie beginnt unmittelbar nach dem Stillstand lichterloh zu brennen. Da das große Flugzeug jedoch nur schwach besetzt ist, entsteht kein Gedränge, und es gelingt allen Insassen, die Maschine in denkbar kürzester Zeit zu verlassen. Lediglich der Copilot muss von Anderson getragen werden, er wurde beim Aufprall bewusstlos.

Das zuständige Canadian Department of Transport (CDT) untersuchte den schweren Unfall, bei dem die schöne, neue Super Constellation restlos ein Raub der Flammen wurde. Wieso nur hatte es diesen Unfall gegeben? Vorher und nachher waren mehrere Maschinen problemlos gelandet. Das ILS-System hatte zum Zeitpunkt des Absturzes einwandfrei funktioniert, das wurde geprüft. Auch das Flugzeug beziehungsweise seine Reste wurden akribisch untersucht. Man konnte mit Sicherheit feststellen, dass kein technischer Defekt zu dem Unfall geführt hatte. Alkohol spielte ebenfalls keine Rolle. Der letzte Gesundheitscheck des Flugkapitäns war gerade erst vor einer Woche durchgeführt worden und hatte ebenfalls keinen nachteiligen Befund ergeben. Der kerngesunde Mann hatte alle Belastungstests mit Bravour bestanden. Fest stand nur, dass der Pilot schon vor Erreichen des Gleitwegs unter die vorgeschriebene Höhe von 600 Metern und auch vor dem Voreinflugzeichen unter die Mindesthöhe von 500 Metern gesunken war. Warum aber, das wurde nie herausgefunden.

Bemängelt wurde weiterhin, dass der Copilot, der das Unheil deutlich nahen sah, zu lasch reagiert hatte. Er hätte nach Meinung der Beamten vom CDT viel härter intervenieren sollen. Schließlich hatte er die Maschine mehrfach unter der erforderlichen Höhe gesehen. Ebenfalls wurde festgestellt, dass der lange Dienst zu dem Fehlverhalten beigetragen haben könnte. Sechzehn Stunden an diesem Tag und insgesamt 60 Stunden Dienstzeit in nur sechs aufeinanderfolgenden Tagen waren nach Meinung des CDT zu viel.

Man wusste zu wenig über den tatsächlichen Grund, als dass hieb- und stichfeste Maßnahmen getroffen werden konnten, deren Verkündung einer Wiederholung vorbeugen würden. Der Copilot zwar wurde gelobt, aber die Fluglizenz von Anderson wurde für acht Monate eingezogen. Verständlich sicher, dass er nach der Rückgabe der Flugerlaubnis von der TCA wegging. So etwas wird im Normalfall einvernehmlich geregelt.

Bei der Canadian Maritime Central Airways bekam er einen neuen Job als Flugkapitän. Am 11. August 1957 flog er eine DC-4 mit 79 Insassen von London nach Toronto. Anderson und seine Maschine kamen nie dort an. Während eines Sturms stürzte er mit dem Flugzeug in der Nähe von Quebec ab. Alle Insassen kamen um. Dies

Folgende Quellen wurden ausgewertet:

- David Beaty: The Human Factor in Aircraft Accidents
- Terry Denham: World Directory of Airliner Crashes
- B. I. Hengi: Crash
- Ronan Hubert: Les Catastrophes Aeriennes de 1920 a 1996
- Clayton Knight: Plane Crash!
- Fred McClement: Anvil of the Gods. Modern Airplanes vs. Violent Storms
- Jan-Arwed Richter: Notlandung
- J. R. Roach: Piston Engine Airliner Production List
- Nicholas A. Veronico: Wreckchasing, Volume 2
- Jim Winchester: Lockheed Constellation
- Joachim Wölfer: Lockheed Constellation
- Untersuchungsbericht: ICAO Circular 47-AN/42

war seinerzeit der schwerste Unfall in der Geschichte Kanadas. Auch dieser Absturz wurde nie aufgeklärt. Besonders schrecklich jedoch ist die Duplizität beider Fälle, so, als hätte man wieder einmal nichts aus der Geschichte gelernt: Anderson hatte zum Zeitpunkt des Unfalls bereits ununterbrochen 20 Stunden Dienst hinter sich.

Irgendwann ist wirklich genug: Die Piloten der CF-TGG befanden sich 16 Stunden im Dienst, als sie zur Landung einschwebten – allerdings 20 Kilometer zu früh

Trans Canada Airlines, Lockheed Super Constellation CF-TGG im Anflug auf Toronto-Malton Airport am 17. Dezember 1954

Toronto

Tampa

CF-TGG kurvt in den Endanflug

Brampton

Distanz zur Landebahn: 19 km

Flughafen Toronto-Malton

21:32 Uhr: CF-TGG berührt den Boden nahe Brampton

Landebahn 10

Fly TCA

THE MAPLE LEAF ROUTE

Literaturverzeichnis

1. Einige Literatur über Luftfahrtunfälle und -entführungen

Adair, Bill: The Mystery of Flight 427; USA 2002
Ahner, Hans: SOS in Himmelshöhen; Berlin 1968
Aileron, George C.: Notlandung; Stuttgart 1957
Allward, Maurice: Safety in the Air; London 1967
Andrée, S.A.: Dem Pol entgegen; Leipzig 1930
Arey, James: The Sky Pirates; London 1973
Badcock, T.C.: A Broken Arrow; St.John's 1988
Bailey, Francis Lee: Cleared for the Approach; Englewood Cliffs 1977
Barker, Ralph: Great Mysteries of the Air; New York 1967
Barker, Ralph: Survival in the Sky; London 1976
Barley, Stephen: Aircrash Detective; London 1969
Barley, Stephen: The Final Call; New York 1990
Barley, Stephen: The Search for Air Safety; New York 1969
Bartelski, Jan: Disasters in the Air; London; 2001
Beattie, John: Drama in the Air; London 1989
Beaty, David: The Human Factor in Aircraft Accidents; London 1969
Beaty, David: The Naked Pilot; London 1991
Beaty, David: The Temple Tree; London 1971
Bennett, Simon: Human Error – by Design?; Leicester 2001
Bensi, G. u.a.: Sachalin: Befehl zum Mord; München 1983
Beveren, Tim van: Runter kommen sie immer; 5.A.; Frankfurt 1997
Bibel, George: Beyond the Black Box, Baltimore 2008
Biggs, Don: Pressure Cooker; Toronto 1979
Blair, Clay: Denn sie wollten überleben; München 1974
Blair, Clay: Survive!; 2.A.; Saint Albans 1976
Bordoni, Antonio: Airlife's Register of Aircraft Accidents; Shrewsbury 1997
Breslau, Alan Jeffry: The Time of My Death; New York 1977
Brookes, Andrew: Flights to Disaster; Addlestone 1996
Brookes, Andrew: Katastrophen am Himmel; Bonn 1994
Bußmann, Thomas u.a.: 11-80 katapultieren Sie – Flugunfälle in der DDR-Militärluftfahrt; Berlin 2004
Byhan, Inge: In 30 Sekunden Crash; München 1980
Byrne, Gerry: Flight 427; New York 2002
Carter, I.: Southern Cloud; 2.A.; London 1964
Chandler, Jerome Greer: Fire & Rain; Austin 1986
Chapman, Capt. Robert P.: Pilot Fatigue; New York 1982
Chiles, JR: Inviting Desaster; New York 2001
Choi, Jin-Tai: Aviation Terrorism; New York 1994
Clouston, A.E.: Dangerous Skies, London 1954
Cobb, Roger W. + Primo, David M.: The Plane Truth; Washington 2003
Collins, Richard L.: Air Crashes; 2.A.; Charlottsville 1995
Collins, Richard L.: Thunderstorms and Airplanes; New York 1982
Collins, Richard: Flying Safely; 2.A.; London 1978
Colvin, Ian: Flight 777; London 1957
Coombs, Charles: Survival in the Sky; Bristol 1957
Coote, Roger: Air Disasters; New York 1993
Cotter, Cornelius: Jet Tabker Crash; Lawrence 1968
Cunningham, Richard: The Place Where the World Ends; New York 1973
Curtis, Todd: Understanding Aviation Safety; Warrendale 2000
Cushing, Steven: Fatal Words – Communication Clashes and Aircraft Crashes; Chicago und London 1994

Dee, Emiliy: Souls on Board; Sioux City 1990
Dempster, Derek: The Tale of the Comet; Hassocks 1958
Denham, Terry: World Directory of Airliner Crashes; Somerset 1996
Dorman, Michael: Detectives of the Sky; New York 1976
Earl, David W.: Hell on High Ground; Shrewsbury 1995
Eddy, Paul u.a.: Destination Disaster; London 1976
Edwards, Allan: Flights to Hell; Nairn 1993
Elder, Rob + Sarah: Crash; New York 1977
Ellis, Ken: Wrecks and Relics, 16.A.; Earl Shilton 1998
Elten, Jörg Andres: Flugzeug entführt – der aufsehenerregende Report über die vier Flugzeugentführungen der PLO; 2.A.; Augsburg 1973
Faith, Nicholas: Black Box; 6.A.; London 1996
Fensch, Thomas: The Crash of Delta Flight 1141; Hillsdale 1990
Forman, Patrick: Flying into Danger; London 1990
Frank, Beryl: Plane Crashes, New York 1981
Fredrick, Stephen A.: Unheeded Warning – The Inside Story of American Eagle Flight 4184; New York 1996
Fuller, Elisabeth: My Search for the Ghost of Flight 401; London 1979
Fuller, John G.: The Ghost of Flight 401; 3.A.; London 1978
Garrison, Webb D.: Disasters that made History; Nashville 1973
Gero, David: Flüge des Schreckens; Stuttgart 1994
Gero, David: Luftfahrt-Katastrophen; Stuttgart 1994
Gero, David: Military Aviation Disasters; Somerset 1999
Godson, John: Clipper 806; Chicago 1978
Godson, John: The Rise and Fall of the DC-10; New York 1975
Godson, John: Papa India – the Trident Tragedy; Salisbury 1974
Godson, John: Runway; New York 1973
Godson, John: Unsafe at any Height; London 1970
Goldstein, Ayram: Flying out of Danger; Long Beach 1984
Gourley, Jay: The Great Lakes Triangle; Glasgow 1977
Grantham, Frederick W.: Safety in the Air; Los Angeles 1931
Grayson, David: Terror in the Skies; Secaurus 1988
Guy, Michael: Whiteout!; Auckland 1980
Haine, Edgar A.: Disaster in the Air; New York 2000
Halacy, D.S.: America's Major Air Disasters; Derby 1961
Halley, James J.: Broken Wings – Post War RAF Accidents; Turnbridge 1999
Hardwick, John Michael D.: The Worlds Greatest Air Mysteries; London 1970
Hawkins, F.H.: Human Factors in Flight; Aldershot 1987
Heller, William: Airline Safety; 2.A. Half Moon Bay 1986
Hengi, B.I.: Crash – Flugzeugunfälle 1945 bis heute; Allershausen 1993
Hermann, Kai & Koch, Peter: Entscheidung Mogadischu; Hamburg 1977
Hewat, Timothy u.a.: The Comet Riddle; London 1955
Hickson, Ken: Flight 901 to Erebus; Christchurch 1980
Hoffer, William & Marilyn: Freefall, London 1989
Hoffer, William: Sturzflug; Frankfurt 1990
Hubert, Ronan: Accidents d'avions; Genf 2008
Hubert, Ronan: Les catastrophes aeriennes de 1920 a 1996; Genf 1997
Hubert, Ronan: Swissair et son drame – SR111 – La chronologie de la Catastrophe; Genf 1999

Hurst, Michael J.: Air Crashes in Lake District; Shrewsbury 1997
Hurst, Ronald und Leslie: Flug-Unfälle und ihre Ursachen, 2.A.; Stuttgart 1991
Illesch, Andrej u.a.: Todesflug KAL 007; Hamburg 1991
Jiwa, Salim: The Death of Air-India Flight 182; London 1986
Job, Macarthur: Air Crash Volume 1 und 2; Weston Creek 1991-92
Job, Macarthur: Air Disaster Volume 1 bis 4; Fyshwick und Weston Creek 1994-2001
Johnson, George: The Abominable Airlines; New York 1964
Johnston, Moira: The Last Nine Minutes – The Story of Flight 981; New York 1976
Jones, Fred: Air Crash – the Clues in the Wreckage; London 1985
Kennelly, John J.: Ligitation and Trial of Air Crash Cases; Vol. I und Vol. II; Mundelein 1969
Kim Hyun Hee: The Tears of my Soul; New York 1993
Kling, Tammy: Exit Row; Napeville 2002
Knight, Clayton & S.: Plane Crash! – The Mysteries of Major Air Disasters,2.A.; Philadelphia 1958
Komons, Nick A.: Cutting Air Crash; Washington 1973
Kooij, Otger van der: European Wrecks and Relics, 2.A.; Hinckley 1998
Krause, Shari: Aircraft Safety – Accident Investigations, Analysises and Applications; New York 1996
Kreuzer, Helmut: Absturz; Erding 2002
Kysor, Harley D.: Aircraft in Distress; Philadelphia 1956
Launay, André: Historic Air Disasters; London 1967
Leibing, Arne: Flugsicherheit oder Die Chance zu überleben; Reinbek 1968
Longman, Jere: Todes-Flug UA93; München 2002
Lopez, Enrique Hank: The Highest Hell – The First Full Account of the Andes Air Crash; London 1973
Lowell, Vernon: Airline Safety is a Myth; New York 1967
Macha, Gary P.: Aircraft Wrecks in the Mountains and Deserts of California; San Clemente 1997
MacPherson, Malcolm: On a Wing and a Prayer; New York 2002
MacPherson, Malcolm: The Black Box – Cockpit Voice Recorder Accounts, 6.A.; London 1998
Madden, Paul: Survivor; New York 1944
Mahon, Peter: Verdict Erebus; Auckland 1984
Mallan, Lloyd: Great Air Disasters; Greenwich1962
Marx, Joseph Laurence: Crisis in the Skies; New York 1970
Mason, J.K.: Aviation Accident Pathology; London 1962
McClement, Fred: Anvil of the Gods; Philadelphia 1964
McClement, Fred: It Doesn't Matter Where You Sit; Toronto 1969
McClement, Fred: Jet Roulette; Garden City 1978
McFarland, R.A.: Human Factors in Air Transportation; New York 1953
McWhinney, Edward: Aerial Piracy and International Terrorism; Dordrecht 1987
Mireless, Anthony J.: Fatal Army Air Forces Aviation Accidents in the USA 1941 – 1945; 3 Volumes; Jefferson 2006
Moore, Kenneth C.: Airport, Aircraft and Airline Security, 2.A.; Stoneham 1991
Moorehouse, Earl: Wake up, it's a Crash!; London 1988
Moscow, Alwin: Tiger on a Leash; New York 1961
Moser, Sepp: Wie sicher ist Fliegen?; Zürich 1986
Nader, Ralph u.a.: Collision Course – The Truth About Airline Safety, 2.A.; Blue Ridge Summit 1994
Nance, John J.: Blind Trust; New York 1986
NN: Flugzeug Katastrophen; Bindlach 1996
Nesbit, Roy Conyers: „Failed to Return"; Wellingborough 1988
Norris, William: The Unsafe Sky; London 1981

Norris, William: Willful Misconduct – The Story of the Crash of Pan American Flight 806; New York 1984
Oster, Clinton: Why Airplanes Crash; Oxford 1992
Owen, David: Air Accident Investigation – How science is making flying safer; Sparkford 1998
Parrado, Nando: Miracle in the Andes; Chatham 2006
Perret, Ariane: Kollision aus heiterem Himmel; Zürich 2007
Piegler, Hannelore: Entführung – Hundert Stunden zwischen Angst und Hoffnung; Hanau 1993
Pomerantz, Gary M.: Ninety Minutes, Twenty Seconds – The Tragedy &Triumph of ASA Flight 529; New York 2001
Power-Waters, Brian: Safety Last; 2.A.; New York 1972
Prince, Michael: Crash Course; London 1990
Purl, Sandy: Am I Alive? A Surviving Flight Attendant's Struggle and Inspiring Triumph Over Tragedy; San Francisco 1986
Ramsden, J.M.: The Safe Airline; London 1976
Rayner, Jay: Star Dust Falling; Toronto 2002
Raymond, J.W.: How Many More Must Die?; New York 1974
Read, Piers Paul: Alive – The Story of the Andes Survivors; Philadelphia 1974
Reynolds, Mike: Tragedy at Tuskar Rock; Dublin 2003
Richter, Jan-Arwed und Wolf, Christian: Jet-Airliner-Unfälle; Karlsruhe 1997
Richter, Jan-Arwed und Wolf, Christian.: Feuer an Bord; München 2004
Richter, Jan-Arwed und Wolf, Christian.: Mayday – Flug ins Unglück; München 2006
Richter, Jan-Arwed und Wolf, Christian.: Notlandung; München 2010
Rickenbacker, Edward V.: Seven Came Through; Garden City 1943
Roberts, Nicholas: Handley Page Hampden & Hereford – Crash Log; 1980
Robinson, Douglas H.: The Dangerous Sky; Oxford 1973
Ryan, Cornelius: One Minute to Ditch; New York 1957
Sabbag, Robert: Down Around Midnight; New York 2009
Schuberdt, Christian-Heinz: Flugunfälle – Flugunfalluntersuchung in Deutschland; Stuttgart 2008
Serling, Robert J.: Loud and Clear; New York 1969
Serling, Robert J.: Piloten, Panik, Passagiere; 2.A.; Stuttgart 1965
Serling, Robert J.: The Probable Cause; 3.A.; New York 1964
Serling, Robert J.: The Electra Story; New York 1963
Sharpe, Mike: Die größten Flugzeugkatastrophen; Bindlach ca.1998
Sharpe, Mike: Air Disasters – The Truth Behind the Tragedies, 2.A.; London 1999
Shaw, Adam: Sound of Impact – The Legacy of Flight 514; New York 1977
Shugarts, David A.: Aviation Safety's Flying Circus; Riverside 1986
Sloan, Roy: Aircraft Crashes; llanrwst, Wales 1994
Smith.Daryl R.: Controlled Flight into Terrain – CFIT; 2001
Snow, Peter: The Arab Hijack War; New York 1970
Soekkha, H.M.: Aviation Safety; Utrecht 1997
Spalthoff, Douglas: Wenn Flugzeuge vom Himmel fallen; Marktoberdorf 2001
Srivastava, Bimal K.: Aviation Terrorism; New Delhi 2002
Stewart, Oliver: Danger in the Air; London 1958
Stewart, Stanley: Emergency – Krisensituationen im Cockpit; Köln 1994
Stewart, Stanley: Flugkatastrophen, die die Welt bewegten; Koblenz 1989
Stich, Rodney: The Real Unfriendly Skies – Saga of Corruption; 3.A.; Reno 1990

Stockton, William: Final Approach – The Crash of Eastern 212; Garden City 1977
Strauch, Barry: Investigating Human Errors in Incidents and Accidents; Aldershot 2002
Sundermann, James: Air Escape & Evasion; New York 1963
Taylor, Frank: The Day a Team Died; London 1983
Taylor, Laurie: Air Travel – How Safe is it?; Oxford 1988
Tench, William H.: Safety is no Accident; London 1985
Thurston, David B.: Design for Safety; New York 1980
Titler, Dale M.: Wings of Mystery; New York 1966
Tootell, Betty: All Four Engines Have Failed – The ... Story of Flight BA009;Bury St Edmunds 1985
Townshend, B.W.: Ditch or Crash Land, London 1965
Trammel, Archie: Cause and Circumstance – Aircraft Accidents and how toavoid them?; New York 1980
Veronico, Nicholas A.: Wreckchasing Volume 1 und 2, 1. und 3.A.; Castro Valley 1996-97
Vette, Gordon: Impact Erebus; Miami 1983
Villaire, Nathaniel E.: Aviation Safety – More Than Common Sense; Casper 1994
Walters, James M. u.a.: Aircraft Accident Analysis: Final Reports; New York 2000
Waterkeyn, Xavier: Air Desaster; München 2009
Wehrle, Walter: Kein Mayday-Ruf von KE 007; Frankfurt 1988
Weingarten, Arthur: The Sky is Falling; New York 1977
Weir, Andrew: The Tombstone Imperative – the Truth About Air Safety; London 1999
Weite, Rose: After the Crash; Northwest Flight 255; Phoenix 1993
Wells, Alexander T.: Commercial Aviation Safety; Blue Ridge Summit 1999
Weston, R.: Zagreb One Four – Clear to Collide?; London 1982
Wilkinson, Paul & Jenkins, B.: Aviation Terrorism and Security; London 1999
Williams, Norman u.a.: Terror at Tenerife; Van Nuys 1977
Williamson, Stanley: The Munich Air Disaster; Plymouth 1972
Winslow, John: Mayday; Fyshwick 2002
Wohlwend, Lotty: S.O.S. in Dürrenäsch; Frauenfeld 2009
Young, Mark D.: A Firm Resolve – a History of SAA Accidents 1934–1987; Cape Town 2007

2. Literatur über Luftfahrzeugtypen
Alles-Fernandez, Peter: Flugzeuge von A bis Z, 3 Bde; Koblenz 1987-89
Anderson, Holmes G.: Profile Publications No.120 – The Lockheed Constellation; London 1966
Apostolo, Giorgio: Enzyklopädie der Hubschrauber; Augsburg 1995
Avery, Derek: Moderne Verkehrsflugzeuge weltweit; Friedberg 1991
Barsdell, Martin u.a.: Executive Jets; 4.A.; Hounslow 1985
Ege, Lennart: Ballons und Luftschiffe; Zürich 1973
Endres, Günter (u.a.): Das große Buch der Passagierflugzeuge; Augsburg 1998
Estrella, Helcio: Annuário Aerospacial Brasileiro, 13.A.; Sao Paulo 1996
Estrella, Helcio: Diretorio Aerospacial Brasileiro; Sao Paulo 2009
Green, William: Lexikon der modernen Zivilflugzeuge und Hubschrauber; London 1980
Green, William: The New Observer's Book of Airliners 1983, 1984, 1987, 1991; London 1983-91
Green, William: The Observer's Basic Civil Aircraft Directory; London 1974

Green, William: The Observer's Book of Aircraft 1952–1992/93; London 1952-1992
Green, William: The Observer's Book of Basic Aircraft – Civil; London 1967
Green, William: The Observer's World Airlines and Airliners Directory; London 1975 und 1980
Green, William & Müller, Claudio: Flugzeuge der Welt 1959– 2009; Ausgaben Nr.1 bis Nr.49, Zürich, Stuttgart 1959-2009
Hall, Timothy & Elisabeth: The Observer's Book of Civil Aircraft of Australia & New Zealand; Sydney 1979
Juptner, Joseph P.: U.S. Civil Aircraft Vol.1 bis 9; Div.A.; Fallbrock & Blue Ridge Summit 1962-1994
Kens, Karlheinz: Flugzeugtypen, 2., 3. und 4.A.; Duisburg 1955-63
Kopenhagen, Wilfried: Das große Flugzeugtypenbuch, 6.A.; Stuttgart 1990
Kreuzer, Helmut: Alle Propeller-Verkehrsflugzeuge 1945 bis heute; Ratingen 1989
Kreuzer, Helmut: Moderne Verkehrsflugzeuge ; Erding 1993
Kreuzer, Helmut: Überschallverkehrsflugzeuge; Erding 2003
Lawrence, Joseph: The Observer's Book of Aircraft 1949; London 1949
Lawrence, Joseph: The Observer's Book of Airplanes 1942-45; London 1942-45
Meyer, Peter: Das große Luftschiffbuch; Mönchengladbach 1976
Morgenstern, Karl: Airbus A320 / A321, 3.A.; Stuttgart 1993
Munson, Kenneth: Flugboote und Wasserflugzeuge seit 1910; Zürich 1971
Munson, Kenneth: Helikopter und andere Drehflügelflugzeuge von 1907 bis heute; Zürich 1968
Munson, Kenneth: Pionierzeit; Zürich 1969
Munson, Kenneth: Privatflugzeuge; Zürich 1967
Munson, Kenneth: Verkehrsflugzeuge 1919-1939; Zürich 1974
Munson, Kenneth: Verkehrsflugzeuge seit 1946, 3.A.; Zürich 1976
NN: Enzyklopädie der Flugzeuge; Augsburg 1995
NN: Flugzeuge 1976 (bis 1981) – der Flug Revue Katalog; Stuttgart 1976-81
Pereira, Roberto: Enciclopedia de Avioes Brasileiros; Sao Paulo 1997
Roach, J.R. + Eastwood, Tony: Jet Airliner Production List, 1. bis 2.A.; West Drayton; 1989–1992
Roach, J.R. + Eastwood, Tony: Jet Airliner Production List, Volume 1: Boeing; 3. bis 7.A.); West Drayton; 1995–2008
Roach, J.R. + Eastwood, Tony: Jet Airliner Production List, Volume 2; 3. bis 6.A.); West Drayton; 1995–2006
Roach, J.R. + Eastwood, Tony: Piston Engine Airliner Production List;
1. bis 4.A.; West Drayton 1991–2007
Roach, J.R. + Eastwood, Tony: Turbo Prop Airliner Production List; 1. bis 6.A. West Drayton; 1990 bis 2007
Schmidt, Heinz A.F.: Reiseflugzeuge (aerotyp Bd.3); Stuttgart 1968
Schmidt, Heinz A.F.: Flugzeuge aus aller Welt, Bde 1 bis 4; Stuttgart 1966-74
Schmidt, Heinz A.F.: Historische Flugzeuge, Bde 1 bis 2; Stuttgart 1968-70
Stringfellow.Curtis K. u.a.: Lockheed Constellation; Osceola 1992
Taylor, John W.R.: Die Zivilflugzeuge der Welt; Stuttgart 1977
Taylor, John W.R.: Jane's all the World's Aircraft 1976-78; London 1976-77
Taylor, John W.R.: Jane's Pocket Book of Commercial Transport Aircraft 1973, 1978; London 1973-78
Winchester, Jim: Lockheed Constellation; Shrewsbury 2001
Wölfer, Joachim: Lockheed Constellation; Stuttgart 1995

Glossar

Agrarflugzeuge: Hochspezialisierte kleine Maschinen, fast ausnahmslos einsitzig und einmotorig, mit denen im Allgemeinen Schädlingsbekämpfung durchgeführt wird. Das Fliegen in diesen Maschinen ist außerordentlich gefährlich, weil sie meist sehr niedrig über dem Boden operieren.

APU: APU (Auxiliary Power Unit) bezeichnet. Mit diesem kleineren Triebwerk, meist im Heck der Maschine angebracht, kann Energie erzeugt werden, ohne die großen Triebwerke anwerfen zu müssen. Typisch beispielsweise ist der Einsatz am Boden, wo wenig Strom benötigt wird. Alle größeren und auch die meisten kleinen Passagiermaschinen verfügen darüber. Zudem liefert die APU Pressluft zum Anlassen der Triebwerke.

Autopilot: Eine Vorrichtung, die während des Fluges einmal gewählte Parameter, wie z. B. Geschwindigkeit und Richtung, automatisch beibehält. Das Flugzeug fliegt sich sozusagen selbst, die Piloten können andere Tätigkeiten vornehmen oder ein wenig ausruhen.

Bahn: Start- und Landebahnen werden nach ihrer Ausrichtung benannt. Gibt es zwei parallele Bahnen, fügt man „L" (für left/links) und „R" (für right/rechts) hinzu. Landebahn 34L bedeutet in diesem Sinne, dass es sich um eine Bahn in geographischer Richtung 340 Grad handelt und dass es die linke (von zwei verfügbaren) ist.

Cockpit Voice Recorder (CVR): Siehe Flugdatenschreiber.

Copilot: Auch erster Offizier genannt. Ist stets der zweite Mann in der Hierarchie, dem Piloten unterstellt. Kann aber vom Piloten Wohl und Wehe für die Maschine übertragen bekommen. Dann steuert er sie allein verantwortlich als sogenannter „flying pilot", bis die „Verantwortung für die Flugzeugführung" wieder auf den Piloten übergeht. Die Wortwahl ist wichtig, denn das „Kommando" hingegen behält der Pilot während des gesamten Fluges, auch wenn er zeitweise „non flying pilot" ist.

Crew: Die Crew ist die Mannschaft eines Fluggerätes. Die Kabinencrew, das sind Purser bzw. Purserinnen und Stewards oder Stewardessen, kümmert sich um Wohl und Wehe der Passagiere. Die Cockpitcrew ist für die Steuerung und die Technik des Flugzeugs zuständig. Zusammen sind sie die Crew, Besatzung oder Mannschaft.

Dispatcher: Englische Bezeichnung für den Flugdienstberater. Dies ist ein Mitarbeiter der Fluggesellschaft, der die Piloten vor ihrem Flug mit allen notwendigen Informationen versorgt. Er trägt insofern Mitverantwortung dafür, dass der Flug reibungslos verläuft.

Durchstarten: Siehe Go-Around.

Enteisung: Muss man sich ähnlich vorstellen wie beim Auto, denn das ist auch erst verkehrssicher, nachdem man Eis gekratzt und damit gute Sicht geschaffen hat. Beim Flugzeug kommt ein weit wichtigerer Punkt hinzu: Die Tragflächen können durch Schnee oder Eisbildung ihre Form so stark verändern, dass das Flugzeug nicht erwartungsgemäß fliegt und/oder enormes sowie unerwünschtes Zusatzgewicht bildet. Also wird das Flugzeug enteist. Dazu benutzt man meist eine Mischung aus heißem Wasser und Alkohol, die mittels weittragender Ausleger von Spezialfahrzeugen aus über die gesamte Maschine gesprüht werden kann.

Fahrwerk: Braucht ein Landflugzeug am Boden. Besteht im Allgemeinen aus dem vorn befindlichen Bugfahrwerk oder Bugrad und den meist unter den Tragflächen angebrachten beiden Hauptfahrwerken rechts und links, auch als Steuerbordfahrwerk und Backbordfahrwerk bezeichnet. Große Flugzeuge, wie die Boeing 747 zum Beispiel, haben zusätzlich Rumpffahrwerke (direkt unter dem Rumpf der Flugzeugs angebracht), um die schweren Massen besser tragen und verteilen zu können.

Feuerlöschanlage: Jedes Passagierflugzeug verfügt heutzutage über eine ganze Anzahl hiervon. Besonders wichtig sind die Feuerlöschanlagen in den Triebwerken, die bei einem Motorbrand dafür Sorge tragen, dass das Feuer gelöscht wird und sich somit nicht über die Benzin- und/oder Hydraulikleitungen ausbreiten kann. Dies nämlich war in früheren Zeiten häufig der Grund dafür, dass Flugzeuge abstürzten. Irgendwann hatte sich das Feuer so weit durchgefressen, dass die Struktur der Maschine beschädigt wurde, und dann war es mit den Flugeigenschaften oft am Ende.

Flugdatenschreiber: Auch FDR (Flight Data Recorder) genannt. Zeichnet die Flugdaten eines Flugzeuges auf und soll selbst die schwersten Abstürze, Brände und Absinken in mehrere Tausend Meter Tiefe ohne nennenswerte innere Schäden überstehen. Die Flugschreiber werden nach Unfällen von Experten gelesen und geben oft wertvolle Hinweise für Ursachen, die zum Unfall führten. Ein zweites, ähnlich wichtiges Gerät, der sogenannte Cockpit Voice Recorder (CVR), zeichnet die Gespräche im Cockpit auf.

Flughafenbefeuerung: Nachts benötigen Flugzeuge Hilfen, um sich auf den dunklen Flugplätzen zurechtfinden zu können. Die Start- und Landebahnen sind mit unterschiedlich eingefärbten, normalerweise mittig in den Boden eingelassenen Lampen versehen. Am Rand dieser Bahnen sowie der Rollwege (Taxiways) befinden sich ebenfalls Leuchten. Aber besonders wichtig sind die schon weit vor der Landebahn angebrachten Gerüste, auf denen die sogenannten Landebefeuerungen angebracht sind. Diese weisen den einfliegenden Maschinen schon von Weitem optisch den richtigen Weg.

Flughöhe: Flugzeuge erhalten eine Flughöhe zugewiesen, die im Fachjargon als Flugfläche bezeichnet wird, damit sie nicht aneinandergeraten. Die Flugfläche wird mit „FL" (Flight Level) abgekürzt und bis auf wenige Ausnahmen weltweit in Fuß angegeben. FL 300 würde bedeuten: Flugfläche in 30.000 Fuß, also ca. 9144 Metern.

Flugingenieur: Der dritte Mann im Cockpit ist für die technische Überwachung der Maschine vor, während und nach dem Flug zuständig. Hatte früher fast jedes größere Flugzeug, ist heute weitgehend wegrationalisiert worden.

Fluglotse: Angestellter einer für die Überwachung des Luftraumes zuständigen Gesellschaft, meist staatlich. Seine wichtigste Aufgabe ist es, die Flugzeuge auseinanderzuhalten. Er hat die Flugkontrolle. Dieses Wort wird manchmal aber auch für den Raum oder das Gebäude benutzt, in dem der Fluglotse arbeitet, obwohl dieser im engeren Sinne als Flugleitzentrale bezeichnet werden sollte. Auf größeren Flughäfen wird zwischen dem Fluglotsen im „Tower", der den reinen Flugverkehr überwacht, und dem Fluglotsen, der die rollenden Fluggeräte am Boden einweist und auseinanderhält, getrennt. Letzterer wird auch Vorfeldlotse oder Bodencontroller genannt.

Flugverlauf: Den Verlauf eines Fluges teilt man in verschiedene Abschnitte ein: 1. den Startlauf oder Start bis zum Abheben (siehe auch Startlauf); 2. den Steigflug, der bis zum Erreichen des 3. Horizontalfluges dauert, bei dem das Flugzeug zu steigen aufgehört hat. Verlässt es die Höhe wieder, um zum Boden zurückzukehren, beginnt dies mit dem 4. Sinkflug, der in der Nähe des Flughafens in den 5. Endanflug übergeht. Das ist die letzte Phase in der Luft vor der endgültigen 6. Landung, wobei das Flugzeug aufsetzt, abgebremst wird und ausrollt.

Funkfeuer: Es gibt zwei Arten: gerichtete und ungerichtete. Mit einem gerichteten (VOR ILS) kann man sehr genaue Anflüge erreichen, da es eine Führung in Höhe und Seitenabweichung ermöglicht. Ungerichtete Funkfeuer (engl. „beacon" oder NDB) haben nur eine Führung der Seitenabweichung, die zudem meistens sehr ungenau ist. Beide Verfahren sind für „Blindanflüge" zugelassen.

Geschwindigkeit: Wird in der Luftfahrt meist in Knoten gemessen. Es gibt eine Höchstgeschwindigkeit (schneller geht es nicht), eine Reisegeschwindigkeit (mit der das Flugzeug normalerweise von A nach B fliegt), eine minimale Fluggeschwindigkeit oder auch Mindestgeschwindigkeit (die nicht unterschritten werden darf, weil das Flugzeug sonst den Auftrieb verliert), die Schallgeschwindigkeit (auch als Mach Eins bezeichnet, knapp 1200 km/h). Zusätzlich gibt es noch die sogenannte „Geschwindigkeit über Grund", das ist die in Relation zum Boden geflogene Geschwindigkeit. Sie kann durch Gegen- oder Rückenwind erheblich abweichen von der tatsächlich geflogenen Geschwindigkeit, die man als Eigengeschwindigkeit bezeichnet.

Gewichte: Das Startgewicht wird vor Flugbeginn ausgerechnet. Es hängt von der mitgenommenen Fracht, der Anzahl der belegten Sitze, der an Bord genommenen Treibstoffmenge und anderen Faktoren ab. Das maximale Startgewicht ist vom Hersteller des Flugzeugs vorgeschrieben und darf nicht überschritten werden. Es liegt meist deutlich über dem maximalen Landegewicht. Aus diesem Grund müssen Flugzeuge, die kurz nach dem Start in eine Notlage geraten sind, Treibstoff über eine Notvorrichtung im Heck oder in den Tragflächen ablassen, wenn die Situation dies erlaubt. Bis zu 2,5 Tonnen Treibstoff in der Minute können derart abgelassen werden. Landungen mit dem maximalen Startgewicht enden oft tragisch.

Go-Around: Ist ein im Deutschen als „Durchstarten" bezeichneter Flugvorgang. Ausgelöst wird dieser durch eine unklare Situation beim Endanflug, die eine Landung nicht angeraten erscheinen lässt. Der Endanflug wird abgebrochen und die Maschine stattdessen in eine Fluglage gebracht, die einem Startvorgang entspricht. Danach wird eine Platzrunde gedreht, während der versucht wird, die Probleme zu lösen. Ist die Situation bereinigt, wird der Anflug erneut durchgeführt. Moderne Flugzeuge besitzen einen sogenannten TOGA(Take Off and Go Around)-Schalter, den der Pilot nur zu drücken braucht, und das Flugzeug übernimmt sämtliche Maßnahmen, die erforderlich

zum Durchstarten sind: Triebwerke, Klappen, Ruder usw. werden passend zueinander konfiguriert.

Handbuch: Jedes Flugzeug verfügt über so ein Buch, in dem alles erklärt ist, was die Cockpitcrew wissen muss. Dort sind z. B. auch Verhaltensmaßnahmen für Notfälle oder besondere Situationen beschrieben. Also im engeren Sinne eine Bedienungsanleitung, nur erheblich umfangreicher, als man sich das gemeinhin vorstellen kann.

Holding: Kommt ein Flugzeug zu seinem Bestimmungsflughafen und dort herrschen hohe Verkehrsdichte, ungünstige Wetterbedingungen oder die Bahn ist blockiert, muss eine Maschine unter Umständen erst einmal im „Holding" warten, ehe sie in den Endanflug übergehen kann. Dies geschieht in unterschiedlichen gestaffelten Höhen, in denen die wartenden Flugzeuge um den Flughafen kreisen. Immer, wenn eine Maschine die nächstniedrigere „Schleife" geräumt hat, steigt man eine Stufe tiefer, bis die Freigabe zur Landung erteilt wird.

Hydrauliksystem: Zumindest in allen größeren Passagierflugzeugen sind diese Systeme wegen ihrer Bedeutung redundant vorhanden. Sie dienen zum Beispiel der Bewegung der Ruder, Klappen und dem Einziehen und Senken des Fahrwerks. Durch Zusammenpressen der in diesen Systemen vorhandenen Hydraulikflüssigkeit wird Druck erzeugt; der wiederum bewegt dann die angesprochenen Teile. Ohne Hydraulik müsste viel Kraft aufgebracht werden, die in vielen Fällen gar nicht vorhanden ist.

ILS Instrument Landing System: Das Instrumenten-Landesystem ist eine technische Anflughilfe, die mittels ausgesendeten elektronischen Strahls dem Piloten auf einem Display zeigt, ob er sich momentan horizontal und vertikal in der bestmöglichen Position für die Landung befindet. Das Flugzeug wird wie an einem roten Faden sicher auf die Landebahn geleitet. Der rote Faden heißt in der Fachsprache Gleitpfad oder Gleitweg – deswegen die Bezeichnung »Gleitpfadsender«. Die Signale geben zwei Sender ab, die nahe der Landebahn positioniert sind.

Kabinendruck: Verfügt das Flugzeug über eine Anlage zum Luftdruckausgleich, was seit einigen Jahrzehnten Standard bei allen Passagierflugzeugen ist, so wird über einen Druckausgleich in größeren Höhen der Luftdruck niedrigerer Höhen erzeugt. Fällt der Druck in großen Höhen aus, muss das Flugzeug schnellstmöglich sinken, sonst droht Bewusstlosigkeit durch Sauerstoffmangel. Zwischenzeitlich werden Sauerstoffmasken bereitgestellt, damit die Passagiere sicher atmen können.

Kerosin: Flugbenzin für bestimmte Triebwerktypen. Das ist nichts anderes als Petroleum.

Klappen: Nennt man die aerodynamischen Hilfsmittel, die an den Kanten der Tragflächen angebracht sind. Sie lassen sich verstellen und geben der Tragfläche ein unterschiedliches Profil und dadurch unterschiedlichen Auftrieb. So kann das Flugzeug zum Starten mit einer Flächenform versehen werden, die einen besseren Auftrieb und damit einen früheren Start erlaubt . Zum schnelleren Verzögern lassen sich Klappen hochstellen, und derart können sie ein Luftwiderstand aufbauen. Diese nennt man Störklappen (Spoiler). Vorflügelklappen (auch Wölbungsklappen oder Nasenklappen genannt) sind eine Besonderheit, die es zusätzlich bei einigen Flugzeugtypen gibt. Sie erhöhen in ausgefahrenem Zustand den Auftrieb bei Starts und Landungen beträchtlich.

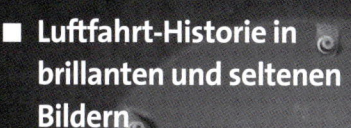

Kolbenmotor: Eine in der Passagierluftfahrt aussterbende Spezies. Die Motoren funktionieren ähnlich wie ein Motor im Auto, das heißt, durch Explosionen in den Zylindern werden Kolben in Bewegung gesetzt, die dann eine Welle mit dem Propeller drehen. Diese Motoren waren viel anfälliger gegen Störungen, deshalb setzt man sie heute kaum mehr bei größeren Flugzeugen ein. Bei ein- oder zweimotorigen Privat- und Geschäftsflugzeugen, wie z. B. Beechcraft, Cessna, Piper, sind sie jedoch noch Standard.

Logbuch: Dieses wird von der Cockpitcrew vorwiegend für Eintragungen von Bedeutung benutzt. Dort findet die nachfolgende Cockpitcrew beispielsweise auch eventuell aufgetretene Störungen verzeichnet. Kann man ungefähr mit dem Fahrtenbuch eines Fuhrpark-Autos vergleichen.

Peilstab: Ein Peilstab ist eine meist aus Metall gefertigte Stange mit Markierungen. Sie wird z. B. für das manuelle Messen von Treibstoffmengen in den Tank eingeführt, und dann kann man an der Stelle, bis zu der der Treibstoff den Stab benetzt hat, ablesen, wie viel sich noch im Tank befindet. Vergleichbar einem Ölmessstab beim Auto.

Pilot: Auch Captain, Kapitän oder Flugkapitän und neuerdings Commander genannt. Ist der verantwortliche Mann an Bord. Hat umfassende Vollmachten und während des gesamten Fluges das „Kommando". Er kann sogar Fluggäste festnehmen lassen und jede Entscheidung alleinverantwortlich treffen, die der Sicherheit der Maschine und ihrer Insassen dient. Er sitzt grundsätzlich auf dem linken Sitz im Flugzeug, kann jedoch die Flugverantwortung für die Führung der Maschine jederzeit an den rechts sitzenden Copiloten delegieren. Derjenige, der die Flugverantwortung hat, wird als „pilot flying" bezeichnet.

Positionierungsflug: Flug ohne Passagiere zu einem bestimmten Einsatzort.

Pre-Flight-Check: Dieser englische Begriff ist so gebräuchlich in der Luftfahrt, dass es kaum eine griffige und vernünftige Übersetzung gibt. Dahinter verbergen sich unzählige Kontrollen, Handgriffe, Ablesungen und Maßnahmen, die die beiden Piloten (und gegebenenfalls der Bordingenieur) eines Passagierflugzeugs vor dem Start durchführen müssen. Der Check endet nach Anlassen der Triebwerke . Ihm folgt der Pre-Takeoff-Check, der meistens erst während des Rollvorganges zum Startpunkt durchgeführt wird. Manchmal wird mehr Zeit benötigt, dann kann dieser Check auch noch andauern, wenn die Maschine bereits am Startpunkt steht.

Räumliche Orientierung: Ist normalerweise kein Problem; man sieht, wo man ist und wohin die Reise geht. Kommt man jedoch in Wolken, Schneegelände oder in Nebel, kann man die räumliche Orientierung schnell verlieren. Dann helfen die Instrumente weiter, die die Flugzustände anzeigen. Fallen sie aus, ist das Flugzeug bei räumlicher Desorientierung schnell verloren. Die Piloten können Neigungen oder Steigungen, oben und unten nicht mehr unterscheiden und die Geschwindigkeit nicht einschätzen.

Reichweite: Dies ist der Weg, den das Flugzeug zurücklegen kann. Es gibt unzählige Möglichkeiten, eine sogenannte maximale Reichweite anzugeben, die sehr verwirrend sind. Deshalb habe ich mich in diesem Buch auf einen Durchschnittswert beschränkt, denn die maximale Reichweite kann abhängig sein von der Anzahl der Passagiere, der mitgenommenen Fracht und der Treibstoffmenge.

Ruder: Gibt es eine ganze Menge bei großen Flugzeugen. Wichtig sind insbesondere das

1. Seitenruder (engl. rudder), mit dem die Maschine in der Waagerechten die Richtung (zur „Seite") ändern kann,

2. das Höhenruder (engl. elevator), mit dem die Höhe verändert werden kann, und die

3. Querruder (engl. aileron), die beweglichen Teile der Tragflächenhinterkante (siehe auch Klappen).

Schubhebel: Sind die in der Mitte zwischen den beiden Piloten angeordneten Hebel, mit denen die Schubkraft der Triebwerke reguliert wird: Nach vorn bewegt geben sie mehr, zurückgenommen geben sie weniger Leistung ab. Man benutzt dieses Wort vorwiegend für turbinengetriebene Flugzeuge. Bei propellergetriebenen Maschinen spricht man meistens von Gashebeln. Der Einsatzzweck ist jedoch identisch.

Segelstellung: Wenn ein Triebwerk mit Propeller ausfällt, werden die Propellerblätter in die sogenannte Segelstellung gebracht. Diese dient dazu, den Luftwiderstand möglichst gering zu halten. Täte man dies nicht, würde der Propeller zum einen den Widerstand beträchtlich erhöhen und damit die Geschwindigkeit der Maschine herabsetzen. Andererseits kann der Propeller so schnell drehen, dass er überdreht. Das kann zur Zerstörung des Propellers mit schwerwiegenden Folgen für das Flugzeug führen.

Strömungsabriss: Ein Flugzeug fliegt, einfach ausgedrückt, durch die Luft, die es trägt. Damit die Luft ein Flugzeug tragen kann, muss es eine bestimmte Geschwindigkeit fliegen und damit eine bestimmte Mindestströmung an den Tragflächen aufbauen. Wird die Geschwindigkeit zu niedrig, reißt diese Strömung ab und die Maschine stürzt ab. Findet dieser Vorgang dicht über dem Boden statt, kann das Flugzeug im Allgemeinen nicht mehr abgefangen werden.

Tank: Flugzeuge können an allen möglichen Stellen Tanks haben. Normalerweise befindet sich der Haupttank im Rumpf der Maschine. Da jedoch gern alle Hohlräume ausgenutzt werden, fügt man insbesondere bei Langstreckenmaschinen weitere Tanks hinzu. Diese befinden sich dann in den Tragflächen oder vereinzelt auch im Leitwerk des Flugzeuges. So ist jeder Kubikzentimeter bestens genutzt, denn dort kann man weder Gepäck noch Passagiere unterbringen.

Turbulenzen: Sind Bewegungen der Luft. Diese können insbesondere in großen Höhen ungeheure Kräfte und unvorstellbare Geschwindigkeiten aufweisen. Gerät ein Flugzeug in Turbulenzen, werden die Insassen je nach Größe der Maschine und Heftigkeit der Turbulenzen mehr oder weniger durchgeschüttelt.

Umkehrschub: Setzt man diesen ein, werden die Propeller bzw. die Turbinen so beeinflusst, dass sie das Flugzeug nicht mehr vorantreiben, sondern gewissermaßen rückwärts schieben möchten. Man benutzt den Umkehrschub, um Flugzeuge schneller abbremsen zu können.

Unfallbericht: In fast allen Ländern mit Flugverkehr gibt es eine spezielle Luftfahrtbehörde oder -abteilung, die auch dafür zuständig ist, Flugunfälle zu untersuchen. In den USA ist es die NTSB, in Deutschland das Luftfahrtbundesamt. Nach der Untersuchung erstellt die Behörde einen Unfallbericht, der im Wesentlichen die Ursachen des Unfalls enthält und Vorschläge, wie man gleichartige Unfälle künftig vermeiden kann.